W0045573

Anne M. Schüller
Touch.Point.Sieg.

Anne M. Schüller

TOUCH.
POINT.
SIEG.

Kommunikation in Zeiten
der digitalen Transformation

Bibliografische Information der Deutschen Nationalbibliothek

Die Deutsche Nationalbibliothek verzeichnet diese Publikation
in der Deutschen Nationalbibliografie; detaillierte bibliografische
Daten sind im Internet über http://dnb.d-nb.de abrufbar.

ISBN 978-3-86936-694-4

Programmleitung: Ute Flockenhaus, GABAL Verlag
Lektorat: Anke Schild, Hamburg
Umschlaggestaltung: Martin Zech Design, Bremen I www.martinzech.de
Satz und Layout: Das Herstellungsbüro, Hamburg I www.buch-herstellungsbuero.de
Druck und Bindung: Salzland Druck, Staßfurt

www.gabal-verlag.de
www.twitter.com/gabalbuecher
www.facebook.com/Gabalbuecher

Inhalt

Einblick in unsere digitale Zukunft

Ach ja, früher war alles so einfach. Da haben wir uns ganz normal unterhalten: bei einem zwanglosen Plausch oder einem romantischen Stelldichein, in anregenden Diskussionen oder belanglosen Debatten. Dann begannen wir mit Leuten zu reden, die uns aus einer digitalen Parallelwelt begrüßten. Inzwischen werden Onlinepersonen wie selbstverständlich in unsere Offlinekommunikation integriert. Wir stecken die Köpfe zusammen und plaudern mit Freunden auf Displays. Oder wir palavern per Videokonferenz mit Geschäftspartnern am anderen Ende der Welt. So wurden Gespräche dreidimensional. Nun geht es noch einen Schritt weiter. Und dieser Schritt ist epochal.

Wir betreten eine neue Ära der Kommunikation. Wir reden mit Bits und Bytes, die Siri oder Cortana oder Alexa heißen. Und sobald sie ein wenig trainiert sind, antworten unsere digitalen Assistenten vernünftig, höflich und brav. Auch mit Robotern führen wir schon längst Zwiegespräche. Digitalisierte Maschinen geben uns nicht nur Informationen, sondern auch Befehle. Früher hat sich das schlechte Gewissen bei uns gemeldet, heute tun dies Selftracking-Armbänder und Apps.

Algorithmen hören uns zu, sie verstehen uns, machen daraus Big Data, um uns dann mit dem zu versorgen, was uns, wie sie meinen, gefällt. Nicht nur nette Nachbarn und übellaunige Chefs reden mit uns; auch mit Gebrauchsanweisungen, Schaufensterauslagen und vorbeifahrenden Autos kann man sich unterhalten. Maschinen reden mit Handys – und Sensoren mit allem, was Sensoren hat. So erklärt ein Stück Weißblech der nächsten freien Werkzeugmaschine höchstpersönlich und ganz wie von selbst, was mal aus ihm werden soll. Und während es so verarbeitet wird, hält es mit anderen Blechen ein Schwätzchen.

Was das bedeutet? Die digitale Transformation, die uns mit einer irre hohen Veränderungsgeschwindigkeit überfällt, gibt der Kommunikation ein völlig neues Gesicht. Sie materialisiert sich in einem globalen Netzwerk von Abermilliarden intelligenter Geräte, Maschinen und Objekte, die via Sensoren und Apps untereinander, mit den Menschen und mit ihrer Umwelt korrespondieren.

Dieses »Internet der Dinge« wird die Art und Weise, wie wir leben und arbeiten, völlig verändern. Alles, was digitalisiert werden kann, wird digitalisiert (Carly Fiorina). Alles, was automatisiert werden kann, wird automatisiert. Und alles, was vernetzt werden kann, wird miteinander vernetzt. Wie dies passiert? Eben nicht sanft und linear, sondern sprunghaft und disruptiv. Disruptiv? Darunter versteht man – im Gegensatz zu evolutionären Konzepten und kontinuierlichem Wandel – die zumeist abrupte Zerstörung traditioneller Geschäftsmodelle und althergebrachter Wertschöpfungsketten. Denn wirklich Neues entsteht nicht durch das Fortschreiben von Bestehendem, sondern aus dem Ordnen von Chaos.

Digitale Fitness – nicht mehr als ein Muss

Die Social Media und ihre Netzwerkeffekte, die uns seit Anfang der Nuller-Jahre begleiten, kamen auf vergleichsweise sanften Pfoten daher. Sie bescherten uns allerdings einen Paradigmenwechsel, im Zuge dessen sich die Macht von Unternehmen, Organisationen und Institutionen hin zu den Menschen verschob. Was das bedeutet? Inzwischen entscheiden vor allem die eigenen Kunden durch ihr Onlinegerede darüber, ob neue Kunden kommen und kaufen. Und die eigenen Mitarbeiter entscheiden durch ihre Stimmen im Web maßgeblich mit, wer die besten Talente gewinnt.

Doch während ein Großteil der Anbieter die Folgen dieser Entwicklung nicht einmal annähernd begreift und ein Erweckungserlebnis vielen Managern noch gänzlich fehlt, ist bereits die nächste Stufe gezündet. Der Übergang von einer linearen zu einer exponentiellen Ära katapultiert uns voran. Und dabei wird der Kuchen neu verteilt. Der digitale Darwinismus (Ralf T. Kreutzer / Karl-Heinz Land) schlägt rückhaltlos zu. Er rollt so unausweichlich wie ein Erdbeben heran, gegen das man nicht ankämpfen kann. Und nicht die Schnellen, die Großen und die Skrupellosen, sondern die digital Fitten sind diesmal vorn. Mehr oder weniger alle Branchen sind davon betroffen. Fünf Jahre höchstens, sagen die Kassandras der Wirtschaft, haben die Unternehmen noch Zeit. Wer dann nicht durchdigitalisiert ist, kommt auf den Friedhof.

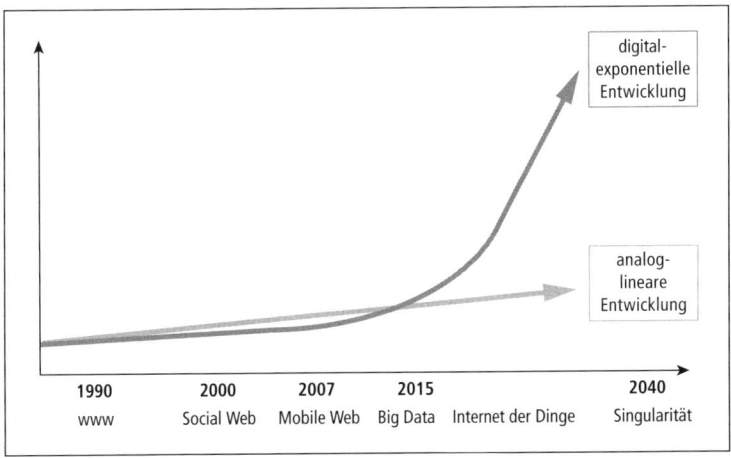

Abb. 1: Die digitale und die analoge Entwicklung im Zeitverlauf

Die Digitalisierung betrifft ausnahmslos jeden Unternehmensbereich. Sie ist schon bald das, was die Kunden unabdingbar erwarten. Das heißt, sie löst höchstens Zufriedenheit aus, da sie ein Pflichtprogramm ist. Doch wie auch beim Tanzen entsteht der

wahre Genuss erst im Freiraum der Kür, also da, wo es Einfühlungsvermögen, Hingabe und Leidenschaft für die Belange der
Kunden gibt. Geldscheine winken vor allem in der Begeisterungszone. Wo aber Technokraten agieren, besteht die Gefahr,
dass sich alles um Systeme, Prozesse und Daten sowie
ums Analysieren, Monitoren und Messen dreht. Die
Menschlichkeit in der Kundenbeziehung bleibt
dabei oft auf der Strecke.

**Ohne Mensch-
lichkeit wären wir
nur Maschinen.
Eine humanistische
Informations-
technologie wird
also gebraucht.**
Doch ohne Menschlichkeit wären wir nur
Maschinen. Um also in den Begeisterungs-
bereich vorzustoßen, wird genau diese gebraucht. Sie äußert sich in Emotionalität, in
Nützlichkeit und in Sinnlichkeit. Sie zeigt der
kalten Technik ein heiteres Gesicht. Sie sorgt
für Reputation, für Identifikation, für Loyalität und für Empfehlungsbereitschaft – und damit auch für neue Kunden. Um solche Facetten
wird es in diesem Buch hauptsächlich gehen. Wer
darauf brennt, blättert am besten gleich zu Teil 1. Zunächst aber braucht es ein Fundament. Und dabei kommt
man um die Digitalisierung nicht mehr herum.

Die digitale Uhr tickt – und morgen ist bald

Solange die Basisfaktoren nicht stimmen, braucht man sich an Be-
geisterungselemente gar nicht heranzumachen. Die wirken dann
nämlich nicht. Ganz im Gegenteil. Überfreundliche Ahnungslosig-
keit kann derart wütend machen, dass einem die Dampfwölkchen
aus den Ohren qualmen. Deshalb muss zunächst die Basis stimmen. Und diese heißt ab sofort: Professionalität in digitalen Belan-
gen. Viel Zeit bleibt auch nicht. Denn die digitale Uhr tickt. Doch
deren Sekundenzeiger bewegt sich nicht im gewohnten Takt daher,
sondern jagt wie auf Speed immer schneller voran. Zögerliche Anbieter werden das nicht überleben. Bei vielen flimmert es schon.

Manche stehen kurz vor dem Infarkt. Ganz sicher werden diejenigen von uns scheiden, die »dieses Digitale« mit einem Kopfschütteln quittieren. Digital aufzurüsten – und eine geeignete Rechtslandschaft dafür zu schaffen –, ist ein unumgängliches Muss.

Und keine Sorge: Das Physische wird nicht verschwinden. Es wird sogar wieder erstarken, weil wir eben nicht aus Bits und Bytes, sondern aus Atomen und Neuronen bestehen. »Die digitale Transformation wird die persönlichen Beziehungen niemals ersetzen«, sagt der global tätige Futurist Gerd Leonhard. Viel anfänglich Begeisterndes aus dem digitalen Paralleluniversum gehört für uns User inzwischen schon so sehr zum Alltag, dass es wie selbstverständlich in den Hintergrund rückt. Lebensqualität schiebt sich fröhlich nach vorn. Und dabei wird, je nach Lust und Laune, Offline mit Online in Echtzeit gemixt.

Online und Offline wachsen zusammen. Nicht »entweder oder«, sondern »sowohl als auch« ist demnach das Thema. So werden zwar Händler sterben, aber nicht der stationäre Handel an sich. Onlinebasierte Bezahlsysteme werden Bankfilialen nicht komplett verdrängen, Airbnb wird nicht allen Hotels den Garaus machen und Uber nicht alle Taxis von der Straße vertreiben. Doch diejenigen, die ihre bisherige Offlinewelt nicht ausreichend schnell mit Onlinesphären verknüpfen, werden die Zukunft wohl nicht erreichen. Und auch die, die vornehmlich ihre alten, analogen Feindbilder jagen, werden kaum überleben. Denn der wahre Feind lauert in ganz anderen Ecken.

Die wahren Feinde rüsten sich digital

Den womöglich gefährlichsten Satz in seinem Berufsleben hat Dieter Zetsche, Vorstandsvorsitzender der Daimler AG, im Frühjahr 2015 gesagt: »Wir haben schließlich das Auto erfunden.« Dies war seine Reaktion auf damalige Gerüchte, Apple werde in das Automobilgeschäft einsteigen. Während sich viele Unternehmen, so wie

Daimler, auf den konventionellen Wettbewerb fokussieren, gehen Angreifer von außerhalb der Branche wie aus dem Nichts an den Start. Und sie reisen mit leichtem Gepäck in die Zukunft, denn sie wissen: Je schwerfälliger eine Organisation, desto anfälliger ist sie für Überholmanöver. So ist der Onlinehandel nicht von einem stationären Händler, das internetbasierte Bezahlen nicht von einer Bank und iTunes nicht von der Musikindustrie erfunden worden. Tja, und die traditionelle Uhrenindustrie hat es auf einmal mit Mobiltelefonanbietern als Hauptkonkurrenten zu tun.

Die Gefahr, digital ausgeknockt zu werden, besteht für fast jeden. »Welche Branche knacken wir denn diese Woche?« So lautet der weltweite Schlachtruf der digitalen Boheme. Niemand ist vor ihr sicher, die Banken nicht, Versicherungen nicht, der Handel sowieso nicht, Energieversorger nicht, die Automobilindustrie nicht, Logistiker nicht, das Bildungs- und Gesundheitswesen nicht und die digitalen Brüder und Schwestern schon gar nicht. Aus vernetzten Start-up-Schmieden und von wagemutigen Jungunternehmern kommen Ideen, die die Welt mit Karacho verändern. Gegen ihr flottes Vorgehen haben die aufgeblähten Old-School-Apparatschiks mit ihrer Absicherungsmentalität, ihren langatmigen Expertenrunden und ihren behäbigen Entscheidungsprozessen nicht den Hauch einer Chance. So werden die wichtigen Neuerungen der Zukunft nicht von etablierten Marktplayern kommen, sondern aus der agilen Gründerszene.

Schöpferische Zerstörung – ein Bild, das der Makroökonom Joseph Schumpeter schon 1942 in die Welt gesetzt hat – treibt die jungen Gründer wie magisch voran. Vor allem disruptiv muss es sein. Diesen Begriff hat 1997 der Harvard-Professor Clayton M. Christensen in seinem Buch *The Innovator's Dilemma* geprägt. So hocken Horden von Digital Natives vor ihren Bildschirmen und hauen hoffnungsvoll in die Tasten. Ihre Schlagzahl ist unglaublich hoch. Heraus kommen Innovationen, die klassische Produkte und Technologien nicht weiterentwickeln, sondern radikal verdrängen können und sollen. Der versierte Umgang mit Onlinemedien und das Meistern von Bits und Bytes, den Grundbausteinen der digitalen Welt, ist ihr wichtigstes Kapital. Respektlos, furchtlos und frech machen sie vor niemandem halt. Sie sind angriffslustig. Sie lechzen nach Erfolg. Und sie sind siegesgewiss. Game-Changer, Growth-Hacker und Internetkrieger nennen sie sich. Oder auch Disruptoren – was sich auf Raptoren reimt, das sind diese aggressiven, ziemlich smarten Biester aus dem Jurassic Park.

Während die Old Economy umständlich plant und endlos über Budgets debattiert, rennt die Gründergeneration einfach mal los. Natürlich ist es da besser, T-Shirt und Turnschuhe statt Anzug und Rahmengenähte zu tragen. Denn wer rennt, hat immer wieder beide Füße in der Luft. Und er macht große Sätze. Schnelligkeit geht dabei vor. »Done is better than perfect«, sagt Facebook-Gründer Mark Zuckerberg. Wer jedoch Sicherheit will, wird den Schritt-für-Schritt-Modus wählen: hier noch ein paar PS, da etwas mehr Design, dort ein neues Feature und dann das Zeugs billig in den Markt gehauen, um es der Konkurrenz mal so richtig zu zeigen. Bei Produkten genauso: etwas mehr Inhalt, die Verpackung größer, die Flasche griffiger, das Etikett bunter, Aktionspreis, alles muss raus! »Linear« heißt: mehr vom Gleichen – auch vom Falschen. Disruptiv hingegen ist der Sprung durch die Feuerwand der Unsicherheit.

Die Digitalisierung ist schneller als wir

Der Eindruck, dass alles Neue in einem noch nie gesehenen Tempo passiert, täuscht übrigens nicht. Digitaler Fortschritt verläuft nie so beschaulich wie der ruckelnde Fortschrittsbalken an Ihrem PC. Doch Fortschritt stoppen? Ein Widerspruch in sich. Es gehört zum Wesen einer exponentiellen Entwicklung, dass man zunächst gar nicht realisiert, was da abgeht. Biologische Generationen, wie wir sie kennen, entwickeln sich relativ langsam, sodass sie sich an die jeweils neue Umgebung anpassen können. Jede technologische Verbesserung hingegen führt dazu, dass die nächste technologische Verbesserung schneller erreicht werden kann. Und sobald sich eine

Technologie dafür einsetzen lässt, das Leben der Menschen zu verbessern oder sie von Leid zu befreien, wird diese postwendend in Anspruch genommen. Darin sind wir schon allein deshalb so unglaublich schnell, weil es uns einen evolutionären Vorteil verspricht.

Mensch und Maschine leben fortan nicht nur in Symbiosen, sie werden sich miteinander vereinen. Bislang haben uns Maschinen Arbeit abgenommen, die schmutzig oder gefährlich war. Auch monotone und vergleichsweise simple Aufgaben haben sie für uns erledigt. Doch nun werden Computer intelligent. Selbstlernend können sie sich eigenständig verbessern. Und das Resultat dieser Entwicklung? Digitale Einheiten, die Bits, werden sich mit den Grundbausteinen der physischen Welt, den Atomen, Neuronen und Genen, immer weiter verknüpfen. Mensch und Maschine leben fortan nicht nur in Symbiosen, wie etwa mit einem Exoskelett, sie werden sich miteinander vereinen. Folgt man dem mooreschen Gesetz, das eigentlich nur eine Faustregel ist, ergibt sich eine Verdopplung der Integrationsdichte etwa alle anderthalb bis zwei Jahre. So werden wir in den nächsten Dekaden technologische Sprünge sehen, die alles bisher Erlebte in den Schatten stellen. Es werden Dinge möglich sein, die wir aus Science-Fiction-Filmen zwar kennen, die aber im wahren Leben noch gar nicht vorstellbar sind. Und sie werden nicht erst in 100 Jahren kommen, sondern in zehn oder 20.

Den Zeitpunkt der technologischen Singularität hat der umstrittene Futurologe und Transhumanist Ray Kurzweil, Director of Engineering bei Google, auf 2045 vorausberechnet. Andere legen ihn inzwischen auf 2039. Dies sei das Datum, zu dem Maschinen mittels künstlicher Intelligenz (KI) den technologischen Fortschritt derart beschleunigen könnten, dass die Zukunft der Menschheit nicht mehr vorhersehbar sei. Blauäugiger Optimismus ist dabei sicher nicht angebracht, doch eine Apokalypse sollte auch nicht gleich herbeigeredet werden. Denn folgt man modernen Wissenschaftlern wie etwa Steven Pinker in seinem Opus *The Better Angels of Our Nature*, dann ist die Menschheit im Laufe der Jahrtausende immer friedvoller geworden. In Vorzeiten starb zum Beispiel jeder zweite Mann eines unnatürlichen Todes. Hoffnung in die Zukunft ist also realistisch, und an das Gute zu glauben als Langzeit-Regulativ durchaus berechtigt. Gleichwohl ist »eine naive Technikglorifizierung ohne Humanorientierung und ohne gesellschaftliche Verantwortung eine ernste Gefahr«, so der Digitalvordenker Winfried Felser, Betreiber der Competence Site.

Um die Dimensionen dessen, was auf uns zukommt, deutlich zu machen, zieht Kurzweil gern die Geschichte mit dem Schachbrett und den Reiskörnern heran. Angeblich wünschte sich der Erfinder dieses »königlichen« Spiels zur Belohnung, auf das jeweils nächste Feld möge man ihm doppelt so viele Reiskörner legen wie auf das vorherige, also eins, zwei, vier, acht und so weiter. Demnach wären wir jetzt auf der zweiten Hälfte des Bretts unterwegs. Und mit Feld 64 endet das Spiel.

Wie dem auch sei, wir stecken mittendrin im digitalen Abenteuer. Und niemand kann heute noch sagen, er hätte das nicht gewusst. Denn das Web stellt alles Wissen der Welt bereit. Es macht uns quasi allwissend. Auch die digitalen Propheten waren rechtzeitig da. Die seismischen Wellen der Digitalisierung wurden vermessen. Digitale Kolosse wie Apple, Google, Facebook und Amazon – neuerdings A.G.F.A., die »Großen vier des Internets« genannt – kommen laut genug polternd daher.

Warum herkömmliche Unternehmen zu langsam sind

»Too big to fail«, also zu groß, um auf der Strecke zu bleiben, gilt schon lange nicht mehr. Ganz im Gegenteil: Die Grabsteine derer, die der Markt bestrafte, weil sie in ihrem nicht digitalen Dinosaurierstatus verharrten, tragen ehrwürdige Namen. Agfa, ein Hersteller fotografischer Produkte, ist übrigens auch mit dabei. Was also ist zu tun, um nicht auf dem Friedhof der Unternehmen von gestern zu landen? Wer schnell sein will, muss Schnellboote bauen. Die digitalen Könner haben dies längst erkannt. Deshalb werden Start-ups sehr oft um die technologischen Lücken etablierter Organisationen herum gebaut. Kluge Unternehmen lassen sich von gewieften Experten bereits ganz gezielt attackieren, um zu erkennen, wo ihre Schwachstellen sind. »Kill the company« nennt man solche Versuche. Andere kaufen passende Lösungen teuer von Start-ups auf – und oft die Firma gleich mit, um sie sich als Wettbewerber vom Leib zu halten. Wieder andere gründen gezielt kleine Einheiten aus, damit diese, fernab von Hierarchiegedöns und Bürokratieexzessen, innovative Projekte mit Höchstgeschwindigkeit vorantreiben können. Solche Sandbox-Teams oder Innovation Labs sind Biotope für Wandel und Brutstätten für Disruption. Zudem bringen vorausschauende Unternehmen ihre Manager ganz gezielt mit der digitalen Elite an den transformativen Hotspots dieser Welt zusammen. Wohl nur so, wenn überhaupt, lässt sich die Innovationskraft einer tankerhaft trägen Konzernorganisation erhöhen.

Warum herkömmliche Unternehmen nicht aus sich heraus schneller werden? Hat sich die Wirtschaft nicht seit jeher entlang des technologischen Fortschritts neu orientiert? Zwangsläufig muss, wenn etwas Neues entsteht, etwas Altes beiseitetreten. Während die Alten dabei vor allem das sehen, was sie verlieren, stecken die Jungen nicht in diesem Dilemma. Sie haben nichts zu verlieren, keinen Firmenwagen, keine Senator Lounge und auch keinen Führungskraftstatus. Sie haben keine Kompetenzen zu verteidigen und keinen veralteten Kram im Gepäck, der erst mal entlernt werden muss. Und sie haben nichts aus der »Früher war alles besser«-Zeit zu betrauern. Sie können bei dem, was die Zukunft ihnen bringt, nur gewinnen.

Derzeit amtierende Manager hingegen müssten genau die Äste kappen, auf denen sie sitzen. Denn man kann keine alten Schablonen auf neue Zeiten legen. Doch obwohl sich draußen alles verändert, vertrödelt man drinnen in den Unternehmen mit gängigen Verfahren und verbrauchten Ritualen aus den Tiefen des letzten Jahrhunderts wertvolle Zeit. Machtgeplänkel, Top-down-Formationen, Abteilungsprotektionismus und Anweisungskultur verhindern jeden nötigen Fortschritt. Mit Werkzeugen von gestern ist die Zukunft nun mal nicht zu packen. Die Unternehmen sind in ihren eigenen Systemen gefangen. Und sie werden nicht am Markt, sondern an ihren Strukturen scheitern.

Besonders gefährlich sind festgeschriebene Businesspläne und Zielvereinbarungssysteme nach alter Manier. Hierbei wird kein bestmögliches Ergebnis, sondern eine Punktlandung bei überoptimistischen Ratespielen verlangt. Und was macht ein braver Manager dann? Er folgt nicht der Wirklichkeit, sondern dem Plan. Das ist absurd! Was den Unternehmen heute im Markt begegnet, ist permanente Vorläufigkeit. Und Unsicherheit ist ein Dauerzustand. Zudem liegen die größten Chancen meist jenseits der Pläne. Derzeit lauern »schwarze Schwäne« (Nassim Nicholas Taleb), also höchst unwahrscheinliche Ereignisse, an jeder Ecke. Dafür sollten vorausschauende Wenn-dann-Szenarien, flexible Ziele und Optionen für verschiedene Zukünfte auf Abruf in der Schublade liegen. Denn »schwarze Schwäne« warten nicht auf Budgetierungstermine. Und »weiße Schwäne« schon gar nicht.

Weshalb junge Unternehmen so schnell sein können

Tradierte Unternehmen sind geschlossene Systeme, in denen jeder sein Wissen hortet. Junge Unternehmen hingegen haben verstanden, wie arm man bleibt, wenn man alles für sich behält, und wie reich man wird, wenn man teilt. Sie sind offen für alles und jeden. Sie lassen sich in die Karten schauen. Und sie kommunizieren lautstark am Markt. Sie nutzen die »Weisheit der Vielen« und integrieren dankbar jede hilfreiche Idee, ganz egal, von welcher Seite sie kommt. Sie attackieren tradierte Modelle nicht nach evolutionärer, sondern nach revolutionärer Manier.

Bei alldem sind sie unglaublich flott unterwegs. Sie probieren alles Mögliche aus und kalkulieren das Scheitern mit ein. »Beim nächsten Mal machen wir eben bessere Fehler«, sagen sie heiter. »Start many, try cheap, fail early«, heißt dieses Prinzip bei Google: Viele Projekte starten, sie mit kleinen Mitteln im Markt testen, Flops schnell erkennen und eliminieren. Während Fehler in der industriellen Produktion in den Ruin führen konnten, werden Fehler in der digitalen Industrie als Lernfelder gefeiert.

Klassische Manager sind keine Rebellen, sondern allenfalls Optimierer.

Haben die Großtanker der Old Economy in diesem Umfeld überhaupt Chancen? Letztere seien, wie Clayton M. Christensen meint, Gefangene ihres eigenen Erfolgs. Disrupten sie nämlich ihr Geschäftsmodell, bleiben die Gewinne, die im Dreimonatstakt zu erwirtschaften sind, zunächst aus. Wer den Regeln der Börse oder dem Willen der Anteilseigner unterliegt, favorisiert kleine Verbesserungsschritte, ein bisschen Facelifting hier, ein Effizienz-Innovatiönchen dort, aber keinen Wiederaufbau nach disruptiver Zerstörung. Klassische Manager sind keine Rebellen, sondern allenfalls Optimierer. Ideenlosigkeit, Mutlosigkeit und Zögerlichkeit sind die Folge.

Doch es bleibt keine Wahl: Jeder Unternehmer muss sich damit auseinandersetzen, welche Auswirkungen die digitale Transformation auf die eigene Branche und sein Geschäft haben wird. So spielen sich Kaufprozesse im B2B-Bereich heute genauso digital ab wie die Kaufprozesse im privaten Bereich. Ganze Vertriebsmannschaften werden in Kürze verschwinden, weil alles Wissen online verfügbar, bequemer abrufbar und auch transparenter ist. Wer will sich da noch im eigenen Wohnzimmer von einem Hardseller vollquatschen lassen? Reine Preisverkäufer werden sowieso nicht mehr gebraucht. Denn »billig« kann das Internet besser.

»Mit dem Internet der Dinge werden sämtliche Produkte früher oder später digitalisiert. Und in diesem Moment steht nicht mehr das materielle Produkt im Vordergrund, sondern all das, was ich an Dienstleistungen um das Produkt herum anbiete«, erläutert die BWL-Professorin Heike Simmet von der Hochschule Bremerhaven.[1] Bislang hätten jene Unternehmen die strategische Macht über ihre Branche, die die besten Infrastrukturen wie etwa Produktionshallen, Logistikketten oder Vertriebsnetze besitzen. Künftig seien jene im Vorteil, die einen kostengünstigen und gleichzeitig flexiblen Zugang zum Kunden haben, ergänzt der Zukunftsforscher Sven Gábor Jánszky.[2] Dabei werden »wissende Dritte«, also Kunden, die aus eigener Erfahrung sprechen, sowie Plattformen, auf denen solches Wissen verfügbar ist, eine Hauptrolle spielen.

Was das bedeutet? Während herkömmliche Manager vor allem an den Wettbewerb, ihre Quartalsziele und die Kosten denken, haben die jungen Web-Anbieter längst verstanden, dass sich alles um die Kunden (und ihre Daten) dreht. »Eine Obsession für Kundenbelange« nennen sie das. Gebraucht werden dazu neue Organisationsmodelle und disruptive Serviceprozesse.

Eine Obsession für Kundenbelange ist in Zukunft ein Muss.

Hierbei scheint es allerdings ein kulturelles Problem zu geben. In der Neuen Welt und auch in den Schwellenländern findet man alles Neue hochinteressant, in der Alten Welt hingegen das Altbewährte. Allem Neuen begegnen die Alten mit Skepsis. Vor allem hierzulande, im Jammerland Germany, werden nicht die Chancen, sondern in erster Linie die Risiken gesehen, wenn es um die Anpassung an neue Bedingungen geht. Und nicht das Neue, sondern das Alte wird durch Bürokratie, behäbige Gesetzesvorlagen, eine konservative Rechtsprechung und blühende Abmahnlandschaften geschützt. Wenn sich Archäologen in vielen Hundert Jahren womöglich die Frage stellen, wieso speziell Deutschland wieder zum Entwicklungsland wurde, dann wird wohl genau das die Ursache sein. Überregulierung zerstört nämlich genau die Freiheit, aus der Verantwortungsbereitschaft erwächst. So ist Freiheit – neben Achtsamkeit und Vertrauen – wohl der wichtigste Wert, den die nahende Zukunft benötigt.

Eine kurze Geschichte der Kommunikation

Am Anfang kommunizierte die Natur über Biochemie: Ameisenstraßen, der Bienentanz und das Balzverhalten paarungswilliger Männchen und Weibchen sind beeindruckende Belege dafür. Soziales Grunzen, also die Hms, Ahs und Ohs, die auch heute noch allgegenwärtig sind, hat die frühen Menschen begleitet. Weite Distanzen überwand man in der Savanne durch Rauchzeichen, im Gebirge durch das gejodelte Echo und im Dschungel durch Stelzwurzel-Trommeln. Sprache ist ein Spätentwickler. In ihrer ganzen Pracht existiert sie erst seit etwa 100 000 Jahren. Seitdem haben sich die Menschen am Lagerfeuer Geschichten erzählt. Diese prägten und sicherten die Kultur eines Stammes. Als Bilder in Höhlen, in Grabkammern und an Kirchenwänden wurde solch kulturelles Erbe für die Zukunft bewahrt.

Das waren die Zeiten des Web 0.0, also die Zeit ohne das Web. Und dann kam Tim. Tim Berners-Lee. Er entwickelte um 1990 bei der Europäischen Organisation für Kernforschung, dem CERN, das unter anderem bei Genf einen riesigen Teilchenbeschleuniger betreibt, die Grundlagen für das World Wide Web. Seitdem kann sich jeder Rechner mit jedem anderen Rechner vernetzen. Und die ganze Welt kann quasi in Echtzeit miteinander kommunizieren.

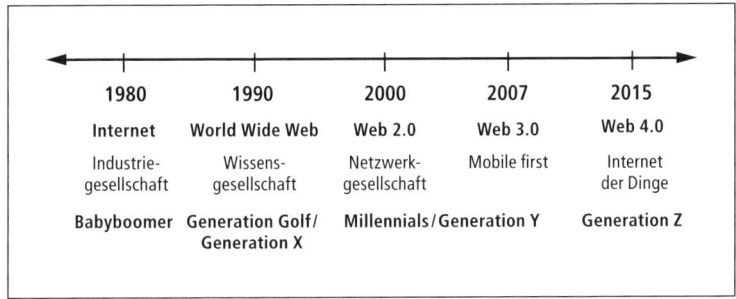

1980	1990	2000	2007	2015
Internet	World Wide Web	Web 2.0	Web 3.0	Web 4.0
Industrie-gesellschaft	Wissens-gesellschaft	Netzwerk-gesellschaft	Mobile first	Internet der Dinge
Babyboomer	Generation Golf/ Generation X	Millennials/Generation Y		Generation Z

Abb. 2: Wie sich die Kommunikation seit 1980 verändert hat

Web 1.0 – das World Wide Web

Das Web 1.0 gehörte den Unternehmen. Und es lebte ganz in der Tradition klassischer Unternehmenskommunikation: »Ich Anbieter, du kaufen! Ich rede, du hörst gefälligst zu! Ich bestimme, wie's läuft, und nicht du!« Der Markt wurde mit Werbung geflutet, einer monologischen Form der Kommunikation. Sie war schrill, aufdringlich, einfältig und verlogen. Man wurde zwangsbeschallt, ob man das wollte oder auch nicht. Kaum hatte man seine Adresse an einen Anbieter weitergegeben, erhielt man Mailings von überall her. Presseabteilungen schickten emsig ihre Lobeshymnen in die Welt hinaus, um am Image zu basteln. Und jede Beschwerde war eine unliebsame Störung im festgelegten Betriebsablauf. »Kauft gefälligst, was wir uns für euch ausgedacht haben«, war die narzisstische Anbieterbotschaft, »und dann lasst uns in Ruh!«

»Ich lass mir doch von den Kunden nicht sagen, wie ich meinen Laden zu führen habe«, hatte mir seinerzeit ein Unternehmer gesagt. Da machte ich mir Sorgen um ihn. Und sie waren berechtigt.

Abgehobene Manager hüteten und elitäre Unis mystifizierten ihr Wissen wie einst Hohepriester. Von sogenannten Wirtschaftsweisen kamen der Shareholder-Value und andere vermeintliche »Wunderwerkzeuge« in diese Zeit. Mathematische Modelle ohne jeden gesunden Menschenverstand, Gier ohne Moral und die Wölfe der Wall Street bescherten uns das Desaster der Finanzkrise 2008. Beschäftigte waren nicht *Mit*arbeiter, sondern Abarbeiter von Vorschriften, Standards und Normen. Ein Vorgesetzter wurde dafür bezahlt, dass seine Leute wie geplant spurten. Wie Patienten auf einer Intensivstation hielt man sie mit Messinstrumenten in Schach – und wie dressierte Affen mit Leckerli in Arbeitslaune. Command & Control nennt sich dieses Prinzip. Es ist der vielleicht größte Hemmschuh auf dem Sprung in die Zukunft. Denn es macht Unternehmen »schwarmdumm«, schreibt der Managementdenker Gunter Dueck in seinem gleichnamigen Buch. »Intelligente Menschen haben in dummen Organisationen keine Chance«, ergänzt der Führungsexperte Reinhard K. Sprenger.

Top-down war aber nicht nur ein internes Ding. Die Einweg-Botschaften wanderten überall hin. »Wenn der Kuchen redet, hat der Krümel Sendepause« war ein geflügeltes Wort. Doch Markenstalking, also Werbung, die uns ungefragt überfällt, die uns auflauert und verfolgt, ist nun definitiv out. Gegen viele Werbeformate sind wir inzwischen immun: Wir schauen nicht mehr hin, wir hören nicht mehr zu. Wir schalten ab oder um. Mangelnde Datensicherheit, Verbraucherbetrug und Unternehmensskandale haben unseren letzten Rest an Vertrauen zerstört. Wir glauben nicht länger der blumigen Prosa in Hochglanzbroschüren, dem Sirenengesang der Verkäufergeschwader oder dem Werbegedudel von Radio Gong. Wir fühlen uns gestört, wir sind angeödet und lassen uns nicht länger täuschen. Druckverkauf und werblicher Dauerregen sind nicht länger erwünscht. Zack! Peng! Aus! Dafür ist uns unsere wertvolle Zeit viel zu schade.

Nichtsdestotrotz meinen Werbeplaner noch immer, sie müssten uns volllabern und zuballern, damit ihre Werbung in möglichst vielen Köpfen landet. So ein Quatsch! Viel hilft nicht immer viel. Schlecht Gemachtes wird durch mehr nicht besser, sondern noch schlechter. Und viel vom Falschen ist bisweilen verheerend. Wenn das die Anbieter doch nur endlich verstehen würden: Laute, dumme, herkömmliche Werbung, wie wir sie derzeit noch überall finden, wird es bald nicht mehr geben – weil keiner sie mehr sehen und hören will. Natürlich werden wir Werbung auch weiterhin lieben, aber nur solche, die uns zeigt, dass sie uns liebt. Kommunikation heißt, Menschen zu betören, und nicht, sie zu stören.

> **Kommunikation heißt, Menschen zu betören, und nicht, sie zu stören.**

Web 2.0 – das Social Web

Das Web 2.0 postuliert, in Anlehnung an die Versionsnummern von Softwareprodukten, eine neue Generation des Internets. Soziale Netzwerke haben seit dem Jahr 2000 einen breiten Meinungsaustausch der User untereinander sowie einen ungehinderten Informationsfluss ohne das Zutun der Unternehmen ermöglicht. Das Ganze hat Tempo und ist quirlig, komplex, konfus. Aus solchem Chaos wird ständig Neues geboren. Kreativität, Offenheit, Schnelligkeit, Kollaboration und Gleichrangigkeit sind die entscheidenden Parameter. Alles Wissen der Menschheit ist für jeden verfügbar. Nun haben Kunden volle Preistransparenz und Zugang zu allen Informationen über die Angebote am Markt.

Damit hat das Web 2.0 einen umwälzenden Demokratisierungsprozess eingeläutet. Die Macht hat sich von den Unternehmen zu den Kunden verlagert. Bezeichnenderweise wurde der technokratisch anmutende Begriff »Web 2.0« auch recht flott in den Hintergrund gedrängt. Heute sprechen wir vom Social Web. Es hat nicht nur eine neuartige Infrastruktur bereitgestellt, sondern auch einen Wertewandel eingeleitet, der weit in die Wirtschaft hineinreicht. Nicht mehr top-down und inside-out, sondern outside-in und bottom-up heißt von nun an der Kurs. Produkte werden heute mithilfe der Konsumenten entwickelt und Marken mithilfe der Kunden geführt. Diese sind, gemeinsam mit den Mitarbeitern, die neuen Unternehmensberater.

Konnte man früher Rückmeldungen nur mithilfe kostspieliger Marktforschung von ausgewählten Testpersonen ergattern, kann nun die ganze Welt lehrreiches Feedback geben. Doch viele Unternehmen sehen das Social Web nur als weiteren Kommunikationskanal, den sie anstandslos mit Botschaften zumüllen können. Die Chance der Interaktion wird dabei vertan. Denn soziale Netzwerke sind *keine* Melkmaschinen, sondern kostenlose Pulsmesser, Traumfänger, Reputationsmacher, Verbundenheitskatalysatoren, digitale Interessentenbezauberer und Kundenbegeisterungsoptimierer par excellence. Und sie sind ein Servicetool.

Die Philosophie des Likens und Teilens, die im Social Web gang und gäbe ist, hat nicht nur neue Geschäftsmodelle ermöglicht, sondern auch das Verständnis für die interne kommunikative Zusammenarbeit maßgeblich verändert. Zunehmend wird nun abteilungsübergreifend nach Erfolgsrezepten gesucht. In expandierenden Start-ups kommen die ersten Feelgood-Manager zum Einsatz.

Web 3.0 – das Mobile Web

Im Jahr 2004, als Nokia mit einem Anteil von nahezu 40 Prozent den Mobiltelefon-Weltmarkt beherrschte, unterlief dem damaligen CEO Jorma Ollila ein folgenschwerer Irrtum: »Es gibt keinen Markt für mobiles Internet per Handy«, ließ er während einer Pressekonferenz verlauten. Und als Steve Jobs 2007 sein Absatzziel für das brandneue iPhone verkündete, sagte ein Nokia-Manager siegesgewiss: »Zehn Millionen Handys sind gar nichts, das verkaufen wir in zwei Wochen.« Anfang 2014 wurde der klägliche Rest der Nokia-Mobilfunksparte an Microsoft verkauft und dann eingestampft.

Mit einem ästhetisch schönen Gehäuse, einem Display zum Streicheln, dem mobilen Zugang ins Web und einem damit verbundenen App-Store wurde der Beginn des Web-3.0-Zeitalters eingeläutet. Diese Erfindung, die Märkte und Menschen zu einem
Ökosystem vernetzt, kann als ein Bahnbrecher der disruptiven
Bewegung gelten.

Bis auf Weiteres wird das Smartphone als Schaltzentrale unseres
digitalen Lebens fungieren. Durchschnittlich 214 Mal und insgesamt 90 Minuten lang nehmen wir es derzeit täglich zur Hand.
Doch das Rumsuchen und Nichtvergessendürfen kann ganz schön
nerven. Und das ständige Aufladenmüssen ist mühsam. In zehn
Jahren werden wir es sicher ziemlich albern finden, mit einem
Telefon am Ohr durch die Gegend zu laufen. Die Dematerialisie-
rung von Objekten schreitet voran. Zunächst hat das Smartphone
dafür gesorgt: Schallplatten, Bücher, Fotos, Tickets, Schlüssel, Geld,
Wecker, Notizblock, Visitenkarten, Ausweispapiere und vieles mehr
stecken darin. Und so ähnlich wird dieses Device selbst vielleicht
schon bald eine andere Form annehmen.

Bis dahin ist das Smartphone die Nabelschnur zwischen online und
offline. Unser halbes Leben tragen wir darin herum. Als Türsteher
kann es uns selbstständig warnen: vor unlauteren oder überteuerten Angeboten, vor Marktteilnehmern, die wir nicht mögen, vor
Lebensmitteln, die wir nicht vertragen, vor Menschenschindern
und Umweltzerstörern. In Notsituationen kann es Leben retten.
Vor allem aber erleichtert es uns den Alltag – beruflich wie auch
privat. Aus den Tiefen des virtuellen Raums holt sich unser mobiler
Kamerad digitale Zusatzinformationen in Echtzeit aufs wartende
Display. Während man so durch die Gegend streift, empfängt er
Informationen über Restaurants, deren Küche man mag, meldet
Freunde in der Nähe und erzählt von den Sehenswürdigkeiten
ringsum. Wie von Zauberhand verrät unser smarter Begleiter, wo es
gerade die Lieblingsmarke zum Sonderpreis oder einen Gutschein
zum Herunterladen gibt, um uns von der Straße in ein Geschäft zu
locken. Und während unser Blick dort über die Auslagen wandert,

checkt unser digitaler Helfer bereits die Reputation des Händlers, die ökologische Haltung der Anbieter und die Preise im Vergleich.

Alles in allem werden mobil verfügbare Informationen aus dem Web immer mehr zur Grundlage von Kauf-, Nutzungs- und Lebensentscheidungen. Aus Anbietersicht lassen sich durch Lokalisierung, Personalisierung und Echtzeit völlig neuartige Vermarktungskonzepte entwickeln. Und damit wird aus der ehemaligen Massenkommunikation nun eine 1:1-Kommunikation (one to one). Es gibt keine lenkbaren Massen mehr, wenn man jederzeit und von überall her die Informationen abrufen kann, die man gerade benötigt. Mit elektronischer Hilfe erhält heute jeder auf Wunsch seine eigene Zeitung, sein eigenes Fernsehprogramm sowie eine individuelle Trefferliste, wenn er Suchmaschinen befragt. Und fortan wird er auch seine ganz persönliche Ansicht erhalten, wenn er auf eine Webseite geht.

Wie weit das heute schon ist, habe ich an meinem letzten Geburtstag erlebt. Auf meinem Rechner war ein Google-Doodle (die Grafik über dem Suchfeld) mit Kerzen und Kuchen zu sehen, und als ich mit dem Mauszeiger darüberfuhr, sagte das Doodle: Herzlichen Glückwunsch zum Geburtstag, Anne. Auch wenn ich natürlich weiß, dass Algorithmen mit mir reden, weil Google meine Daten abgreift: Es hat mir gefallen.

Web 4.0 – das Internet der Dinge

Schritt für Schritt erobert das Internet alle Orte und Geräte des Alltagslebens. Sensoren, die Maschinen, Produkte und Objekte drahtlos überwachen, kontrollieren und steuern, verbreiten sich nun rasant. Im Web 4.0 wird jeder Gegenstand zu Sender und Empfänger zugleich. Alles ist mit allem vernetzt (everything to everything).

Während das Web 2.0 die Menschen miteinander verband und beim Web 3.0 Mobilität sowie digitalbasierte Kaufprozesse im Vordergrund standen, geht es beim Web 4.0 um die Durchdigitalisierung aller Unternehmensbereiche: Entwicklung, Produktion, Logistik, Arbeitsplätze, Vertriebskonzepte, Kundendienst, Serviceprozesse. Insgesamt können wir von einer durchdigitalisierten Gesellschaft sprechen. Alles wird in Zukunft smart und connected, also intelligent miteinander verbunden.

In einem smarten Restaurant ginge das so: Tisch an Smartphone: »Ich erwarte dich, wie bestellt, um 19 Uhr, alles okay? Du hast dich ja schon auf den Weg gemacht.« Smartphone an Tisch: »Ja, nehme diesmal die Seitenstraße, auf der Hauptstraße ist Stau. Werde mich um zehn Minuten verspäten.« Auto an Ampel: »Schalte bitte für mich auf Grün.« Wenig später Tisch an Smartphone: »Ich sehe, du bist in zwei Minuten hier. Weißbier, wie immer? Ich sag dem Zapfhahn schon mal Bescheid. Du hast übrigens schon 0,2 Promille im Blut. Außerdem empfehle ich einen gemischten Salat. Deine Vitaminwerte sind ziemlich im Keller.« Smartphone an Tisch: »Danke, sehr fürsorglich, wie immer.« Tisch an Auto: »Nimm Parkplatz drei, ist für dich reserviert.« Auto an Tisch: »Perfekt, parke mich rückwärts ein. Ach, und einmal die Akkus aufladen, bitte.« Weißbier-Zapfhahn an Ober Giovanni und Tür: »Ich wär dann so weit.« Hologramm in der Tür: »Wie schön, dass Sie da sind, Frau Schüller, willkommen zurück. Giovanni, ihr Lieblingstisch und ein Weißbier erwarten Sie schon. Genießen Sie den Abend bei uns.« Das werde ich tun, denn dieser unglaublich gut aussehende Giovanni – und kein Serviceroboter – wird mich bedienen. Zudem wird der Koch für mich etwas ganz Besonderes zaubern. Was meine Geschmacksknospen schätzen und gleichzeitig meine Gesundheitswerte wieder nach oben fährt, hat er mit meinem Handy besprochen.

Jede Evolutionsstufe der Webnutzung hat das Konsumentenverhalten stark verändert. Der Treiber des Wandels ist die jeweilige Technologie. Sie ermöglicht neue Formen der Kommunikation. Neben dem Erklimmen immer höherer technischer Level sollten durch die digitale Transformation aber auch immer höhere ethische Level angestrebt werden.

	Web 1.0	Web 2.0	Web 3.0	Web 4.0
Entstehungs-jahr	1990	2000	2007	2015
Technologi-sche Basis	World Wide Web	Social Web	Mobile Endgeräte	Internet der Dinge
Marketing	Webbasiertes Top-down-Marketing	Social-Media-Marketing	Mobile-Marketing	Mensch-Maschine-Marketing
Ziel	Information	Kollaboration	Mobilität	Vernetzung
Schlagworte	Top-down-Monolog	Liken, teilen, kommentieren	Alles, immer, überall, jeder-zeit, sofort	Smart, connected, disruptiv
Wer mit wem	B2B, B2C, B2B2C	P2P (peer to peer)	M2W (mobile to web)	M2M (machine to machine)
Dinge	Dinge besitzen	Dinge teilen	Dinge selbst gestalten	Sich mit Dingen vernetzen
Kommu-nikation	One to many	Everybody to everybody	One to one	Everything to everything
Ökonomie	Ökonomie der Aufmerk-samkeit	Ökonomie des Wissens und Teilens	Ökonomie der Anerkennung	Ökonomie der Vernetzung
Wertewolke	Wachstum Status / Prestige Command & Control	Offenheit Transparenz Gleichrangig-keit Partizipation	Dynamik Veränderung Autonomie Nähe	Vertrauen Verantwortung Kreativität Freiheit Achtsamkeit

Abb. 3: Diverse Facetten in der Kommunikation 1.0 bis 4.0

Vertrauen ist der dabei vielleicht wichtigste Wert. Wo die Zeit nicht reicht oder das Wissen fehlt, um eine Sache zu durchleuchten, ist Vertrauen der beste Kitt. Und dort, wo wir von Fremden auf dem globalen Marktplatz Internet kaufen, gibt es nur eine Chance: Vertrauen. Vertrauen ist die Brücke zum Neuland. Und Hoffnung auf ein Happy End. Doch Vertrauen lässt sich nicht herstellen, es stellt sich allenfalls ein. Vertrauenswürdigkeit muss zudem bei jedem Kontakt neu bewiesen werden. Es braucht lange zum Wachsen – und ist in Sekunden zerstört.

Vor allem wer die Daten der Kunden will, dem muss dieser Kunde vertrauen. In Zukunft werden solche Anbieter vorne liegen, die beweisen können, dass sie die persönlichen Daten ihrer Kunden glaubwürdig schützen. Transparenz und Hoheit über die eigenen Daten sind dabei wichtige Punkte. Hierzu sollte man jederzeit und unkompliziert seine Daten einsehen, verändern und löschen können. Eine Forsa-Umfrage im Auftrag von Silverpop hat ergeben: 71 Prozent der Befragten wünschen sich sowohl Kenntnis über als auch Änderungszugriff auf den persönlichen Datensatz. Aber nur zehn Prozent der Unternehmen gewähren dies ihren Kunden.[3]

Plattformkapitalismus versus Industrie 4.0

Die aktuelle Gründergeneration, besonders die im Hotspot Silicon Valley, favorisiert wie elektrisiert den Plattformaufbau. Dies ist der vielleicht größte Unterschied zu den digitalen Transformationsstrategien des mitteleuropäischen Topmanagements. Geprägt durch eine industrielle Vergangenheit, wird hierzulande vor allem mit dem Schlagwort »Industrie 4.0« operiert. Bei Industrie 4.0 geht es in erster Linie um eine Informatisierung und Roboterisierung der Fertigungstechnik. Smarte Maschinen sind das Ergebnis. Industrie 4.0 steht also für den digitalbasierten Wandel in der Produktion.

Plattformen hingegen forcieren den digitalbasierten Wandel von Vertriebsmodellen und Kommunikation. Sie verbinden Konsumenten mit Produzenten. Ihr Wettbewerbsvorteil erschließt sich also *nicht* aus einem Produkt, das kopiert und billiger angeboten werden kann, sondern aus einem netzwerkbedingten, nicht kopierbaren Ökosystem.

So haben digitale Plattformen völlig neue Geschäftsmodelle entwickelt. Ihre Macht ergibt sich aus den Daten, die sie von der Nachfrageseite besitzen. Google, Facebook, YouTube, Instagram, Pinterest, Twitter und WhatsApp, aber auch Marktplätze wie Amazon und eBay sowie Buchungsportale und App-Stores sind Beispiele dafür. In solchen Ökosystemen profitieren Produzenten, Dienstleister und auch Nischenanbieter von einer Infrastruktur, die sie selbst nicht schaffen müssen, und von Vertriebswegen, die sie im Huckepackverfahren nutzen können. Dadurch entstehen nicht nur neue, vielfältigere Touchpoints, die Interaktionspunkte zwischen Unternehmen und Kunden, sondern auch neue Formen der Kommunikation und der Kundenintegration.

Wie die Plattformwelt funktioniert

Digitale Plattformmärkte funktionieren grundlegend anders als die klassischen Wertschöpfungsketten der industriellen Produktion. Letztere erlauben es den Herstellern, ihre Vertriebswege weitgehend selbst auszusuchen oder eigene Distributionskanäle aufzubauen. »Auf digitalen Plattform-Märkten ist das nicht möglich. Hat sich eine Plattform erst mal etabliert, führt an ihr kein Weg vorbei. Daher bilden sich in aller Regel Oligopole heraus. Dazu trägt vor allem der Netzwerkeffekt bei. Die Gewinne der Platzhirsche sind so gewaltig wie die Machtposition, aus der heraus sie agieren«, schreibt Thomas Ramge im Wirtschaftsmagazin *brand eins*.[4]

Warum das so ist? Mit jedem neuen Akteur auf der Plattform – egal, ob Anbieter oder Kunde – steigt der Nutzen für alle Teilnehmer. Das ist das metcalfesche Gesetz. Sobald eine kritische Masse an Usern erreicht ist, wächst der Wert eines Netzwerks demnach nicht mehr linear, sondern exponentiell. Einfacher ausgedrückt: Der Erfolg füttert sich selbst. Oder auch: The winner takes it all. Am Aufstieg von Facebook konnte man gut beobachten, wie schnell ähnliche Netzwerke verdrängt worden sind. Doch genauso schnell wie der Erfolg kann der Totalabsturz kommen. Das wird sogar Facebook passieren, sobald sich ein attraktiveres Netzwerk etabliert. Denn wo alle sind, wollen alle sein. Und wo niemand ist, will niemand sein. Volkswirte bezeichnen das als sich selbst verstärkende Rückkopplung.

Sind Plattformen nun das Maß aller Dinge? Es kommt darauf an, auf welcher Seite man steht. Für den User sind sie ein kostenloser Spielplatz für alle nur denkbaren Aktivitäten – und ein fulminantes Einkaufsparadies obendrein: immer offen, ohne Grenzen und völlig preistransparent. Doch Zugang erhält man nur im Tausch gegen persönliche Daten. Für Anbieter ohne eigene Vertriebskanäle sind Plattformen eine potenzielle Verkaufsmaschine. Am Ende jedoch fällt der wirtschaftliche Hauptgewinn nicht demjenigen zu, der die Leistung erbringt, sondern dem Plattformbetreiber. Denn er bestimmt die Regeln der Zusammenarbeit. Und auch die Margen. Wer dabei sein will, muss das zwangsläufig schlucken.

Plattformen und ihr Netzwerkeffekt: Wo alle sind, wollen alle sein.

Kleinere Onlinehändler und Marktplayer ohne Plattformanschluss haben in den Monokulturen der großen Plattformmärkte nur dann gute Chancen, wenn sie attraktive Nischen besetzen. Die Claims, also abgesteckte Gebiete, werden gerade weltweit verteilt. Plattformstrukturen, die Anbieter mit Konsumenten verbinden, machen sich in immer mehr Branchen breit. Produzenten, die nicht zum Spielball der Mega-Plattformbetreiber werden wollen, brauchen ein eigenes plattformähnliches Ökosystem. Oder zumindest brauchen sie Community-Plattformen, auf denen sie sich mit ihren Kunden kommunikativ verbinden können. In Teil 3 komme ich darauf zurück.

So gefährlich ist der Plattformkapitalismus

Vielfalt wäre in Plattformmärkten bitter vonnöten, um der Marktkonzentration entgegenzuwirken. Denn wo Quasimonopole existieren, gibt es so gut wie keine Alternative. Totalüberwachung und totalitäre Tendenzen sind eine mögliche Folgegefahr. Von Plattformkapitalismus spricht Strategieberater Sascha Lobo in einer bissigen Spiegel-Online-Kolumne. Er präzisiert: »Im Ergebnis hat sich eine rücksichtslose Technikkaste gebildet, die vorgibt, die Welt verbessern zu wollen, aber extrem gefährlich ist.«[5]

Wieso dies? In monopolistischen Strukturen fühlen sich die Manager oft unantastbar. Oder sie erliegen dem Rausch der Macht. Natürlich ist Macht an sich weder gut noch böse. Es kommt vielmehr darauf an, wie man sie nutzt. Es gibt nämlich eine helle und eine dunkle Seite der Macht. Sie macht die Guten besser und die Schlechten schlechter. Der Grat ist schmal und die Verlockungen sind immens. Man verteidigt die eigenen Pfründe – auch über moralische Grenzen hinweg. Denn Macht und Monopole wie auch Geld und Gier verstellen den Blick für die Realität, wie viele traurige Beispiele aus der Wirtschaftswelt zeigen. Männliche Hirne sind übrigens davon besonders betroffen, denn in Wettbewerbs- und Siegsituationen produzieren sie Unmengen von Testosteron. Doch Testosteron macht empathielos, risikoanfällig und dumm. Wenig Empathie und wenig Nachdenken waren früher ja sinnvoll. Denn im Kampf mussten Männer bedingungslos töten können. Doch heute wird ihr Hirnschmalz für was Besseres gebraucht.

Auch das mächtigste Tal der Welt, das Silicon Valley, ist wie die Digitalwirtschaft insgesamt fest in Männerhand. Dort wie überall sind Gründer und Investoren auf der hektischen Jagd nach dem ganz großen Ding. Solches Geschehen ist unweigerlich von Testosteron durchflutet. Doch in den falschen Hirnen ist diese Droge fatal. Wo Wettkampf, Macht und Beutemachen Dauerthemen sind, ist die Gefahr sogar groß, zu einer High-T-Person, also einer mit hohem Testosteronspiegel, zu werden, vielleicht sogar zu einem Subjekt aus der »dunklen Triade«: Psychopathen, Narzissten und Machiavellisten. Die möglichen Folgen: blinde Selbstüberschätzung, übersteigertes Geltungsbedürfnis, Allmachtsfantasien, Skrupellosigkeit, Selbstbedienungsmentalität, der Ritt über zulässige Grenzen.

Wie schnell sich, wenn Macht ins Spiel kommt, die Dinge verändern, wurde in einem Experiment offengelegt, das als Kekstest in die Literatur eingegangen ist. Die Sozialpsychologin Deborah Gruenfeld von der Stanford University ließ Studenten in Dreiergruppen über umstrittene Themen diskutieren. Per Los wurde jeweils einer der drei dazu bestimmt, die Meinung der beiden anderen zu bewerten. Er hatte also ein kleines Stückchen Macht bekommen. Als wenig später eine Schüssel mit Keksen gebracht wurde, griffen die »ermächtigten« Studenten als Erste zu, kauten mit offenem Mund und fanden nichts dabei, den Tisch vollzukrümeln. Ohne sich dessen bewusst zu sein, bekundeten sie so ihren Machtvorsprung.

Die Digitalisierung wird alles verändern

Kein Zweifel: Die Digitalisierung verändert den Globus, die Gesellschaft, unser Leben, unsere Arbeit und auch die Art, wie wir miteinander kommunizieren. Unumkehrbar. Für alle. Und für immer. Doch ist das nun gut oder schlecht? Empörungswillige Kulturpessimisten führen uns bei jedem Fortschritt die vermeintlich schlimmen Folgen für die Menschheit vor Augen. So haben zu der Zeit, als Prometheus – gegen den Willen der Götter – den Menschen das Feuer brachte, sicher Scharen von Schwarzsehern vor den Gefahren gewarnt. Mit Feuer lassen sich ja in der Tat mächtige Kräfte entfachen, doch wir haben uns vor allem die Vorteile zunutze gemacht.

Seitdem wurde vieles als Teufelswerk deklariert. Bibliotheken wurden vernichtet und Genies auf dem Scheiterhaufen verbrannt. Als die Eisenbahn erfunden wurde, sagte das Bayerische Obermedizinalkollegium in einem Gutachten voraus, die schnelle Bewegung würde »bei den Reisenden unfehlbar eine Gehirnkrankheit, eine besondere Art des delirium furiosum, erzeugen«. Es gab auch eine Elterngeneration, die glaubte, an den rotierenden Hüften von Elvis ginge die Jugend moralisch zugrunde. Ein paar Jahre später meinte sie, der Haarschnitt der Pilzköpfe aus Liverpool stelle eine existenzielle Bedrohung für ihren vielversprechenden Nachwuchs dar.

Schon immer wurde jeder zwangsläufig mit Fortschritt verbundene Wertewandel auch als Werteverfall deklariert.

Schon immer wurde jeder zwangsläufig mit Fortschritt verbundene Wertewandel auch als Werteverfall deklariert. So haben Digitalphobiker nicht nur die digitale Demenz erfunden, sie sagen ganz hollywoodtesk sogar das Ende der Menschheit durch Maschinen voraus. Dabei macht sich unser Denkapparat gerade fit für die Zukunft, denn für sie werden neue Fähigkeiten dringend gebraucht. So sind Programmierkenntnisse hilfreich, um sich in den Weiten von Bits und Bytes intuitiv zu bewegen.

»Eine Karriere ohne Grundverständnis von C++ wird es 2030 ebenso wenig geben wie heute eine Karriere ohne Englisch«, schreibt der Journalist Christoph Keese in seinem Buch *Silicon Valley*. Schöngeistige Worte und lange Gedichte sind wirklich was Feines, doch in der digitalen Welt ist vor allem Schnelligkeit wichtig. Kürzelcodes wie tl;dr (too long, didn't read), Emoticons (☺☻☹) und Emojis sind geradezu symptomatisch dafür. So ist das nun mal: Mit dem Leben der Menschen verändern sich auch deren Sprache und Schrift. Oder können Sie etwa noch Sütterlin? Diese Normschrift wurde 1915 eingeführt und schon 1941 wieder verboten.

Gerade wenn es um Wissen geht, braucht man heutzutage nicht mehr alles im Kopf zu haben. Vielmehr muss man gut darin sein, es ruckzuck zu finden. Wenn ich mit meinen drei Neffen rede, sie sind zwischen Mitte und Ende 20, geht bei jeder Frage deren Hand schon reflexhaft zum Handy. Da, wo alle erdenklichen Informationen in Bruchteilen von Sekunden verfügbar sind, können Nervenbahnen fürs Auswendiglernen getrost zurückgebaut werden. Kann das mal bitte jemand den Schulbehörden vermitteln!

»Use it or loose it«, so heißt das Optimierungsprinzip des Gehirns. Jeder kennt den Zusammenhang zwischen zunehmendem Navi-Gebrauch und nachlassendem Orientierungssinn. Werden neuronale Trampelpfade nicht mehr benötigt, wird zügig entrümpelt. Als die Menschen sesshaft wurden, war es genauso. Die Fähigkeit, im finsteren Wald zu überleben und auf unstetes Jagdglück zu hoffen, verkümmerte kläglich. Sicher haben damals Berufspessimisten vor dem kollektiven Verhungern gewarnt, aber überlebt haben wir trotzdem. Durch Sesshaftigkeit wurde Zivilisation überhaupt erst ermöglicht. »Die Steinzeit ist nicht zu Ende gegangen, weil den Menschen die Steine ausgingen«, erläutern die Archäologen, »sondern weil sie sich neuen Technologien zuwandten.«

Wird das Gute oder das Böse gewinnen?

Eine wichtige Frage ist sicher auch die: Macht das, was vor uns liegt, die Schöpfung nun besser oder schlechter? Technologie an sich ist, so wie Macht, weder gut noch schlecht. Entscheidend ist vielmehr, wer sie in die Finger bekommt und was er / sie daraus dann macht. Schon längst gibt es ein »Darkweb«, wo das Böse sein Unwesen treibt. Doch da, wo sich der Rest der Welt tummelt, hat das Positive die Nase weit vorn. Eine Untersuchung von Disqus, einer der meistgenutzten Kommentarplattformen im Web, hat ergeben, das nur etwa zehn Prozent der dort gemachten Äußerungen negativ sind. Warum das so ist? »In Netzwerken ist es intelligent, nett zu sein«, meint der Medienphilosoph Norbert Bolz. Denn sie verstärken, was in sie eingespeist wird. Und sie intensivieren die Persönlichkeit von Mensch und Unternehmen.

Mit denen, die schlechte Bewertungen haben, will keiner gute Geschäfte machen. So wird am Ende auch das Böse eingedämmt.

Jeder Marktplatz, egal, ob online oder real, bedeutet Öffentlichkeit. Und Gemeinschaft erzeugt sozialen Druck. Dies wiederum zwingt zu fairem Verhalten. Nicht mal hinter verschlossenen Türen kann man heute noch die Sau rauslassen. Denn verschlossene Türen gibt es in einer Netzwerkgesellschaft nicht mehr. Und »Leichen« von früher, die man nicht wegbekommt, verbuddelt man am besten ganz tief. Denn irgendjemand schaut immer durchs Schlüsselloch. Und erzählt der ganzen Welt, was er dort sieht. Reputationsinformationen sind deshalb die Währung im Web. Mit denen, die schlechte Bewertungen haben, will keiner gute Geschäfte machen. So wird am Ende auch das Böse eingedämmt. »Das größte Geschäftsmodell der Zukunft ist die Rettung der Welt«, zitiert Trendforscher Sven Gábor Jánszky einen seiner Kongressteilnehmer.[6] So werden auf Dauer wohl die Beschützer und nicht die Zerstörer gewinnen.

Wenn besser auch friedvoller heißt, darf man insgesamt optimistisch sein. Zwar lebt jede Gruppe ein »Wir hier gegen die da«-Prinzip. Der Feind hockte schon immer jenseits des Zauns, der Mauern, des Flusses, der Ländergrenzen, eben im »Aus«-Land. Durch das Web jedoch rücken die Menschen zusammen. Ein »One world«-Feeling liegt in der Luft. Das Wort »social« drückt dies wohl am treffendsten aus. Es symbolisiert Solidarität, Gemeinschaft und Rechtschaffenheit – über alle geografischen und kulturellen Grenzen hinweg. Durch Verbindungen lassen sich Feindschaften verhindern und über Ähnlichkeiten Gegensätze entschärfen. Wer die gleichen Klamotten trägt, die gleichen Marken liebt, die gleichen Computerspiele spielt und die gleiche Sprache, nämlich die Websprache Englisch, spricht, der ist für uns kein »Wildfremder«

mehr. Nur Kluften schaffen Konflikte. Kommunikation, Partizipation und Gleichrangigkeit haben schon immer für sozialen Frieden gesorgt.

Allenfalls müssten die Männer noch ein wenig weicher und die Frauen stärker werden. Die Natur ist übrigens schon längst dabei, das zu regeln. Eine Studie der Universität Aberdeen mit 5000 Frauen brachte zutage: Je höher der WHO-Gesundheitsindex einer Nation, desto niedriger ist die Präferenz für maskuline Männer.[7] Kantige, strenge Gesichtszüge stehen unter anderem für Schutzfunktionen und Aggressionspotenzial. Eine Frau, die sich selbst versorgen kann, braucht so etwas nicht. Bei ihr stehen vielmehr Verlässlichkeit, Vertrauen und Kooperationsbereitschaft im Fokus. Weichere Gesichtszüge sind der Code für solche Eigenschaften. Während also dort, wo Frauen keinerlei Rechte haben, pathologische Angriffslust grausam zerstört, können Männer in einem zivilisierten Umfeld ihr reichlich vorhandenes Genialitätspotenzial zum Nutzen aller erschließen. Klar, schwarze Schafe gibt es zuhauf. Doch die Mehrheit der jungen Internetgründer hat auf ihrer Jagd nach dem »Einhorn« durchaus das Ziel, mit ihrem Wirken nicht nur Geld und Geltung zu erlangen, sondern auch Sinn zu stiften. Das Einhorn gilt ja als das edelste aller Fabeltiere und ist ein Symbol für das Gute. In der digitalen Wirtschaft bezeichnet man damit ein Start-up mit einem Wert von mindestens einer Milliarde US-Dollar. Etwa 140 solcher Firmen gibt es dieser Tage bereits.

Wie Menschen mit Computern verschmelzen

»Der Mensch ist ein Prothesengott«, schrieb Sigmund Freud im Jahr 1930. Hörgeräte, Herzschrittmacher, Hirnimplantate sind längst ganz normal. Im Ohr implantierte Kopfhörer sowie Smartphone-Apps, die uns vor Schlafstörungen, Diabetes, Asthma und Parkinson warnen, alles schon da. Und bald werden wir Kleidung tragen, die mit dem Internet verbunden ist. Biometric Smartwear wird via eingewebter Sensoren unsere Atmung, den Kalorienverbrauch und unseren Herzschlag messen. Oder man spuckt in einen Handyaufsatz und schickt das Ergebnis der Analyse an seinen (virtuellen) Arzt. So wird die Gesundheitsvorsorge zu einer Medizin der miteinander kommunizierenden Computer. Und in absehbarer Zeit werden Nanobots durch unseren Körper fahren, um zu reparieren, was nötig ist.

Auch echte Cyborgs, also Mensch-Maschine-Wesen, können wir bereits treffen. Zum Beispiel Neil Harbisson. Der 1982 geborene Künstler wurde 2004 in England als erster behördlich registrierter Cyborg anerkannt. Von Geburt an konnte er nur schwarz-weiß-graue Farbtöne sehen. Nun trägt er einen fest ins Gehirn implantierten Eyeborg vor seiner Stirn, der ihn Farben hören lässt. Ja, hören. Und dies ist nur *ein* interessantes Beispiel von vielen.

Menschen und humanoide Roboter bewegen sich in großen Schritten aufeinander zu. Und der Wille, sich zu transformieren, ist unübersehbar. Tattoos, die den Körper komplett überziehen und ihm damit ein neues Aussehen verleihen, sind ein erster auffälliger Schritt. Invasive Eingriffe zur Selbstoptimierung sind längst ganz normal – nicht nur bei denen, die ästhetisch unterversorgt sind. Immer mehr Freaks laufen mit Computerchips herum, die sie sich unter die Haut implantieren lassen. Solche Chips werden womöglich unseren Denkapparat eines Tages direkt mit dem Internet verbinden. Wissenschaftler erforschen bereits, wie sich ein Back-up des menschlichen Gehirns in der Cloud abspeichern lässt. Bis zur physischen Verschmelzung mit Computern ist es dann nicht mehr weit. Es scheint auch nicht ausgeschlossen, »dass wir irgendwann in Zukunft Informationen im Gehirn anderer Menschen googeln können«, schreibt Miriam Meckel, Chefredakteurin der *Wirtschaftswoche*, in einem Essay.[8]

Ihnen kommt die Büchse der Pandora in den Sinn? Die Büchse ist längst offen – und lässt sich nicht mehr schließen. Egal, ob wir ethische Bedenken oder ein philosophisches Problem mit dieser Entwicklung haben oder manches einfach nur gruselig finden: Die

Zukunft wird kommen. Genügend Menschen werden es kaum abwarten können, jeden technologischen Fortschritt auszuprobieren. Aus den positiven Erfahrungen solcher Early Adopter erwachsen dann neue Anforderungen an alle Player im Markt. So wird das Neue zu einem unverzichtbaren Teil unseres Lebens. Was menschenmöglich ist, erweitern wir, seitdem es uns Menschen gibt. Selbstverbesserung heißt der Nutzen.

> **Genügend Menschen werden es kaum abwarten können, jeden technologischen Fortschritt auszuprobieren.**

Selbst der Tod ist nicht mehr analog. Der erste Mensch, der in vielen Jahren aus dem Jenseits zurückkehren wird, liegt schon eine Weile, zusammen mit ein paar Hundert anderen, in minus 196 Grad kaltem flüssigem Stickstoff bei den Kryonikern von Alcor in Arizona. Die ersten Wesen, die er beim Aufwachen sieht, werden wohl humanoide Roboter sein. Und sie werden wahrscheinlich sehr freundlich mit ihm reden.

Mensch und digitalisierte Maschine als Team

In westlichen Kulturen werden Roboter meist als Bedrohung gesehen, die eines Tages womöglich die Menschheit vernichten, ein Glaube, an dem die Filmindustrie nicht ganz unschuldig ist. In asiatischen Kulturen hingegen gelten Roboter als etwas Gutes. Deshalb kommen sie dort auch immer so niedlich daher. Sie sind viel kleiner als wir, um uns keine Angst zu machen. Und ihre Gesichter entsprechen dem Kindchenschema.

Westliche Roboter hingegen sehen meist wie Erwachsene aus. Und wir gehen mit ihnen auf Konfrontation. Diskutiert wird derzeit vor allem darüber, dass sie zu Jobkillern werden. Doch anstatt, wie so oft, Energie für Abwehr zu verschwenden, sollten wir uns besser mit einer konstruktiven Ausgestaltung von Möglichkeiten befassen. Denn die Mensch-Maschine-Kooperation ist ein unumgänglicher Weg. Wie das aussehen kann, damit wird längst experimentiert. Die Kernfragen sind: Welche neuen Leistungen könnten Menschen mit Unterstützung denkender Maschinen erbringen? Was können Maschinen besser als Menschen? Was können Menschen besser als Maschinen? Und wie kann es gelingen, das Beste von beidem so miteinander zu verbinden, dass aus Mensch und Maschine Seite an Seite gute Teams werden können? Zum Beispiel hat der Hongkong-basierte Wagniskapitalgeber Deep Knowledge Ventures im Mai 2014 eine digitale Intelligenz namens Vital in seinen Vorstand berufen.

Nachdem die IBM-Software Watson 2011 in der US-Fernseh-Quizsendung Jeopardy gegen zwei menschliche Superhirne gewann, begann sie, Medizin zu studieren. Heute wird sie an der Grenze zwischen Leben und Tod eingesetzt. Im Memorial Sloan Kettering Cancer Center, einer Krebsklinik in New York, ist das Programm ein wertvoller Ratgeber bei der Entscheidung, welche individuelle Behandlung bei Krebspatienten eingesetzt werden soll. Doch nie bestimmt die Software allein über die jeweilige Therapie. Auf Basis der eingespeisten Daten gibt sie vielmehr Empfehlungen ab, denen die Ärzteteams in den meisten Fällen folgen.[9]

Im Vergleich mit Robotern können Menschen vor allem mit Humor, Fantasie, Empathie und Instinkten sowie mit Kreativität, gesundem Menschenverstand, dem Erfassen von Kontext, dem adaptiven Bewältigen vielfältiger Aufgaben und dem vernetzten Einsatz der Sinne punkten. Wer darin gut ist, sich ständig weiterentwickelt und für Routinen auf die Hilfe intelligenter Maschinen setzt, der ist im Digitalzeitalter vorn.

Wenn sie lebensnah und ungefährlich wirken, dann interagieren Menschen übrigens gerne mit Roboterwesen. Deshalb sollten jene freundlich nicken, den Kopf leicht zur Seite neigen, den Blick senken, die Augen schließen, lächeln, erröten und winken können, weil unser Hirn dies als Freundschafts- respektive Unterwürfigkeitshinweise deutet. Zu perfekt sollten sie allerdings nicht sein –

und auch nicht zu menschenähnlich, denn dann, so haben Untersuchungen gezeigt, entstehen die gleichen Vorurteile und Diskriminierungen wie bei leibhaftigen Menschen. »Der ideale maschinelle Kollege hat ein paar menschliche Eigenschaften, doch es bleibt klar erkennbar, was er eigentlich ist: ein Roboter«, resümiert Walter Frick im *Harvard Business Manager* 9/2015.

Wie Computer uns ihre Kommunikation aufzwingen

Wir sind Nutznießer und Opfer der fortschreitenden Automatisierung zugleich. »Jeder Beruf verliert seine einfachen Routinearbeiten an den Computer«, meint Gunter Dueck, ehemals Cheftechnologe bei IBM. Alles, was Computer erledigen können, wird systematisch automatisiert. Wenig Qualifizierte arbeiten diesen dann höchstens noch als Handlanger zu. Gut bezahlt werden nur diejenigen, die mehr zu bieten haben, als das Internet kann: das Schwierige, das Individuelle, das Maßgeschneiderte, das Konzeptionelle und das ganz Spezielle. Auch das Kontrollieren von Arbeitsleistungen wird mehr und mehr von Software-Programmen erledigt. So werden Führungskräfte nur noch für Dinge gebraucht, die Computer (bislang) nicht können, nämlich die Analytik mit Intuition, mit Menschenkenntnis und mit Empathie zu verknüpfen.

Marketingleute, einst die Menschenversteher vom Dienst, mutieren zu IT-Technokraten. Vertriebler, bis dato perfekt in der Kundenbeziehungspflege, werden zu Big-Data-Spezialisten umfunktioniert. In der Callcenterbranche titulieren sich die Agents schon längst als Computersklaven. In der Onlineszene ist nur noch von People Analytics die Rede. Man wird vom Computer regelrecht unterjocht. »Ich würde das ja gerne so eingeben, aber mein Programm lässt das nicht zu«, heißt es müde und machtlos. Und die Maschinengläubigkeit schreitet voran. Sie impliziert, dass Maschinen die Menschen besser kennen als diese sich selbst. »Wie, Sie sind …? Das kann gar nicht sein! Hier in meiner Datenbank steht nämlich, dass …!«

Wir können uns von Maschinen helfen lassen, wir dürfen uns aber nicht von ihnen beherrschen lassen? Schön gedacht – aber zu spät! »In der Regel geht es beim Wechselspiel von Mensch und Gerät um einen Wettstreit, bei dem nie eindeutig gesagt werden kann, wer eigentlich wem dient«, sagt der Publizist Gunnar Sohn. Die Macht, die ein abhandengekommenes Smartphone besitzt, kann am Grad des Entzugstraumas sehr gut gemessen werden. Und wie ein schnöder Laptop die mächtigsten Männer der Welt tyrannisiert, wenn der nicht so will wie sie, davon kann jede Sekretärin erzählen. Besonders erfolgreich werden also diejenigen Anbieter sein, die uns aus solcher Ohnmacht erlösen. »Ein intelligentes Nutzer-Interface gibt auf jeden Fall das Gefühl, man sei Herr der Technik, auch wenn man vielleicht in Wahrheit letztlich doch der Sklave der Maschine bleibt«, ergänzt Norbert Bolz.

Das Geheimnis der Algorithmen

Mit dem Aufkommen von Algorithmen wird der Alchemietraum endlich wahr: Daten werden zu Gold. Noch sind die Gedanken, die sie sich so über uns machen, bisweilen abstrus. Andererseits lernen sie schnell. Und wir füttern sie fleißig mit Informationen. Das ist der Preis dafür, online zu sein. Jedes Mal wenn wir unser Smartphone nutzen, eine Mail schreiben, Suchmaschinen befragen und im Web posten, geben wir etwas über uns preis. Permanent hinterlassen wir digitale Spuren, Digital Footprints genannt: Wo wir sind, was uns gerade interessiert und welche Pläne wir für unsere Zukunft haben, alles wird zu Wahrscheinlichkeiten algorithmiert. Und schwupps, erscheinen wie von Geisterhand mehr oder weniger passende Angebote. Amazon errechnet auf Basis von Kundendaten, welches Produkt wir wohl als Nächstes bestellen, und plant daraufhin schon seinen Lagerbestand. Airlines zeigen unterschiedliche Tarife an, je nachdem, welchen Vielfliegerstatus man hat. Die Preise auf Hotelbuchungsportalen passen sich nicht nur der Auslastungslage an, sondern auch der Wettervorhersage und unserer Kreditkartenfarbe. Das nennt sich dynamische Preisstrategie.

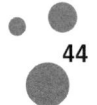

Natürlich müssen wir Hinweise herausrücken, damit uns Relevantes erreicht. In der Offlinewelt ist es ja genau das Gleiche. Vor der Eisvitrine würde kein Mensch auf die Frage »Welche Sorte hätten Sie gern?« verkniffen mit »Das geht Sie nichts an!« kontern. Datenkrake Giovanni? Man muss seinem Lieblingsitaliener schon ein paar Informationen geben, damit der den Lieblingsplatz freihalten, den Lieblingswein dekantieren und das Lieblingsgericht hervorzaubern kann. Bis dahin: einverstanden! Aber: »Ein Geschäft würde mir niemals einen Sender auf die Schulter pflanzen, nachdem ich in ihm eingekauft habe. Im Web ist das Standard, und das ist einfach falsch«, sagt der Internetaktivist Doc Searls, Mitautor des *Cluetrain Manifesto*, in einem Interview.[10]

»An Facebook, Google und Co. sieht man, wie weit die Menschen ihre Freiheit beschneiden lassen, um Teil einer Gemeinschaft zu sein«, schreibt die Psychologin Ines Imdahl in ihrem Buch *Werbung auf der Couch*. Ja, ganz ohne Zweifel, Verbundenheit und Gruppenzugehörigkeit sind für das Herdentier Mensch fundamental. Und uns ist eben auch klar: Bei überbordender Komplexität kann man nicht alle Probleme alleine lösen. Wenn also soziale Netzwerke für uns quasi lebensnotwendig sind, akzeptieren wir notgedrungen deren allgemeine Geschäftsbedingungen, auch wenn diese uns Nachteile bescheren. Wenn eine Website für uns unentbehrliche Inhalte hat, ist das Ausspioniertwerden durch Cookies das kleinere Übel. Und wenn etwas für uns wirklich nützlich ist, dann zahlen die allermeisten lieber mit Daten als mit Geld. Nimm meine Daten und gib mir ein besseres Leben dafür, so lautet der Deal. Doch das Handy als Wanze? Und das Fernsehgerät als Big Brother? Nein, danke!

Die Würde des Menschen geht vor

Der Dauerkonflikt zwischen einer an Daten interessierten Überwachungsmaschinerie und der schützenswerten Privatsphäre eines Individuums scheint längst entschieden. Schutz vor Spähattacken wird elementar. Denn die Datenwölfe kommen (wie bei Rotkäppchen) immer so harmlos daher. Und sie fressen wohl Kreide in Mengen, damit sie uns mit ihren Werbeparolen einlullen können. »Wir wollen es den Menschen so einfach wie nur irgendwie möglich machen, mit den Medien in ihrer Umwelt zu interagieren«, heißt es zum Beispiel beim Musikerkennungsdienst Shazam. Da ist sicher was dran. Wird aber die dazu notwendige App auf Auto Shazam umgelegt, hört sie *alles* in der Umgebung mit. Das Gleiche gilt für Barbiepuppen, in die Konversationssoftware eingebaut wurde. Sie übertragen die Gespräche, die ein Kind mit dem Spielzeug führt, auf die Server des Herstellers Mattel.

Daten kennen keine Moral. Die Moral muss von den Menschen kommen. Und die Würde des Menschen ist unantastbar. Jedem Anbieter muss klar sein, dass beim eigensüchtigen Datenabgreifen und -nutzen der Schuss schnell nach hinten losgehen kann. So ist es dem US-Retailer Target ergangen. Der hatte festgestellt, dass man durch das Einkaufsverhalten einer Frau sehr früh auf eine Schwangerschaft schließen kann. Fortan wurden die Zielpersonen mit Werbung für Babysachen bombardiert. So erfuhr in manchen Fällen das Umfeld von dem bevorstehenden Ereignis, noch bevor die Schwangere sich selbst offenbaren konnte. Das Recht auf Intimsphäre? Sträflich verletzt!

Der Profitgedanke rechtfertigt nicht jedes Mittel. Und nicht alles, was machbar ist, sollte man machen.

Der Profitgedanke rechtfertigt *nicht* jedes Mittel. Und nicht alles, was machbar ist, sollte man machen. Das Vertrauensverhältnis zum Kunden geht vor. Win-win heißt dieses Prinzip. Erfolg gibt es dann nicht länger auf Kosten Dritter (weil es heutzutage meist rauskommt), sondern als Ergebnis von gut Gemachtem, das man für Dritte tut.

Sind Algorithmen dumm oder schlau?

Die Filter- und Empfehlungsalgorithmen der großen Internetanbieter bestimmen, welche Informationen wir vorrangig hören, sehen und lesen. Zum Beispiel finanziert sich YouTube durch Werbung. Diese wird dem Film, den man eigentlich sehen will, vorgeschaltet. Überspringt der User den Werbeclip nach vier Sekunden – in denen er (hoffentlich) schon alles Wichtige gesehen hat –, fallen für den Werbekunden keine Kosten an. Trueview heißt das System. Indem uns vor jedem Film andere Werbung gezeigt wird, lernt der Algorithmus, was wir mögen und was nicht. Demnach hat YouTube ein großes Interesse daran, die Treffsicherheit zu erhöhen, damit die Videos komplett angeschaut werden.

So greifen die Webgiganten nicht nur in die Meinungsbildung ein, sie dirigieren auch Kaufflüsse in großem Stil. Wir erhalten immer mehr Vorschläge zu dem, was uns eh schon gefällt. Das bedeutet: Wir werden zu Gefangenen unserer eigenen Präferenzen. Der Internetaktivist Eli Pariser nennt das die »Filter Bubble«: Wir sitzen in der »Blase« unserer eigenen Anschauungen und werden nicht mehr mit konträren Meinungen und Fakten konfrontiert. Doch natürlich erzeugt auch jede Nachrichtensendung und jede Zeitung Filter-Bubbles. Gravierender vielleicht: Sie stauchen Informationen nach eigenem Gusto zusammen. Dabei sind sie keine Spur von neutral, sondern interessengesteuert. Sie beeinflussen durch gezielt ausgewähltes Text-, Bild- und Tonmaterial die öffentliche Meinung enorm. Bei abnehmendem Werbevolumen wird sich dieses Problem sogar noch verstärken.

Auch Apps machen unsere Welt kleiner und schränken uns ein. Das Web hingegen macht mit jeder Frage unseren Horizont weiter. Nie war der ungehinderte Zugang zu Informationen besser als heute. Natürlich gibt es auch dumme Algorithmen. Die sind schuld, wenn einen der Mähroboter, der längst gekauft ist, noch wochenlang im Web verfolgt. Doch moderne Algorithmen sind selbstlernend und komplex. »Sie zeigen dem Nutzer immer wieder auch Unbekanntes, schon allein um auszuloten, was ihn gerade interessiert und was nicht. Viele werten nicht nur die Vergangenheit dieser einen Person aus, sondern auch das Verhalten vieler anderer Nutzer mit ähnlichen Vorlieben. Und sie gewichten neuere Erkenntnisse über einen Nutzer stärker als alte, wenn sie etwas empfehlen – sie gehen also gerade nicht davon aus, dass seine Interessen für immer unveränderlich sind«, schreiben Kathrin Passig und Sascha Lobo in ihrem Buch *Internet – Segen oder Fluch*. Und wer einen Hinweis wie »Diesen Artikel nicht mehr für Empfehlungen berücksichtigen« anklickt, kann Algorithmen sogar eigenhändig steuern.

Was Algorithmen überhaupt sind? Ein Algorithmus ist, frei nach Wikipedia, eine eindeutige Handlungsvorschrift zur Lösung einer Aufgabenstellung, die so präzise formuliert ist, dass sie auch von einer Maschine abgearbeitet werden kann. Über mathematische Formeln wertet ein Algorithmus das aus, was in der Vergangenheit geschah, um es dann in die Zukunft zu projizieren.

Algorithmusmaschinen im eigenen Kopf

Algorithmusmaschinen kennen wir übrigens alle, jeder von uns hat eine im Kopf. Es ist der Hippocampus, der für Gedächtnisdinge zuständig ist und uns bei der Entscheidungsfindung hilft. Eingehende sensorische Informationen werden hier decodiert, auf vergleichbare Muster analysiert, auf Basis vergangener Erfahrungen interpretiert und zu einem neuronalen Netzwerk verknüpft. Die Verbindungen zwischen den Nervenzellen, die zum Netzwerk gehören, verstärken sich bei Wiederholungen. Auf dieser Grundlage erstellt der Hippocampus laufend alle möglichen Wenn-dann-Prognosen und schlägt uns die jeweils passendste Handlungsvariante vor. Je größer das Repertoire an Erkenntnissen, Vorgehensweisen, Strategien, Methoden und Wegen, aus dem unser Gehirn schöpfen kann, desto besser ist der Lösungsansatz, den es uns unterbreitet.

Solches Erfahrungswissen, das sich uns als Intuition präsentiert, lässt sich selbst in den Weiten des Web nicht finden. Und schon gar nicht in Datenpaketen. Es sitzt tief im Oberstübchen derjenigen, die es haben. Intuition ist eine Schnellstraße zum Ziel. Sie kann für mehr Entscheidungssicherheit sorgen, uns aber – wie Algorithmen – auch täuschen. Doch Maschinen können menschliche Intuition (noch) nicht ersetzen.

Um uns im digitalen Dschungel zurechtzufinden, Passendes herauszufiltern und die Spreu vom Weizen zu trennen, nutzen wir natürlich auch Lotsen und digitale Helferlein. Smarte Türsteher (Gatekeeper), also digitale Aggregatoren, virtuelle Assistenten, Rot-gelb-grün-Ampelmodelle und Empfehlungssysteme übernehmen Filterfunktionen und lassen nur die Infos passieren, für die es von uns eine Erlaubnis gibt. Unternehmen können höchstens noch Angebote machen. Sie werden anklopfen und um Einlass bitten müssen, statt uns mit Werbemüll zuzudonnern. Alles, was nicht passt, muss draußen bleiben. Adblocker für Website-Werbung und mobile Endgeräte sind allgegenwärtig. Und Cookies werden regelmäßig gelöscht. Nur wer die richtigen Touchpoints im richtigen Moment richtig bespielt, kommt sicher bis zum Kunden durch.

Doch die wichtigsten Komplexitätsreduzierer haben eine menschliche Gestalt. Wir finden sie in unserem physischen Umfeld wie auch in der virtuellen Realität: in privaten Netzwerken, in Business-Networks, im Social Web, auf Bewertungsplattformen und »Frag Mutti«-Portalen. Ihr Erfahrungswissen und ihre »Likes« oder »Dislikes« sind Blinker im Informationsgestrüpp. Sie machen uns so das Leben ganz leicht, indem sie Streuverluste verhindern und nur das empfehlen, was wirklich relevant ist. Sie sind das rettende Ufer, ein menschlicher Algorithmus sozusagen, ein unverzichtbares Bindeglied zwischen Gewohntem und Ungewissheit. Und da, wo das Weiterempfehlen gut funktioniert, da klappt es auch mit dem Geldverdienen.

Offline ist der neue Luxus

Leider vergessen im aktuellen Digitalisierungsrausch vor allem die eingefleischten Onlinestrategen, dass ein Großteil unseres Lebens immer noch offline spielt. Offline ist der neue Luxus, sagen schon manche. Lebensqualität ist dort, wo man fußläufig oder radelnd einkaufen kann und unter Menschen draußen im Sonnenschein seinen Café Latte oder ein kühles Bierchen genießt. Ein persönliches Treffen ist immer wertvoller als ein Internetchat. Das Physische hat also noch lange nicht ausgedient. Ganz im Gegenteil. »Mich interessiert das wahre Leben viel mehr«, bestätigt mir Julian, 14, ein YouTube-Star aus der Gamer-Community. Parallel zur fortschreitenden Digitalisierung entsteht zunehmend der Wunsch nach realen Begegnungen, nach fassbaren Erlebnissen und körperlichen Erfahrungen. Multisensorische Offlinegeschehnisse bergen eine Intensität in sich, die wir online einfach nicht erreichen können.

Parallel zur Digitalisierung wächst der Wunsch nach realen Begegnungen und körperlichen Erfahrungen.

Wir sind eben nicht aus Bits und Bytes, sondern aus Fleisch und Blut. Den größten Teil unseres Lebens sind wir in der Kohlenstoffwelt unterwegs. So haben ehrgeizige Start-ups längst erkannt, dass sie nicht nur mit Onlinewerbung groß werden können, sondern sich auch offline präsent machen müssen. Und clevere Internetanbieter haben verstanden, dass sie ihre Kunden nicht über Algorithmen und A/B-Testerei am besten kennenlernen, sondern indem sie sie im wahren Leben beobachten und mit ihnen plaudern. Kluge Fragen, die wir in Teil 2 näher betrachten, spielen dabei eine maßgebliche Rolle. Entrüstungswellen im Web beziehen sich ebenfalls meist auf reale Missstände. Und der Ärger ist am besten aus der Welt zu schaffen, wenn man miteinander redet, statt böse Mails hin und her zu schicken.

Die digitale Ermüdung lechzt nach einem Gegentrend: Nichterreichbarkeit wird zu einer neuen Kostbarkeit. Wer kann, gönnt sich gezielt digitale Auszeiten. Digital Detox Camps, in denen man in einen digitalen Kurzentzug geht, entstehen nun allerorts. Klöster ebenso wie manche Hotels lassen sich dafür bezahlen, internetfreie Zonen zu haben. Das ist richtig und gut. Denn von Zeit zu Zeit muss man der Eile Einhalt gebieten, damit die Seele nachkommen kann, sagt ein afrikanisches Sprichwort. Wer die besten Ideen finden will, braucht bisweilen Entschleunigung – und Freiraum im Kopf.

Befruchtung braucht räumliche Nähe

Inspiration entsteht durch unkomplizierte Austauschmöglichkeiten. Und gegenseitige Befruchtung braucht räumliche Nähe. Jeder Gedanke wird schärfer und jeder Arbeitsschritt klüger, wenn man sie mit anderen teilt. Ein virtueller Beziehungsaufbau ist besser als nix, doch Ferne sorgt für Distanz. Studien der Boston University haben darüber hinaus gezeigt, dass körperlich anwesende Personen tendenziell positiver beurteilt werden als virtuelle. Und auch Vertrauen entsteht durch physische Nähe. Erst nachdem man sich leiblich nahe war, sich im wahrsten Sinne des Wortes beschnuppert und begriffen hat, kann man auch auf virtuellen Zuruf hin gut zusammenarbeiten. Wen man hingegen nicht persönlich kennt, dem vertraut man eher nicht. Und wem man nicht vertraut, mit dem macht man keine Geschäfte.

Die Internetelite ist sich dieses Umstandes sehr wohl bewusst. Wie kaum eine andere Spezies pflegt sie ihre Kontakte auch im wahren Leben, bevorzugt auf Barcamps, einer relativ neuen Konferenzform, so wie etwa die re:publica in Berlin, die 2015 um die 6000 Teilnehmer hatte. Dort treffen sich Netzaktivisten, Blogger, Onlinemarketer, PR-Profis und digitale Influencer ganz real. Sie alle wissen: Digitales Netzwerken allein reicht eben nicht. Auf der weltweiten Developer-Konferenz von Apple (WWDC) kommen jährlich über 5000 Digitalexperten zusammen, um über neue

Entwicklungen leibhaftig zu diskutieren. Ähnliches passiert auf Googles jährlicher I/O-Konferenz. Auch auf klassischen Kongressen und Branchenmessen stellen Insider fest, dass sie in erster Linie nicht der fachlichen Arbeit, sondern vor allem dem Netzwerken dienen.

Selbst am digitalsten aller Orte, im Silicon Valley, steht Physisches sehr hoch im Kurs. Christoph Keese, der für seine Buchrecherche im Mekka der Internetwelt gelebt und nach Erfolgsmustern gesucht hat, fand es dort gar nicht so digital: »Alle Firmen, die ich besuche, legen Wert auf Dichte. Physische Nähe, glauben sie, ist so wichtig wie die Abwesenheit allzu strenger Regeln. Räumliche Distanz behindert Kreativität, ebenso wie steifer gesellschaftlicher Umgang oder soziale Konvention. Vorschriften töten Ideen. Menschen werden kreativ, wenn sie beruflich so arbeiten dürfen, wie sie privat leben: eng verwoben, in freundschaftlichem Abstand, im ständigen Dialog, im freien Spiel der Ideen, ohne Angst vor Bestrafung durch eine höhere Distanz.«[11]

Dies ist alles in allem auch ein sehr schönes Rezept, wie Arbeiten 4.0 aussehen kann. Denn wer die Zukunft erreichen will, braucht zuallererst Innovationen in der Art und Weise, wie man sein Unternehmen managt und führt. Im Ausblick komme ich auf diesen essenziellen Punkt noch einmal zurück.

Kreativität, die Schlüsselressource der Zukunft, kann nur in Freiräumen entstehen. Sie ist wie eine launische Diva, die die richtigen Umstände braucht. Heiterkeit, Muße und Stressabstinenz gehören dazu. Wissensarbeiter benötigen Führungskräfte, die ihre Leute nicht beherrschen wollen, sondern optimale Rahmenbedingungen schaffen, damit sich diese voll entfalten können. Arbeit muss Spaß machen, um gut zu werden. Aus diesem Grund wird in Internetfirmen auch so viel Wert auf ein Wohlfühlklima gelegt. Alles hockt nah beieinander. Und jeder redet mit jedem. Selbst Milliardär Mark Zuckerberg hat einen simplen Schreibtisch mitten im Kreis seiner Leute – im größten Großraumbüro der Welt.

On oder off? Erfolgsmodelle der Zukunft

Wo alles online passiert, verlernen wir, offline zu handeln. Doch wir sind multisensorische Wesen. Und das lässt sich real besser ausleben als rein virtuell. Die Zukunft gehört also denen, die Online und Offline perfekt miteinander verknüpfen. Das sollte auch die Heulsuse Handel endlich kapieren, statt potenzielle Kunden als Beratungsdiebe zu titulieren. Wer das Internet aus seinen Geschäften verbannt, wird den Lauf um die Zukunft verlieren, weil er einen Kampf gegen Windmühlen führt.

Wer allerdings rein vom Offlinegeschäft lebt, muss Dinge finden, die Online nicht kann. Zum Beispiel können Optiker maßgeschneiderte Kontaktlinsen anbieten. Bekleidungshäuser können Private-Shopping-Konzepte entwickeln. Fachmärkte tun sich mit Anbietern nicht digitalisierbarer Dienste zusammen. Und wenn der Kunde nicht zu einem kommt, dann muss man halt zum Kunden gehen. So besuchen Baumarkt-Verkäufer Interessenten vor Ort, um mithilfe von Augmented-Reality-Applikationen gemeinsam zu planen, wie sich Haus und Garten verschönern lassen.

Das Internet wird zunehmend zum Outernet. Mit Schaufensterpuppen lässt sich längst interaktiv kommunizieren. Per Wunderspiegel können wir unsere Facebook-Freunde zu unserer Kleiderwahl konsultieren. Plakate werden erkennen, wer vor ihnen steht, und dieser Person dann passende Werbung präsentieren. Alle möglichen Flächen werden, indem wir sie berühren oder mit Gesten animieren, zu einer direkten Verbindung ins Web. Konsumentenfreundliche 3-D-Drucker, die Bits plus Masse in Objekte verwandeln, werden den Selbermachentrend weiter befeuern. Mithilfe von Beacons (dt.: Leuchtfeuer) werden Passanten übers Smartphone in die Ausstellungsräume gelockt, wobei uns das sicher schon bald nur noch nerven wird. Werber müssen anscheinend bei all dem, was sie tun, übertreiben. Doch wer genervt ist, macht dicht.

Eine Obsession für Kundenbelange

Geschäftsmodelle müssen künftig strikt vom Kunden her gedacht und umgesetzt werden. Das ist banal? Unternehmen optimieren vor allem sich selbst – aber nicht für den Kunden. Der soll sich gefälligst in die festgelegten Abläufe fügen, mit den für ihn vorbestimmten Mitarbeitern reden und seine Angaben in die dafür vorgesehenen Formulare machen, selbst dann, wenn all das unpraktisch, umständlich und langwierig ist. Manche Unternehmen sind richtig gut darin, ihren Kunden die Zeit zu stehlen und Abläufe mühsam zu machen. Früher haben die Kunden das murrend ertragen. Doch das ist vorbei. »Nicht so!«, sagen die Kunden nun lautstark, und: »Nicht mit mir!« Basta!

Im Web werden kundenunfreundliche Firmen vor der ganzen Welt bloßgestellt und dann boykottiert. Wer also die Zukunft erreichen will, macht die Dinge besser für seine Kunden so einfach wie möglich, selbst wenn er sie damit für sich selbst schwerer macht. Die Hauptaufgabe eines Unternehmens ist es heute, einen Beitrag zur Verbesserung von Lebensqualität und Berufserfolg seiner Kunden zu leisten. Die Stichworte dazu lauten: alles so einfach wie möglich, alles so schnell wie möglich, am besten überall, jederzeit und sofort.

Im Internet suchen wir vorrangig Effizienz, Zeitersparnis und Preisvorteile. Natürlich auch Informationen, Kontakte und Zeitvertreib. In der physischen Welt jedoch suchen wir soziale Aktivitäten, die all unsere Sinne in Anspruch nehmen. Sieben von zehn Konsumenten stimmen sogar der Aussage zu, Erlebnisse seien wichtiger als Besitz. Folgen wir dem, dann muss jede Art von Kommunikation viel sinnlicher werden. Die multisensorische Kommunikation bietet reichhaltige Möglichkeiten. Doch sie wird bis heute noch stark unterschätzt. Deshalb erhält sie in Teil 1 sehr viel Beachtung.

Die digitale Vermessung des Menschen

Zukunftsprognosen sind, soweit überhaupt möglich, in turbulenten Zeiten wertvoller als jemals zuvor. Hierbei helfen uns vier Disziplinen:

○ Hirnforschung
○ Verhaltensforschung
○ Software-Algorithmik
○ (Predictive) Analytics

Mithilfe der Neurowissenschaften und des computergestützten Blicks ins arbeitende Hirn will man schon länger ergründen, wo beim Menschen die Treiber für ein Ja oder Nein stecken und wie bei ihm Lust auf Kaufen entsteht. Über die Motivations- und Verhaltensforschung will man die dazugehörigen Aktivitätsmuster erkennen und das Warum hinter einem Kaufakt ergründen.

Algorithmische Programme und vorhersagende Analyseverfahren kommen seit Kurzem hinzu. Sie sind die Sesam-öffne-Dichs, die Unternehmen wie Amazon zu Superstars gemacht haben. Allein mit seinen Empfehlungssystemen erwirtschaftet der Onlinehändler, so wird gemunkelt, um die 25 Prozent Mehrumsatz. Und das geht so: »Kunden, die Produkt x gekauft haben, haben auch Produkt y gekauft.« Oder so: »Da Sie neulich Produkt x gekauft haben, könnten Sie sich auch für Produkt y interessieren.« Voraussetzung dafür ist, dass der Nutzer wiedererkannt wird und dass man seine Aktivitäten fortlaufend beobachten kann.

Data Scientists, Statistiker und Spieltheoretiker sind die maßgeblichen Wegbereiter solcher Erfolge. Sie füttern mathematische Modelle mit Abermillionen von Datensätzen. So analysieren sie Gesetzmäßigkeiten und Handlungsmuster aus der Vergangenheit. Daraus leiten sie Vorhersagen über zukünftige Ereignisse ab, liefern Prognosemodelle für unternehmerische Entscheidungen und erarbeiten möglichst passgenaue Vorschläge, die man dann kaufwilligen Kunden unterbreitet. Auch bei der Verbrecherjagd und Einbruchsprophylaxe werden Predictive-Analytics-Verfahren längst eingesetzt. »Precops« (Pre Crime Observation System) heißt ein solches Programm.

Dennoch braucht es Menschen für die stichhaltige Interpretation aller Daten und ein daraus resultierendes Vorgehen. Algorithmen sind adäquate Hilfsmittel auf dem Weg zu diesem Ziel, mehr aber auch nicht. Vielen Verantwortlichen ist im Datenfieber gar nicht klar: Algorithmen schaffen nur ein unvollständiges Bild. Denn sie erfassen selbst unser Onlineverhalten nur bruchstückhaft. Und unser Offlineverhalten erfassen sie gar nicht. Doch solche Bruchstücke halten Kennzahlenjunkies für die vollständige Wahrheit. Was sich nicht messen lässt, wird mir nichts, dir nichts ausgeblendet. Im Zahlenrausch und auf Datendroge hat sich so schon mancher taumelnd verirrt.

Menschen sind mehr als Nullen und Einsen

Machbar ist heute schon vieles, doch die Machbarkeit sollte niemals über der Menschlichkeit stehen. Denn wie das bei Analysetools immer so ist: Von findigen Anbietern sind sie schnell programmiert, und Gierigen kann man das Blaue vom Himmel erzählen. Das nenne ich Machbarkeit auf der Suche nach einem Anwendungsgebiet. Und die analysegestählten Manager springen gern drauf an. Doch die Goldgräberstimmung darf nicht dazu verleiten, dass Big Data zu einem rein technokratischen Thema verkommt. Entscheidend ist schließlich, was man aus all dem Datensalat macht.

Auch Trendforscher Peter Wippermann warnt: »Big Data ist nicht nur eine technologische, sondern auch eine kulturelle Herausforderung. Denn Daten sind noch kein Wissen. Erst wenn die richtigen Fragen gestellt und die richtigen Verknüpfungen installiert werden, entstehen aus Daten vorteilhafte Erkenntnisse.«[12] Big Data, also die Echtzeitverarbeitung großer Datenmengen für analytische Zwecke, erfordert mithin nicht nur ein Heer von Servern, sondern vor allem Big Brain, also eine intelligente Herangehensweise. Und sie darf nicht zu einer Totalüberwachung des Users führen. »Neben den rechtlichen Grenzen sind es vor allem die Grenzen von Anstand und Feingefühl, die Unternehmen in der Verwendung ihrer Datenschätze leiten müssen«, mahnt Andreas Steinle vom Zukunftsinstitut.[13] Die technologische Intelligenz muss sich also mit sozialer Intelligenz paaren. Hierfür wird jede Menge Menschenversteher-Wissen gebraucht. In Teil 1 können Sie eine Menge darüber lesen.

Big Data erfordert Big Brain: technologische Intelligenz plus soziale Intelligenz.

Übrigens erinnert mich der Big-Data-Hype stark an den CRM-Rausch in den Nuller-Jahren. CRM hieß ursprünglich Customer-Relationship-Management – und der Ansatz war gut. Es ging um das verbesserte Gestalten von Kundenbeziehungen auf der Basis von Daten. In dem Moment aber, in dem Softwarehersteller ihre Chance witterten und ihre Standardlösungen mit dem nichtssagenden Drei-Letter-Code CRM überschrieben, in dem Moment wurde ein an und für sich warmes Thema ganz kalt. Plötzlich war CRM EDV. Praxisfremde Informatiker bekamen das Sagen. Unterstützt durch immer neue Programme, die wie Pilze aus dem Boden schossen, hat man sich fortan viel zu intensiv auf die technologische Seite konzentriert und die internen Abläufe an die gekaufte Software angepasst anstatt umgekehrt. Die Kunden, um die es ja eigentlich geht, und die Mitarbeiter, die die Systeme nutzen sollten, rückten dabei in den Hintergrund. Man war vor allem mit dem Managen von Daten befasst. Und statt zu lernen, wie man gut mit dem Menschen Kunde umgeht, hat man diesen in die vorgegebenen Programme gepresst. Genau deshalb waren und sind jede Menge CRM-Projekte zum Scheitern verurteilt.

Auch im Einzelhandel wird vieles zu technokratisch gesehen. In Supermärkten richtet sich mehr Aufmerksamkeit auf die Fluktuation von Einkaufswagen als auf verlorene Kunden. Andererseits werden Unsummen ausgegeben, um über Ladendesign, Musikberieselung, Lichtambiente, Laufwege-Tuning und Regalbewirtschaftung die Kunden zu ködern. Gespart wird dann an denen, die uns Kunden im Handel am meisten fehlen: den Mitarbeitern. Diese sind nur noch zum Rumräumen und Abkassieren da. So gehen Kunden heutzutage nicht nur auf Schnäppchenjagd, sondern vor allem auf die Jagd nach der aussterbenden Rasse Verkäufer. Wer endlich einen ergattert hat, wird diesen gegen eine Horde lauernder Kunden verteidigen müssen: »Der gehört mir, den brauch ich jetzt 'ne Weile, nein, Sie können auch nicht mal nur 'ne kleine Frage stellen!« Einkaufen als verbale Kampfsportart – und das soll Kauflust wecken? Menschen reden gern über das, was sie kaufen, und kaufen dann gerne auch teurer und mehr. Doch wenn dies offline nicht möglich ist, dann verlagert sich eben alles ins Web. Denn eine komplette Einkaufsstätte hat heute nahezu jeder in der Hand- oder Hosentasche auf Abruf dabei.

Von der Datenseuche befallen

De facto kommt an den Computerleuten heute niemand vorbei. Und gute Programmierer werden dringender gebraucht als jemals zuvor. Doch von Technokraten und Kennziffernfreaks wird leicht übersehen, dass das eigentlich Wichtige nicht in Zahlenkolonnen passiert, sondern an den Touchpoints zwischen Mitarbeiter, Unternehmen und Kunde. Zahlen und Daten geben Unternehmen die Illusion der Kontrolle. Doch Zahlen sagen niemals die Wahrheit. Denn:

O Erstens ist die finale Ausbeute immer nur so gut wie das zuvor eingefütterte Ausgangsmaterial. »GIGO« (Garbage in, Garbage out) wird dieses Prinzip in der Informatik genannt. Eine lückenlose Analyse ist gar nicht möglich, wie wir schon sahen. Deshalb sind Trackingdaten immer trügerisch.

○ Zweitens können falsche Fragestellungen oder interessen-geleitete Abfragezeitpunkte zu verfälschten Messergebnissen führen. Und diese unterliegen schließlich noch der Gefahr (beabsichtigter) Fehlinterpretationen im Wirrwarr zwischen Korrelationen und Kausalität.

○ Drittens sind Zahlen immer auch das Resultat von (bonifi-zierten) Abteilungszielen, erzwungenen Lügen, persönlichen Interessen und eigennützigen Motivationen. »Schneller, höher, weiter, und das am liebsten sofort« heißt dieser Virus, der besonders gern in Männerhirnen nistet.

Fazit: Der aus all dem resultierende Zahlenmix ist garantiert falsch. Und die *eine* daraus extrahierte »vorstandstaugliche« Zahl, die der CEO am Ende verlangt, ist, da Ergebnis aus Fehlern und System-betrug, die falscheste aller Zahlen. Und genau diese Zahl tyranni-siert nun das gesamte Unternehmen. Schlimmer noch: Auf dieser falschen Basis werden dann strategische Entscheidungen getrof-fen – und Aktienkurse bewertet.

Natürlich sind analytische Kennzahlen wichtig. Und Messbarkeit hilft, die Spreu vom Weizen zu trennen. Aber man macht ein Schwein nicht allein dadurch fett, dass man es wiegt. Dennoch ist die Zahlenhörigkeit mancher Führungsgremien mehr als abstrus. Erschreckend oft wird ganz fanatisch das Falsche getan, Haupt-sache, es kann gemessen werden. Ein Beispiel gefällig? Pop-up-Banner! Das sind diese Dinger, die sich ungefragt über Webinhalte legen und einem penetrant die Sicht versperren. Die Öffnungsraten liegen bei etwa 0,2 Prozent, und selbst das wohl nur, weil viele den gut versteckten Schließen-Button nicht richtig erwischen. Zu-dem werden Banner vor allem von Bots, also Maschinen, und nicht von Menschen geklickt. Zusammengezählt werfen Werbungschaf-fende hier so um die 99,9 Prozent ihrer Werbegelder zum Fenster hinaus. Wissen die das? Natürlich. Dennoch werden Banner fleißig geschaltet, wie jeder weiß, der online surft. Und warum? Weil sich die Klicks so toll messen lassen. Geht's noch?

Doch nicht nur Marketingleute sind von der Zahlenseuche befallen, vor dem Kennziffernjoch ist niemand gefeit. Selbst die Mitarbeiterperformance wird über Dashboards und Cockpits gesteuert, so als ob Menschen Maschinen wären, bei denen man die Anzahl der Umdrehungen misst. Mir erscheint das bisweilen wie ein Beschäftigungsprogramm für Sozialanalphabeten. Denn solange man mit der Vermessung des Menschen hantiert, muss man sich nicht mit Herz und Seele befassen. Doch wer auf Zahlen fokussiert ist, denkt nur noch in Zahlenkategorien. Das Ende vom Lied: Datenmanie killt Empathie. Schließlich werden auf dem Altar der Quartalsgewinne die Kundeninteressen der Zukunft geopfert.

Menschen sind kein Klickvieh. Auch keine Datenpakete. Und kein bürokratischer Vorgang.

So beinhaltet die zunehmende Technologisierung eine große Gefahr: dass nämlich überall dort, wo Technokraten das Sagen haben und Zahlenmenschen regieren, die Menschlichkeit auf der Strecke bleibt. Doch Menschen sind kein Klickvieh. Sie sind auch keine Datenpakete. Und kein bürokratischer Vorgang. Sie wollen schon gar nicht gemanagt werden. Die Qualität einer privaten Beziehung hängt ja auch nicht von der Anzahl verschenkter Rosen ab. Und Kundennähe lässt sich nicht in Metern messen.

Was wirklich wirkt, ist nicht zählbar

Kommunikative Erfolge haben ziemlich wenig mit Mathematik, aber ganz viel mit Einfühlungsvermögen zu tun. Es ist das wahre Vermögen von morgen. Und dies ist herausfordernd genug. Denn ein Kunde ist ein multioptional handelndes paradoxes Wesen. Jeder ist auf seine Weise einzigartig, immer wieder überraschend, meist von Emotionen geleitet und nur selten durch den reinen Verstand dirigiert. Er ist enttäuscht, gelangweilt, verzückt. Er ist wütend, ängstlich, glücklich. Er wird von seinem Umfeld beeinflusst – und ist in seinen täglichen Launen gefangen. Kurz, er ist ein Individuum.

Und Individuen lassen sich nicht gern in einen Zielgruppentopf werfen. »Zielgruppen« sind Hilfskonstruktionen aus den Zeiten der Massenkommunikation, und die ist vorbei. Heutzutage müssen wir uns schon ein wenig mehr anstrengen, um eine Kaufpersönlichkeit zu verzaubern. Dabei darf man niemals den Fehler machen, von sich selbst auszugehen. Denn kein einziger Kunde ist so wie Sie. Schließlich sollte man so viel wie möglich darüber wissen, was im Hirn eines Menschen vorgeht, wenn er an seinen Lieblingsanbieter denkt, eine Kaufentscheidung vorbereitet oder eine Sache enthusiastisch weiterempfiehlt.

So viel ist jedenfalls sicher: Ein positives Kundenbeziehungskonto wird vor allem durch gute Gefühle genährt. So ist die Sehnsucht, als Individuum in einer Gruppe Anerkennung zu finden, einer der wichtigsten Treiber menschlichen Verhaltens. Eingebunden zu sein, gibt uns ein Gefühl von Wichtigkeit. Und Wahlmöglichkeiten sorgen für Autonomie. Produkte und Prozesse sind austauschbar, erst eine gute Beziehungsqualität macht einen Anbieter einzigartig – und unkopierbar. Doch da, wo mit der Brechstange gearbeitet wird, wo es keine Kennzahlen für Achtsamkeit und Wertschätzung gibt, wo nur Maximalergebnisse zählen und »Taschenrechner« das Sagen haben, scheint für »weiche Faktoren« kein Platz zu sein.

Eine positive Kundenbeziehung wird vor allem durch gute Gefühle genährt.

Natürlich müssen wir die Sprache der digitalisierten Maschinen lernen, damit wir sie uns zu Diensten machen. Digitale Kommunikationskompetenz kann man das nennen. Maschinen machen jedenfalls schon gute Fortschritte in ihrem Streben, unsere Sprache zu lernen. Computersysteme werden auch bald in der Lage sein, unsere Gemütszustände besser zu erfassen, als manch untrainierter Artgenosse das tut. Affectice Computing wird dieser Ansatz genannt. Aber von all dem soll in diesem Buch nicht weiter die Rede sein. Algorithmen und Analytics werden wir bei den Fachleuten lassen. Von jetzt an soll es vor allem um das Menschliche gehen. Wir wollen ergründen, wie Menschen ticken, was sie berührt und wie wir mit ihnen kommunizieren können, damit sie am Ende Ja sagen wollen. Solche Erkenntnisse kommen sowohl Off- als auch Onlineanbietern zugute.

Kommunikation in unserer neuen Businesswelt

Die Kommunikation wird sich völlig verändern, wie dieser Einblick in die nahende Zukunft verdeutlicht. In der alten, analogen Welt hatten die Unternehmen die Macht. Und die Verbraucher agierten passiv, genügsam, ergeben. In der neuen, digitalisierten Welt haben Netzwerke die Macht – und Kunden das Sagen. Die Konsumenten von heute sind selbstbewusst, kompromisslos, souverän. Und immer mehr werden sie zu verantwortungsvollen Weltenbürgern. Darüber hinaus sind sie:

○ *Vorverkäufer.* Über Mundpropaganda und Weiterempfehlungen sowie über Erfahrungsberichte, Meinungen und Bewertungen im Web beeinflussen sie das Kaufverhalten Dritter in weit stärkerem Maße als die Anbieter selbst.

○ *Mitgestalter.* In Outside-in-Prozessen, durch Kundenintegration, Mitmach-Marketing und Crowdsourcing werden ihre schöpferischen Impulse in alle Wertschöpfungsprozesse eines Unternehmens integriert.

○ *Sharer.* Sie kaufen nicht neu, sondern sie teilen sich vieles von dem, was sie brauchen, mit anderen. So wird die meist webbasierte »Share Economy« das ohnehin

dürftiger werdende Wachstum auf ganz neue Weise
herausfordern.

○ *Maker.* Schöpferisch entwickeln und produzieren sie
Produkte selbst. In Makerspaces, durch Gemeinschafts-
arbeit, über Do-it-yourself-Projekte und mithilfe von
3-D-Druckern werden völlig neue Geschäftsmodelle
entstehen.

Wie man solche Menschen für sich gewinnt? Will man dies in ein
paar Worten zusammenfassen, dann sind es diese:

○ Entwickeln Sie eine Obsession für Kundenbelange.
○ Erhöhen Sie Lebensqualität und Berufserfolg Ihrer Kunden.
○ Sorgen Sie für multisensorische Erlebnisse und Interaktionen.
○ Schaffen Sie Content über Infos und vor allem Geschichten.
○ Ermöglichen Sie das Teilen über Netzwerke und Communitys.
○ Vernetzen Sie den realen Raum mit der virtuellen Realität.
○ Digitalisieren Sie alle Touchpoints, die aus Kundensicht sinnvoll
und passend sind.

Mit den Facetten, die sich daraus ergeben, wollen wir uns in den
drei folgenden Buchteilen näher befassen.

○ **Touch:** In Teil 1 des Buches verschaffen wir uns Einsichten
darüber, welche Mittel und Wege der Kommunikation den
Kunden tatsächlich »berühren« und zum Ja-Sagen bringen.
Erkenntnisse aus der modernen Gehirn- und Verhaltensforschung kommen uns dabei zu Hilfe.

○ **Point:** In Teil 2 des Buches beschäftigen wir uns mit den
Berührungspunkten zwischen Anbieter und Kunden. Hierbei
geht es vor allem um die Touchpoint-Analyse, die Customer-
Journey, um Personas und um passende Umsetzungskonzepte,
in die die Mitarbeiter eingebunden sind.

> ○ **Sieg:** In Teil 3 des Buches geht es um Content-Marketing, Communitys, Crowdsourcing und weitere Facetten einer zukunftsweisenden Kommunikation. Dabei beschäftigen wir uns auch mit einem neuen Berufsbild: dem Customer Touchpoint Manager. Als Advokat des Kunden sorgt er für eine Synchronisierung aller Prozesse.

Womit wir uns in diesem Buch *nicht* befassen, sind die gängigen Gesprächs- und Verhandlungstechniken der klassischen verbalen und nonverbalen Kommunikation, die schon in unzähligen Büchern beschrieben wurden. Vielmehr wollen wir solche kommunikativen Facetten beleuchten, die die Unternehmen in einer sich digitalisierenden Welt wie folgt unterstützen:

○ *Ein Habenwollen bewirken:* Wird das, was wir tun, und vor allem, wie wir es tun, die Menschen berühren, verblüffen, faszinieren, begeistern? Und wird es unser Angebot so begehrenswert machen, dass sie es unbedingt nutzen beziehungsweise besitzen wollen?

○ *Die Reputation stärken:* Wird das, was wir tun, und vor allem, wie wir es tun, unser öffentliches Ansehen stärken, Spuren hinterlassen, Entwicklungen prägen – und bei all dem auch die Welt ein wenig besser machen?

○ *Die Kundenloyalität nähren:* Wird das, was wir tun, und vor allem, wie wir es tun, die Kunden zum Wiederkommen und Weiterkaufen bewegen?

○ *Weiterempfehlungen generieren:* Wird das, was wir tun, und vor allem, wie wir es tun, Mundpropaganda bewirken und unsere Kunden zu engagierten Fans, zu Meinungsmachern, zu Multiplikatoren und aktiven Empfehlern machen?

Mit den internen Voraussetzungen, die notwendig sind, um diese Ziele zu erreichen – insbesondere um die entsprechende Mitarbeiterführung in unserer neuen Arbeitswelt –, habe ich mich ausführlich in meinem Buch *Das Touchpoint-Unternehmen* befasst. Es wurde zum Managementbuch des Jahres 2014 gekürt. Um modernes Kundenbeziehungsmanagement in Social-Media-Zeiten geht es in meinem Buch *Touchpoints*. Es wurde zum Mittelstandsbuch des Jahres 2012 gekürt. Das vorliegende Buch mit dem Schwerpunkt Kommunikation komplettiert diese Trilogie zum Thema Touchpoint-Management. Legen wir los mit Teil 1!

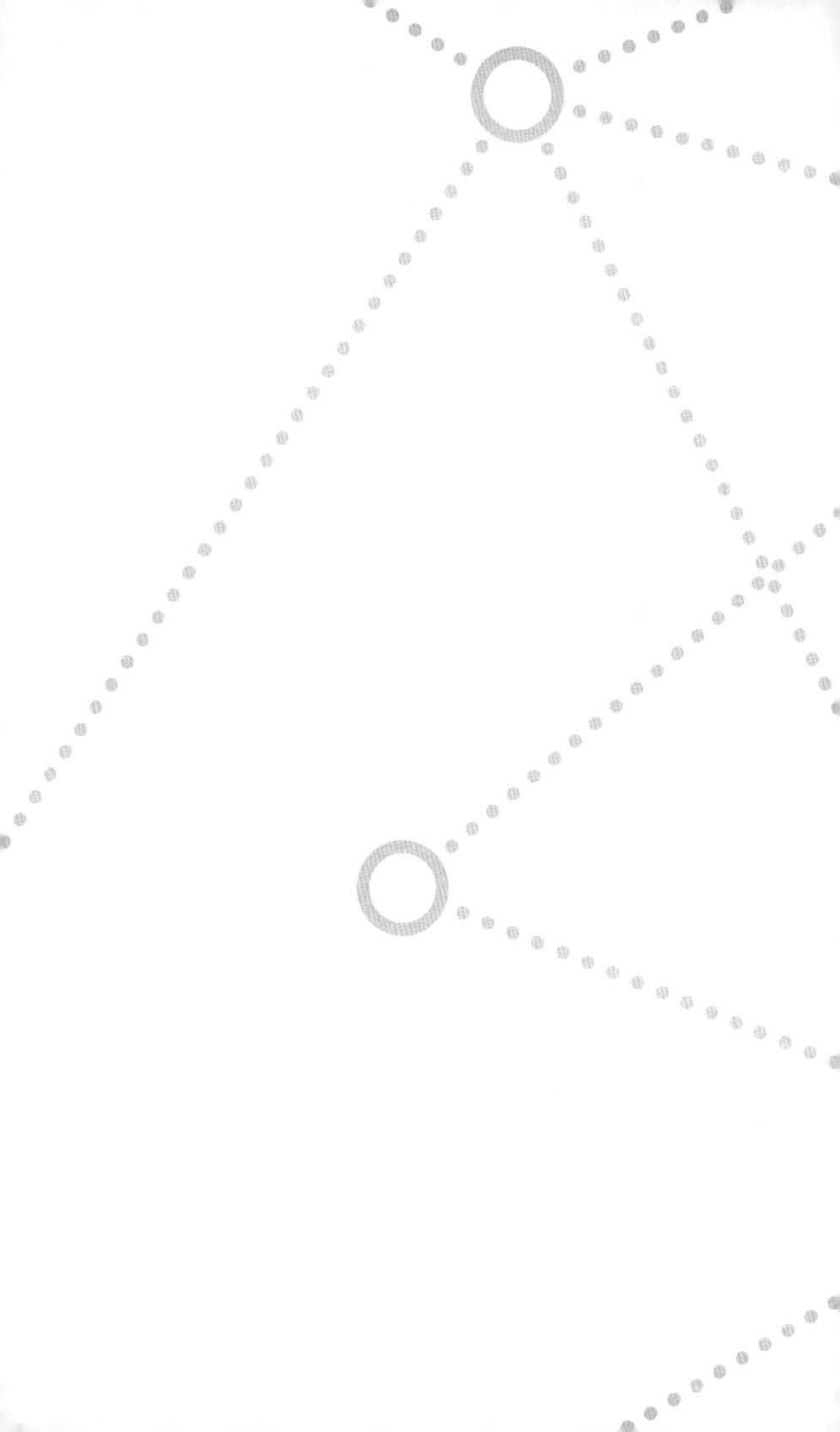

TEIL 1: TOUCH

Mittel und Wege der Kommunikation, die den Kunden tatsächlich »berühren« und zum Ja-Sagen bringen

TOUCH – WIE SIE KUNDEN »BERÜHREN«

Die Zeitenwende ist da. Und aufhalten lässt sie sich nicht. Was Computer können, wird in Zukunft von Computern erledigt. Komplette Verkaufsprozesse werden sich dorthin verlagern. Welcher Haarschnitt, welche Vermögensanlage oder welches Gerät für meine Zwecke am besten ist: Software-Programme sagen es mir. Welches Haus ich kaufen oder welche Geschäftsräume ich anmieten will: Virtuelle Rundgänge werden mir bei meiner Entscheidung helfen. Was ich am besten in den Warenkorb lege, werden Algorithmen für mich kalkulieren. Doch im Dickicht der Leidenschaftslosigkeit, Nüchternheit und Berechenbarkeit solch automatisierter Prozesse täte ein wenig Sexyness gut. Hie und da eine Überraschung, sagt unser Hirn, wäre nicht schlecht. Und bisweilen der Zauber von »Sternenstaub« mit einem Schuss von Magie, das wäre riesig.

Durch und durch wirkungsvolle Kommunikation in Zeiten der Digitalisierung ist also vor allem so: berührend, menschlich, sinnlich, verspielt. Hier einige Eckpunkte dazu:

O Wir kaufen nicht mehr billig, sondern smart. Wurde bislang vieles vom reinen Preisgeschrei überschattet, so rücken nun reizvolle Erfahrungen und sinnliche Raffinesse nach vorn.

O Während früher eher produktbezogen kommuniziert wurde, werden nun Problemlösungskompetenz und das individuelle Lebensgefühl stärker herausgestellt.

○ Zunehmend werden neuropsychologische Konzepte genutzt, um die Kundenerlebnisse an jedem Touchpoint zu optimieren. Verstärkt kommen dabei auch multisensorische Aspekte zum Zug.

○ Gut erzählte Geschichten (Storytelling) und nützliche Inhalte (Content) ersetzen aufdringliche Werbung.

○ Ehrlichkeit ist von zunehmend großer Bedeutung. Denn vor der Transparenz des Internets lässt sich auf Dauer kaum noch etwas verbergen.

Welche Rolle dabei das Sinnliche und die Emotionen spielen und was im Gehirn bei all dem passiert, das wollen wir nun tiefer ergründen.

Kommunikation sinnlich aufladen

Das weitaus meiste, das zu unserem Wohlbefinden beiträgt, ist analog. Weil wir die Welt mit allen Sinnen erleben. Was wir hören, sehen, riechen, fühlen, schmecken, wird zerebral decodiert. »Gut für dich« oder »Schlecht für dich« ist die Antwort. Und demgemäß wird reagiert: mit Ja oder Nein, Hurra oder Horror, Genuss oder Graus. Die jeweilige Bewertung findet auf zwei Ebenen statt: einer emotionalen und einer kognitiven. Dabei haben neurowissenschaftliche Experimente immer wieder gezeigt, dass der Aufbau *emotionaler* Erfahrungen das beste Mittel ist, um den ersten Platz in den Konsumentenköpfen zu besetzen. Ihr Produkt ist banal und hat kein emotionales Potenzial? Würden sich die Konstrukteure und Produktentwickler nicht nur mit den Funktionalitäten, sondern mehr mit sinnlichen Aspekten und Erlebnisdimensionen beim Produkt*gebrauch* beschäftigen, käme so manches »Wow« der Kunden zustande.

Also gibt es für eine erfolgreiche Kommunikation nur eine Wahl: Emotio vor Ratio. Alles Emotionalisierende gehört an die erste Stelle, damit man nicht vorzeitig aussortiert wird. Doch in der Praxis ist es genau umgekehrt. Zahlenwerke und Buchstabensalat regieren die Businesswelt. Die Sprache der Manager ist sachlich und nüchtern, selbst dann, wenn sie Visionen verkünden. Und statt sich menschlich zu geben, zeigen sie sich meist unterkühlt. Doch Emotionen regieren das Konsumentengehirn. Und egal, ob Maschine, Verbrauchsgegenstand, Dienstleistung oder Produkt: Wer eine Sache mit allen Sinnen erlebt, kauft sie nicht nur über den Preis.

> **Für eine erfolgreiche Kommunikation gibt es nur eine Wahl: Emotio vor Ratio.**

In der Kommunikation gehört in den Vordergrund, was den Kunden im wahrsten Sinne des Wortes berührt. Die Sensorik steht dabei an erster Stelle. Wer die Gesamtwirkung steigern und unverwechselbar werden will, sollte so viele Sinneskanäle wie möglich ansprechen. Eine sensorische Aufladung ist wie eine Freifahrkarte, um im überfüllten Speicher des menschlichen Gehirns einen Logenplatz zu ergattern. Und in einer zunehmend digitalisierten Umgebung stechen sinnliche Eindrücke besonders heraus.

Meister der Multisensorik

Ein Meister der multisensorischen Inszenierung ist die katholische Kirche. Denken wir nur mal an das Glockengeläut, den Duft von Weihrauch, die Kühle an heißen Sommertagen, die einen umfängt, die gedämpften Schritte auf dem Marmorboden, das Stimmengemurmel im Mittelschiff, das Sonnenlicht, das sich in den bunten Glasfenstern bricht, die flackernden Kerzen vor dem Marienaltar, das einsetzende Orgelspiel, das Mysterium des Tabernakels, die Hostien, die gemurmelten Gebete und die Liturgie der heiligen Messe.

Bei »religiösen« Marken wie Apple findet man ähnliche Komponenten. Die Marke hat sich sogar eine eigene Kathedrale gebaut: den Flagship-Store an der 5th Avenue in New York. Er gilt als eines der umsatzstärksten Geschäfte der Welt. Hier wird die Marke gefeiert. Mit allen Sinnen. Das formschöne Design der Geräte wird durch spezielles Licht in Szene gesetzt. Der Winkel, in dem die kleinen Schönheiten dem Publikum präsentiert werden, ist genau berechnet. Die Geräte schmeicheln dem ästhetischen Empfinden derart, dass sie manchen zum Fetisch werden und eine nahezu zwanghafte Bereitschaft erzeugen, dafür eine Menge zu zahlen. Zudem stellen sich Empfindungen ein, wenn wir die Geräte berühren. So ist das iPhone von einem Band aus gebürstetem Stahl umgeben, was nicht nur edel aussieht und als Qualitätshinweis dient. Wir fühlen es im wahrsten Sinne des Wortes, denn Metall leitet. Die Box, in die es verpackt ist, ist nicht nur elegant, sie ist auch beduftet. Das Auspacken, »unboxing« genannt, wird zelebriert und als YouTube-Filmchen mit der Welt geteilt. Die weißen Kopfhörer wurden zum Stammeszeichen einer ganzen Generation. Jedes noch so kleine Signal aus der Unternehmenszentrale sorgt für kollektive Erregung. Das Ankündigen eines neuen Geräts ist wie eine Offenbarung. Und jede Präsentation ein orchestriertes Ritual.

Keine Frage, Apple ist Kult – und die derzeit erfolgreichste Marke der Welt. Sie ist übrigens eine der wenigen Marken, die mit der ganzen Palette der Sinne agieren. Sie hat Symbole und Rituale geschaffen. Um sie kreisen Mysterien und Mythen. Sie hat besessene Jünger genauso wie eingefleischte Gegner. Richtig starke Marken haben immer Lover, Hater und Hater Hater, also die, die Markenhasser hassen. Beim Gerätehersteller Blendtec lässt sich der kauzige Chef Tom Dickson dabei filmen, wie er die unterschiedlichsten Objekte in seinem Hochleistungsmixer schreddert. Devices mit einem i davor werden für diese Tortur besonders gern vorgeschlagen. Bei YouTube erreichte allein der Clip vom Verpulverisieren eines iPads fast 18 Millionen Views. »iSmoke« sagt Tom vergnüglich zu dem qualmenden Häuflein Elektroschrott.[14]

Nur die sinnliche Klaviatur – verknüpft mit Serviceexzellenz – lässt dem stationären Handel derzeit (noch) eine Chance, sich gegen die Onlinehändler zu behaupten. Ladenlokale müssen sich zu Erlebnislandschaften umfunktionieren: Essen, trinken, gepflegt auf die Toilette gehen, mit Freunden abhängen, sich einen Moment der Ruhe gönnen, Live-Erfahrungen sammeln, all das kann der Onlinehandel nicht bieten. »Dritte Orte« werden solche Konzepte genannt. Sie bieten Zuflucht, wenn man mal nicht zu Hause oder in der Firma sein kann oder mag. Große Marken bauen dazu eigene Brandlands auf. Die Swarovski-Kristallwelten in Wattens bei Innsbruck sind ein geniales Beispiel dafür. Die faszinierende Reise in eine glitzernde Traumlandschaft hat sich zu einer der meistbesuchten Attraktionen Österreichs entwickelt.

Nur die sinnliche Klaviatur lässt dem stationären Handel noch eine Chance, sich gegen die Onlinehändler zu behaupten.

Wie Sie sinnliche Markenerlebnisse schaffen

Sinnlichkeit ist nur was für große Marken? Pah! Jeder Mittelständler kann seinen Besucherbereich zu einem kleinen Abenteuerland umfunktionieren. Und in Wirklichkeit? Die öffentlichen Bereiche produzierender Unternehmen sind nichts als ein Egoprogramm. Maschinenteile und Miniaturen von Fertigungsanlagen: anfassen verboten. Die Ahnengalerie, Urkunden und Pokale: verstauben hinter Glas. Groß an der Wand eine Weltkarte voller Fähnchen: das territoriale Eroberungsprogramm. Gesamteindruck? Man feiert sich selbst. Von Sinnlichkeit, mit der man den Besucher umhüllt, keine Spur. Ach doch, ja, ein unförmiger Wasserspender steht in der Ecke. Dabei gäbe es so viel zu erzählen! In jede Eingangshalle könnte man ein kleines Erlebnisland bauen, in dem nicht nur die Sinne Nahrung finden, sondern auch die Hände spielerisch beschäftigt werden. Mein Tipp: Lassen Sie hier mal Ihre jungen Leute ran, die gerne Onlinespiele spielen. Denen fällt sicher eine Menge dazu ein.

Die Frage ist immerzu die: Wodurch können Sie Kundenerlebnisse multisensorisch gestalten? Wie hört sich Ihre Marke an? Wo geben Ihre Produkte dem Tastsinn etwas zu tun? Wann könnten Sie welches Duftkonzept integrieren? Und wenn Ihre Kunden schon älter sind: Wird die nachlassende Sensibilität von Tast-, Hör- und Sehsinn bedacht? Wenn Sie an Frauen verkaufen: Wird berücksichtigt, dass Frauen anders kaufen? »Pink it and shrink it« (mach es rosa und kleiner) ist keine Lösung. Eine Human-Resources-Zeitschrift hatte einmal eine ihrer Ausgaben ausschließlich den weiblichen Karrieren gewidmet, was ja an und für sich eine gute Sache ist. Doch damit man das auch auf den ersten Blick sah, wurde das Cover in Hello-Kitty-Pink umgefärbt. Eine Farce!

So wie Bäckereien den Duft von frisch gebackenem Brot bis auf die Straße senden, so könnte eine Confiserie den Duft von flüssiger Schokolade, eine Metzgerei den eines Grillfestes, ein Reisebüro den von Kokosnussöl und ein Kino den von Popcorn nach draußen verströmen. In einem Baumarkt könnte es nach frisch gefälltem Nadelholz, in einem Gartencenter nach frisch geschnittenem Gras und in einem Fischfeinkostgeschäft … nein, nicht nach Fisch, sondern nach Meeresbrandung riechen. Bei einem Küchenhändler könnte es je nach Tageszeit oder Saison nach frisch geröstetem Kaffee, nach Pizza oder Weihnachtsgebäck duften. Umsatzzuwächse im zweistelligen Bereich sind bei solchen Konzepten die Regel.

Wenn ich mit dem Zug nach Österreich fahre, würde ich mir auf den Bahnhöfen Musik von Johann Strauß, Wolfgang Amadeus Mozart, Franz Liszt, Franz Lehár oder Joseph Haydn wünschen, je nachdem, wo ich gerade aussteigen muss. So wie die Schweiz auf einzigartige Weise das Schweizer Wappen in Szene setzt, so ähnlich könnte es Österreich mit seiner musikalischen Vergangenheit machen.

Bücher könnten sensualisiert und durch Druckveredelungstechniken aufgewertet werden, um gegenüber E-Readern einen Vorteil zu haben. Wenn ich auf dem Wochenmarkt oder im Möbelhaus bin, möchte ich alles beschnuppern und streicheln können. Ist doch bekannt: Was in die Hand genommen wird, wird in Besitz genommen, aus Sicht des Gehirns gehört es quasi schon mir. Das glauben Sie nicht? Dann versuchen Sie mal, jemandem in der Warteschlange etwas aus dem Einkaufswagen zu nehmen. Schon bei Kleinkindern kann man das sehen: Dinge, die wir besitzen, wollen wir nicht wieder verlieren. »Verlustaversion« ist das Fachwort dafür. Eifersucht und Geiz sind extreme Ausprägungen derselben. Verlustaversion führt auch dazu, dass wir uns schlecht von alten Gewohnheiten trennen können und einmal eingeschlagene Wege gern fortsetzen. Was wir besitzen, ist uns auch teurer als das, was nicht unser eigen ist. Und die Zahlungsbereitschaft für Dinge, die wir in Händen halten, steigt. Mehr Berührung bedeutet also mehr Umsatz.

Mehrsinnig statt einsinnig lautet das Ziel

Die Verwendung von Düften, Klängen und haptischen Strukturen, auch sensorisches Branding genannt, stimuliert das Kundenerlebnis beträchtlich. Deshalb reicht es nicht aus, ein Produkt rein visuell zu präsentieren. Mehrsinnig statt einsinnig lautet das Ziel. Dabei geht es jedoch nicht um Insellösungen, sondern um ein virtuos synchronisiertes Konzept. Wofür eine Marke steht, das lässt sich auch akustisch und olfaktorisch codieren. So kann man seine Unternehmensfarbe(n) mit dazu passenden Klängen untermauern. Was ein Gebrauchsgegenstand drauf hat, lässt sich gut mit Musik untermalen – und vielleicht auch mit einem aromatischen Duft. Das Gleiche kann für eine Dienstleistung gelten. Wie klingt dann Sicherheit? Wie riecht Vertrauen? Wie fühlt sich Verlässlichkeit an? Und wie schmeckt Erfolg?

Oft werde ich gefragt, ob sich multisensorische Konzepte auch auf den Industriegüterbereich übertragen lassen. Na, und ob! Zunächst müssen wir uns ansehen, wofür zum Beispiel eine Baumaschine, ein Montageroboter oder eine Getränkeabfüllanlage unter emotionalen Gesichtspunkten stehen. Begriffe, die einem hier sofort in den Sinn kommen, sind diese: Präzision, Leistung, Kraftwerk, Effizienz, Fortschritt, Veredelung, Erfolg. Analysieren Sie daraufhin ihren werblichen Auftritt: Ist er womöglich plump, altmodisch, unkoordiniert, nüchtern, distanziert und beliebig? Oder strotzen die Bilder vor Power? Stehen die Farben für Effizienz? Zeigt sich das Layout perfekt? Und das Schriftbild zukunftsnah? Wie bringen Sie Präzision zum Klingen? Wie Qualität? Und wie Sicherheit? Gibt es haptische Aspekte, die mit der Arbeit der Maschinen in Zusammenhang stehen? Gibt es vertraute Gerüche, die sich mit dem Fertigungsverfahren in Verbindung bringen lassen? Sind die obligatorischen Leistungswerte nur tabellarisch dargestellt oder auch sensorisch untermalt? Wie lassen sich Statusmotive ansprechen? Oder Risikoreduktionsmotive? Lassen sich spielerische Momente einbauen? Gibt es Menschen auf Ihren Fotos, die die Maschinen beherrschen? Und gibt es zu all dem nachvollziehbare Geschichten – sozusagen als Beweismaterial?

Multisensorisches Marketing, im Fachjargon »Sensory Branding« genannt, hat zum Beispiel für die Kfz-Industrie eine sehr große Bedeutung, denn Kunden kaufen nicht einfach nur ein Fahrzeug, sondern auch ein emotionales Erlebnis. Ein Auto ist nicht nur was für die Augen und das Fahrgefühl, es ist wie ein kleines Orchester: Es schnurrt, es orgelt, es röhrt; Hauptsache, es scheppert und hustet nicht. Autofahrer brauchen solche akustischen Feedbacks. Sie sagen ihnen etwas über den Gesundheitszustand ihres Wagens. Wenn etwas nicht in Ordnung ist: Geübte Fahrer hören das sofort. Völlig geräuschfreie Autos sind also – auch wegen der Unfallgefahr – gar nicht wünschenswert. Dennoch müssen die Sounddesigner nicht nur entscheiden, was wie klingen soll, sondern auch, was still bleiben muss. Denn störende Geräusche würden uns nur irritieren. Oder in Sorge versetzen. Ähnliches gilt für Gerüche im Auto. Daran arbeiten professionelle »Nasenteams«.

Während jedoch die meisten Marken die Sinne sträflich vernachlässigen, beschäftigt sich die Digital-Industrie schon längst mit deren Integration, wie wir gleich sehen. Vorreiter ist die Computerspielbranche. Ihr wird es als Erstes gelingen, *alle* Sinne in ihre Spiele einzubringen und Erlebnisse zu schaffen, die sich völlig real anfühlen.

Das Sinnliche und die Manipulation

Kommen die Sinne ins Spiel, ist immer sogleich auch von Manipulation die Rede. Dazu ein klares Wort an dieser Stelle: Manipulation ist an und für sich weder gut noch böse, weil das Wort nichts anderes als Handhabung meint. Mit dem, was wir tun, wie wir also auf unser Umfeld einwirken, wollen wir etwas bewirken. Und ja, manchmal wollen wir sogar ein wenig verführen. Wir putzen uns heraus und machen uns schön, um zum Objekt der Begierde zu werden. Denn liebäugeln und kleine Flirts sind schon allein für sich ein reizvolles Spiel. Natürlich lassen wir uns gerne verführen. »Versuchungen sollte man nachgeben. Wer weiß, ob sie wiederkommen«, sagte augenzwinkernd der irische Schriftsteller Oscar Wilde. Wer allerdings »mängelethisch denkt und materiellem Besitz zweifelnd gegenübersteht, verachtet das eigene Habenwollen und lehnt es als derben Trieb oder fremde Macht ab. … Und alles, was Begehren weckt, unterliegt dem Verdacht, das an sich integre Bewusstsein zu manipulieren«, schreibt der Kunsthistoriker Wolfgang Ullrich in seinem Buch *Habenwollen*. Philosophen und Theologen trennten immer schon zwischen einem gefährlichen Schönen, das in Versuchung führt, und einem guten Schönen, nach dem es asketisch zu streben gilt.

Ich unterscheide jedenfalls zwischen »schwarzer« und »weißer« Manipulation. Erstere will, auf eigensüchtige Vorteile bedacht, dem Kunden schaden, sie lügt, betrügt und führt ihn in die Irre. Letztere tut all das nicht. Ihr Ziel heißt Win-win. Denn nur wenn beide Seiten gewinnen, können Geschäftsbeziehungen auf Dauer gelingen.

Doch in Psychologie und Soziologie ist der Begriff »Manipulation« als Form von Einflussnahme unverrückbar in die negative Ecke gerutscht – und so wird er heutzutage auch gemeinhin verstanden. Denn ja, man kann mit einer ungeheuren Zahl von Kniffen die kleinen »Schwächen« des Gehirns, die wir noch ergründen, missbrauchen. Der Argwohn vor einer solchen Manipulation sitzt also tief. Dahinter steckt die Angst vor Kontrollverlust und dahinter wiederum die Angst, zum Spielball dunkler Mächte zu werden und dem Treiben finsterer Gestalten machtlos ausgeliefert zu sein. Klar, ein solches Risiko besteht immer, aber wo nichts passiert, passiert auch nichts Gutes.

Und bei Licht betrachtet ist es doch so: Jede Kommunikation – egal, ob verbal oder durch körpersprachliche Zeichen geäußert – und sogar jede Nichtkommunikation manipuliert. Jedes Wort, das wir sagen, jedes Lied, das wir singen, jedes Parfum, das wir tragen, soll etwas bewirken. Es soll einerseits dazu beitragen, dass wir uns gut fühlen, und andererseits darauf Einfluss nehmen, wie unser Umfeld auf uns reagiert. In diesem Sinne ist selbst ein hochverdientes, aber nicht ausgesprochenes Lob pure Manipulation.

Der größte Manipulierer steckt in jedermanns eigenem Kopf.

Der größte Manipulierer steckt übrigens in jedermanns eigenem Kopf. Es ist das Belohnungszentrum. Um den Kampf der inneren Stimmen zwischen »Kauf das!« und »Bist du verrückt!« zu gewinnen, schaltet es Vernunftzentren taub. Und wir greifen »gedankenlos« zu. Leider wird in der Werbung und auch im Verkauf in voller Absicht eine Fülle manipulativer Tricks zum Nachteil des Kunden genutzt. Dies lässt uns zur leichten Beute für diejenigen werden, die wissen, wie das funktioniert. Manches ist eine Gratwanderung, anderes höchst verwerflich. Die Lebensmittelindustrie mit ihren Geruchsverdrehern, Geschmacksillusionisten, Photoshop-Akrobaten und dreisten Ernährungslügen bietet da genug unrühmliche Beispiele. Doch über ihre hinterlistigen Methoden kann sich jeder im Web informieren. Die miesen Herstellungsmethoden der Bekleidungsindustrie, das Ausbeuten von Schwellenländern oder der schäbige Umgang mit Mitarbeitern: Alles ist dort dokumentiert.

Ja, so ist das heute: Was unethisch ist und nur dazu dient, die Kunden über den Tisch zu ziehen, wird früher oder später entlarvt. Missbrauchtes Vertrauen wird immer bestraft. Denn Rache ist süß. Und Schadenfreude ist noch viel süßer. Arthur Schopenhauer bezeichnet sie als »Gelächter der Hölle«. Herbe Kundenverluste, negative Mundpropaganda und Reputationsschäden tun ja auch in der Tat höllisch weh.

So spricht man mit den Sinnen

Marken, die man über die Sinne erkennt, sind starke Marken. Marken, die sensorische Berührungspunkte vernachlässigen, verschleudern Geld. Marken hingegen, die uns multisensorische Erlebnisse schenken, sind für Wiederholungskäufe geradezu prädestiniert. Welche Sinne gibt es?

O Sehsinn: das Visuelle
O Tastsinn: das Haptische
O Hörsinn: das Akustische
O Geruchssinn: das Olfaktorische
O Geschmackssinn: das Gustatorische

Multiple sensorische Erlebnisse sorgen für mehr Aufmerksamkeit, für einen höheren Erinnerungswert und für ein schnelleres Wiedererkennen. Sie signalisieren einen Zuwachs an Qualität und bürgen für Sicherheit.

Aus Sicht des Gehirns sind gleichlautende Informationen auf mehreren Kanälen eine zusätzliche Vergewisserung. Wer ein wildes Tier hörte und es gleichzeitig roch und zudem verdächtige Bewegungen im Blätterwald sah, dessen Genmaterial hatte höhere Überlebenschancen. Wenn etwas gut aussieht *und* sich gut anfühlt *und* gut riecht *und* gut schmeckt, verschafft uns dies eine viel größere Gewissheit, nicht vergiftet zu werden. Aus solchen Gründen wird die mehrsinnige Botschaft der einsinnigen vorgezogen. Erreicht also die gleiche Botschaft unser Gehirn parallel über mehrere Sinne, erzeugt dies eine zerebrale Wirkungsexplosion. »Kauf mich!«, feuern die Neuronen wie wild. Und jedes Mal wenn wir ein solches Produkt verwenden, verstärkt sich die Verankerung im Gehirn.

Viele sensorische Stimuli werden vom Empfänger eher beiläufig oder auch vollkommen unterbewusst aufgenommen. Dennoch ist gerade ihre Wirkung sehr hoch. Die Brand-Sense-Studie von Millward Brown hat gezeigt: Die durchschnittliche Markenloyalität steigt von 28 Prozent bei nur einem positiv angesprochenen Sinn auf 43 Prozent, wenn die Marke über zwei bis drei Sinne inszeniert wird. Gelingt die Einbeziehung von vier oder sogar allen fünf Sinnen, steigt die Treue zur Marke im Schnitt auf 58 Prozent. »Wenn alle Sinne zeitgleich aktiviert werden, ist die emotionale Wirkung in unserem Gehirn um ein Vielfaches höher als die Summe der Einzelwirkung der Sinne«, bekräftigt der Neuromarketer Hans-Georg Häusel.[15] Zusätzlich kann man sich mit Multisensorik besser vom Wettbewerb differenzieren.

Wie können Sie also ein Feuerwerk für die Sinne entfachen und Ihren Kunden die Welt der Sinne erschließen? Dazu eine kleine Frageliste:

○ Nutzt unsere Marke an allen passenden Kontaktpunkten sensorische Reize?
○ Wie viele Sinne werden dabei integriert?
○ Welche Sinne fehlen? Und wie könnten wir diese zusätzlich integrieren?

○ Welcher Sinn könnte uns einen unkopierbaren Wettbewerbs-vorteil verschaffen?
○ Was ist überflüssig, lästig oder störend und muss weg?
○ Nehmen die Kunden unser Sinnesmarketing überhaupt wahr?
○ Was können wir testen? Wo können wir testen? Wie können wir testen?
○ Wie viel Umsatzzuwachs wird durch die getroffenen Maß-nahmen erzielt?

Welche Möglichkeiten es dazu im Einzelnen gibt, das wollen wir nun ergründen. Doch egal, wozu Sie sich am Ende entschließen: Alles muss wohldosiert, ausgewogen und für Marke und Kunden passend sein. Viel hilft nicht immer viel – und eine Überfrachtung kann schnell zu Ablehnung führen.

Wie sieht Ihre Marke aus?

Es ist der 25. Juni 2015. Ich bin auf der Co-Reach in Nürnberg und schaue mir die Welt von allen Seiten an. Aber nicht die quirlige Realität einer Messe für Dialogmarketing. Gerade fliege ich über Irland hinweg. Und egal, wo ich hinschaue, Irland ist überall. Der blaue Himmel über mir, die satten grünen Wiesen unter mir, mäch-tige Berge weit vor und ein beschaulich dahinfließendes Bächlein nah hinter mir. So schwebe ich gemächlich dahin. Es wirkt un-glaublich real. Aber das ist es nicht. Ich trage eine VR-Brille von Samsung, die einen vollsphärischen 360-Grad-Rundumblick in eine virtuelle Realität möglich macht. Mit ihrer Hilfe und einem irren Kopfhörersound dröhne ich anschließend in einem Rennwa-gen durch die Boxengasse. Und danach schaue ich mich auf einem neuen Kreuzfahrtschiff um. Fernweh kommt auf. Am gleichen Abend war ich dann in einem 3-D-Film im Kino. Der kam mir auf einmal ziemlich flach und langweilig vor.

Virtual-Reality-Brillen ermöglichen das Eintauchen in virtuelle Mitten-drin-Erlebnisse vom Wohnzimmer aus. Voraussetzung ist, dass sie vorher entsprechend gefilmt wurden, wofür schon in absehbarer Zeit eine massentaugliche Kameratechnik verfügbar sein wird. Neue Lebensentwürfe können dann gefahrlos getestet und exotische Urlaubsorte schon mal vorab inspiziert werden. So nutzt der Erlebnisgeschenk-Anbieter Meventi eine kostengünstige Virtual-Reality-Brille aus Pappkarton, um seinen Kunden kleine Abenteuer schmackhaft zu machen. »Damit ist es uns gelungen, unsere Conversion-Rate zu verdoppeln«, versichert der Geschäftsführer Alexander Will.

Verwendungsmöglichkeiten für virtuelle Rundumbrillen gibt es en masse. Pop-up-Stores können nun auch virtuell zum exklusiven Anprobieren neuer Kollektionen einladen. Das Haus, das man kaufen will, kann aus der Ferne begangen und ein Produktionsverfahren voruntersucht und rundum begutachtet werden. Ganz neue Formen des Lernens sind denkbar. Selbst Ausflüge in die nahe Zukunft sind möglich. Dazu werden zum Beispiel die Bauvorhaben einer Stadt in die Visualisierung integriert. Wir werden uns in ferne Sportereignisse ebenso hineinbeamen können wie in das Livekonzert der Lieblingsband am anderen Ende der Welt. Mit Spezialkameras bestückte Drohnen werden die VR-Filme dafür produzieren. Und ziemlich bald werden wir, mit Datenbrille versorgt und in einen Simulationsanzug gesteckt, auf VR-Holodecks in jedes erdenkliche Szenario eintauchen können.

Jede Art von Bewegung erreicht unsere Neuronen schneller als statische Informationen. Denn sie signalisiert dem archaischen Hirn eine potenzielle Gefahr. Andererseits sind Bewegungen sehr faszinierend, weil mehrere Sinne daran beteiligt sind. Deshalb wird dieser neue Touchpoint ganz sicher eine Erfolgsstory werden. Doch egal, was damit digital möglich sein wird: Unser Verlangen wird niemals erlöschen, solchen Zauber, soweit machbar, leibhaftig zu erleben und zu genießen, magische Momente einzufangen, den Emotionen freien Lauf zu geben und neue Eindrücke mit eigenen Augen einzufangen. Denn wir Menschen sind Gefühlswesen. Und wir sind Augentiere.

Besessen von Ästhetik, Farben und Menschen

Unser Oberstübchen ist besessen von Ästhe-
tik und Schönheit. Warum das so ist? Ein
guter Look bringt Vorteile im Paarungsspiel.
Jeder Schönheitschirurg kann davon berichten, wie Menschen auf einen Urlaub verzichten, um im nächsten dann, ein wenig umgebaut,
ganz groß zu glänzen. Gut aussehende Menschen
erhalten höhere Gehälter. Und gut aussehende Manager werden schneller befördert. »Wer Karriere machen
will, muss jung und dynamisch aussehen. Graue Haare, Fal-
ten, müde Haut und runde Bäuche machen alt, sie signalisieren
nachlassende Leistungsfähigkeit«, schreibt die Gender-Marketing-
Spezialistin Diana Jaffé in ihrem Buch *Werbung für Adam und Eva*.

Schon kleine Babys wenden sich eher schönen Gesichtern zu. Gut
aussehende Menschen genießen mehr Ansehen und auch mehr
Vertrauen. Sie bekommen eher Hilfe, wenn sie in Not geraten. Und
in Krankenhäusern werden sie besser behandelt. Hässlichkeit verkauft sich also schlecht. Wohlgeformte Produkte und ein gutes Design hingegen erzeugen Verlangen. Und beides sorgt auch für mehr
Preistoleranz. Verbunden mit einer wegweisenden Technologie ist
ein gutes Design dann unschlagbar. Im Internet of Things wird es
dazu ein reiches Betätigungsfeld geben.

Was wir sehen, aktiviert mentale Konzepte. So schließen wir vom
Schriftbild einer Speisekarte auf die Kochkünste des Maître. Ist die
Typo grob, erwarten wir eine bodenständige Küche. Feine, elegante Schriften deuten auf Sterneniveau. Auch in Onlineshops schließen wir vom Look auf die Qualität und den Preis.

Selbst Farben kommunizieren. Sie symbolisieren Stimmungen und
lassen auf Eigenschaften schließen. So sprechen wir von kalten
und von warmen Farben. Rot ist warm, aber auch aggressiv. Es
ist die Farbe des Handelns. Blau wirkt seriös und steht für Kühle

und Distanz. Grün ist beruhigend, die Farbe der Natur, der Harmonie, der Gesundheit. Kräftiges Gelb und grelles Orange sind Signalfarben, sie vitalisieren und stehen für Optimismus, aber auch für Schnäppchen und Sonderpreise. Silber steht für Technologie und Effizienz. Schwarz und Gold sind die Farben der Macht und des Luxuslebens. Farben werden noch emotionaler, wenn man ihnen bildhafte Namen gibt, also zum Beispiel pechschwarz, kornblumenblau, kirschrot oder pfefferminzgrün.

Farbpräferenzen sind auch geschlechterspezifisch. Und nein, die Lieblingsfarbe der Frauen ist *nicht* Pink. Bei Männern steht Pink sogar am Ende der Beliebtheitsskala. Darum nennt die Telekom ihre Markenfarbe ausdrücklich nicht Pink, sondern Magenta. Klarer Favorit bei beiden Geschlechtern ist übrigens Blau, gefolgt von Rot und Grün. Blau ist deshalb wohl auch die Farbe der Weblinks. Professionelle Onlineanbieter haben sogar intensiv ausgetestet, welcher Blauton am besten performt. Und ein Experiment der Marketingplattform Hubspot ergab, die beste Farbe für Call-to-Action-Schaltflächen sei Rot. Diese erzielten über 21 Prozent mehr Aufmerksamkeit als grüne Schaltflächen.

Einige Unternehmen haben eine Farbe derart in Besitz genommen, dass man sie sofort assoziiert:

O Bei Blutrot denken Sie an …?
O Bei Königsblau denken Sie an …?
O Bei Lila denken Sie an …?
O Bei Sonnengelb denken Sie an …?

Entspricht im Lebensmittelbereich eine Farbe nicht den Erfahrungen und Erwartungen, ist man verwirrt. So darf ein Vanillepudding nicht schokobraun sein. Rot signalisiert Reife und Süße. Gelb verbinden wir mit Zitronenaroma, Grün mit einem säuerlichen oder herben Geschmack. Das erklärt zum Beispiel, weshalb in der Gummibärchentüte doppelt so viele rote wie grüne oder gelbe Exemplare stecken.

Wenn unser Hirn sich Bilder anschaut, sucht es darin immer zuerst nach Menschen. Menschen haben Vorrang vor Dingen. Ein Gesicht zieht jeden Betrachter wie magisch an, und im Gesicht sind es besonders die Augen. Also müssen Sie dafür sorgen, dass das Gesicht dorthin schaut, wo ein wichtiger Inhalt ist. Das könnte zum Beispiel das Produkt sein, das Sie verkaufen wollen. Warum das funktioniert? Vollautomatisch folgen wir der Blickrichtung eines anderen Menschen, denn im Zweifel sieht der etwas, was wir nicht sehen können. Zum Beispiel einen Feind, der sich von hinten nähert.

Der Sehsinn und das Digitale

Auch im Internet funktionieren Bilder mit Menschen am besten. Selbst grafische Stellvertreter (Avatare) und menschenähnliche interaktive Helfer werden, wie WhiteMatter Labs herausgefunden hat, auf der Website als Erstes betrachtet. Auf deren Mimik reagierten die Versuchspersonen mit einer Steigerung der emotionalen Aktivierung. Und sie folgen den Handbewegungen des virtuellen Beraters. Solches Wissen erschließt den Anbietern die Möglichkeit, die Blicke der Internet-User gezielt zu steuern und das Kauf-Ja zu fördern. Besonders viel Wohlwollen entsteht, wenn der digitale Einkaufsbegleiter nach dem Klick auf einen Aktionsbutton lächelt. Ein deutliches Umsatzplus ist dann die Folge.

Solche Mechanismen werden zum Beispiel via Augenkamera und Eye-Tracking ermittelt. Dabei folgt eine Kamera dem Blickverlauf der Probanden und erstellt eine sogenannte Heat-Map mit den Punkten, die besonders intensiv betrachtet wurden. So können im Internet verschiedene Motive auf ihre Wirkung hin live getestet und zügig optimiert werden.

Auch Google Glass hat mit Sehen zu tun. In einigen Bereichen, in denen man beide Hände frei haben muss, wie etwa bei Operationen, wird dieses Produkt gern eingesetzt. Doch als Consumer-

Produkt ist es bislang gescheitert. Was macht dieses Gestell (Gläser hat es ja nicht), das man wie eine Brille trägt, überhaupt? Es holt das Internet in unsere reale Welt. Direkt vor unsere Augen. Augmented Reality (AR) nennt man das auch. Eine augmentierte Realität ist eine computergestützte Ausweitung der wahrgenommenen Wirklichkeit. Sie entsteht durch Informationsschichten (Information Layer), die sich aus virtuellen Daten speisen und in die Wirklichkeit einblenden lassen: auf dem Smartphone, dem Tablet, schon bald über spezielle Kontaktlinsen und eben auch durch Tippen auf den Google-Glass-Bügel.

Diese Technologie gibt uns nicht nur Zusatzinformationen über das hübsche Kleid in der Schaufensterauslage oder über das, was sich hinter einer Fassade verbirgt. Sie kann uns auch mit Hintergrundinformationen über Menschen versorgen. Schon allein die Möglichkeit des Gestells, dies zu tun, ist vielen unheimlich. Und denen, die es tragen, ist dies peinlich. Denn der Mensch gegenüber könnte ja glauben, dass er gerade durchleuchtet wird. Und schon setzen Übervorsicht und Misstrauen ein, was beides in der zwischenmenschlichen Kommunikation aber nur hinderlich ist.

Wie fühlt sich Ihre Marke an?

Kürzlich habe ich Paro kennengelernt. Große schwarze Kulleraugen, Welpenblick. Er schmiegt sich gern an. Und schläft viel. Lange Wimpern sind dann zu sehen. Erst wenn man ihn anspricht, kommt Leben in ihn. Mit einem unterwürfigen Blick schaut er fiepend und grummelnd nach oben. Unter seinem weichen, schneeweißen Fell beginnt es zu rumoren. Jeder Bewegung folgt er mit seinem Kopf. Wer Paro ist? Eine ziemlich lebendige künstliche Betreuungsrobbe, also ein Roboter. Seine Sensoren reagieren auf Berührungen, Licht, Akustik und Temperatur. Er wird für therapeutische Zwecke eingesetzt, vor allem bei älteren Leuten und Kindern. Paro ist lernfähig und reagiert auf Verhalten. Er lernt sogar seinen Namen, wenn man ihn ruft. Behandelt man ihn gut, wird er ganz herzig. Behandelt man ihn schlecht, wird er garstig. »Einmal«, erzählt mir seine Betreuerin, »bekamen wir ihn in einem so schlechten Zustand zurück, dass wir das Programm neu starten mussten.«

Vor allem soll dieses Kuscheltier helfen, die Kommunikation und das Sozialverhalten der Patienten zu verbessern. Denn Paro entspricht ganz dem Kindchenschema. Dieser von Verhaltensforscher Konrad Lorenz eingeführte Begriff umfasst alle Schlüsselreize, die dafür sorgen, dass unser Fürsorgesystem blitzschnell anspringt: ein übergroßer Kopf, eine hohe Stirnpartie, weit auseinanderstehende große Augen, kleines Näschen, runde Wangen, piepsige Stimme. Das Kindchenschema sorgt insbesondere dafür, dass wir Babys und Kleinkindern beistehen, selbst dann, wenn es nicht unsere eigenen sind. Dieses Verhalten haben wir mit Tieren gemeinsam. Es sichert den Fortbestand der Art.

Haptik hat sehr viele Dimensionen

Um die Haptik oder den Tastsinn geht es dann, wenn man etwas berührt, um auf diese Art ein Objekt zu erspüren. Oder wenn man berührt wird, zum Beispiel von einem weichen oder einem kratzigen Stoff. Die haptische Wahrnehmung umfasst folgende Elemente:

○ Textur eines Materials (rau, glatt, metallisch usw.)
○ Form eines Objekts (rund, eckig, spitz usw.)
○ Aggregatzustand (fest, flüssig, dampfig)
○ Temperaturempfinden (kalt, lauwarm, heiß)
○ Gewichtsempfinden (leicht, schwer)

Allein die Berührung eines Objekts erhöht die Bereitschaft, es auch zu kaufen. Und je mehr die Fingerspitzen zu tasten haben, desto wertvoller wirkt das Produkt. Dabei vermittelt Schweres den Eindruck von Güte. So werden die Fernbedienungen von Bang & Olufsen mit zusätzlichen Gewichten bestückt, um die Qualitätsanmutung zu erhöhen. Wer in einem weichen Sessel statt auf einem harten Stuhl sitzt, bleibt nicht nur länger, er wird auch »weicher« beim Verhandeln und im Preisgespräch. Das Trinken eines warmen Getränks hat einen ähnlichen Effekt. Es stimmt uns positiv.

Allein die Berührung eines Objekts erhöht die Bereitschaft, es auch zu kaufen.

Der Hauptgrund für den immensen Erfolg des iPhones? Es war das erste Telefon, das wir streicheln konnten. Es macht unsere Fingerspitzen zu kleinen Schöpfern. Die intuitive Bedienung verschafft uns schnelle Erfolgserlebnisse und schenkt uns den Zustand des Flows, was unser Hirn in einen Glücksrausch versetzt. Das Ganze ist verspielt, macht Spaß und beschwingt. Die streichelnden Bewegungen erzeugen Intimität und Verbundenheit. So sind alle Voraussetzungen dafür geschaffen, dass viele sich in das Gerät ein wenig »verlieben«. Die Apple-Stores sind konsequent darauf ausgelegt, dass Besucher die Geräte in die Hand nehmen, herumspielen, ausgiebig erforschen und intuitiv ausprobieren, um sich so mit ihnen vertraut machen zu können.

Und siehe da: Der Neurowissenschaftler Jürgen Gallinat aus Berlin hat mithilfe von Tomographen (MRT) bewiesen: Apple-Geräte aktivieren Bereiche im Hirn, die für »Menschen mögen« zuständig sind.[16] Zu ihnen lässt sich also eine »Beziehung« aufbauen. Andere Handys hingegen wurden »nur« in der Region für Objekterkennung verortet. So ist es kein Wunder, dass die Managemententscheidung, bei Tasten zu bleiben, dem eckigen, kantigen Blackberry beinahe den Todesstoß gab. Für unser Hirn macht es eben einen Riesenunterschied, ob wir in die Tasten hauen oder etwas zum Streicheln haben. Selbst knallharte Businessleute spielen ganz gerne rum.

Wir lieben, was wir streicheln können

»Eine Studie belegt, dass es einen Unterschied macht, ob ich per Touchscreen oder per Mausklick einkaufe«, sagt Multisense-Experte Olaf Hartmann.[17] »Die Wertschätzung gegenüber einem Produkt steigt über 40 Prozent mit dem Touchscreen. Der ist stärker interaktiv, der Kunde kann das Produkt mit Gesten bewegen, vergrößern oder verkleinern. Durch die Berührung des Produkts auf dem Bildschirm entsteht eine psychologische Inbesitznahme, die normalerweise so stark nur beim realen Berühren zu beobachten ist.« Die Konsequenz für Anbieter? Möglichst viele Aktivitäten auf das Smartphone verlagern. »Mobile first«, heißt der Schlachtruf.

Beim haptischen Design geht es zum einen darum, den Dingen eine einzigartige und unverwechselbare Form zu geben, die man zum Beispiel auch in meterlangen Supermarktregalen sofort wiedererkennt. Zum anderen können vorhandene Strukturen, wie etwa die Textur (und der Geruch) von Holz oder Leder, beispielsweise in einem Prospekt wiedergegeben werden. Schließlich geht es auch darum, Strukturen zu erschaffen, die den Tastsinn erfreuen. So hat ein Bäcker seine Theke mit einem beheizbaren Stein bestückt. Darauf wird die gekaufte Ware übergeben.

Der Kreuzfahrtenanbieter Aida hat mal ein Mailing an seine Stammkunden in zwei Varianten geschickt, um den Mehrwert der Haptik zu testen. Eine Variante enthielt nur schriftliche Unterlagen mit der Botschaft: »Kommen Sie bald wieder an Bord.« Die andere Variante enthielt zusätzlich ein flauschiges, weiß-gelb gestreiftes Aida-Minihandtuch, so wie es die Schiffsgäste vom Sonnendeck kennen, das nach Sonnenmilch duftete. »Im Vergleich zum Standard-Mailing erzeugte das multisensorische Mailing 41 Prozent mehr Response in Form von Reisebuchungen«, erläutert Haptik-Experte Olaf Hartmann vom Multisense Institut.[18]

Die Kinderhilfe Organtransplantation (KiO), eine gemeinnützige Organisation, die organtransplantierte Kinder und deren Familien unterstützt, appellierte mit einer ganz besonderen Aktion an die Großherzigkeit ausgewählter Empfänger. Diese erhielten ein aufmerksamkeitsstarkes Adventsmailing, dessen wärmeresistente Verpackung an die Transportbox eines Transplantats erinnerte. Diese enthielt das »einzige Organ, das niemand braucht« – ein Herz aus echtem Eis, das sofort zu schmelzen begann, wenn der Empfänger es in seine Hände nahm. Ein Spendenzuwachs von 30 Prozent gegenüber dem Vorjahr war das Ergebnis.

Haptische Erfahrungen in unterschiedlichen Altersstufen

Kleinkinder erschließen sich die Welt mit allen Sinnen, vor allem aber haptisch. So wollen sie erforschen, wie die materielle Welt beschaffen ist und welche Gesetzmäßigkeiten darin herrschen. In dieser frühen Prägungsphase wird der Grundstock für ein »haptisches Gedächtnis« gelegt. Mit dem Einzug von digitalen Geräten in Kinderzimmern haben sich auch kindliche Tasterfahrungen verändert. Sicher kennen Sie den Film mit dem Baby, das eine Zeitschrift wie ein iPad befingert.[19] Mittlerweile bestimmen Tastaturen, Joysticks und Touchscreens die kindliche Spielwelt. Die dabei gelernten Wirkmechanismen werden quasi ins Gehirn eingebaut und später im Leben intuitiv abgerufen. Auch dies wird den digitalen Wandel beschleunigen und die Entfernung zwischen Mensch und Roboter noch einmal verkürzen.

Im Alter lassen die Bewegungsfähigkeit sowie die Hör- und Sehkraft nach, auch die Geschicklichkeit und die Greifkraft sind betroffen. Komplizierte Verschlüsse, Gläser, Dosen und Flaschen lassen sich nicht mehr so leicht öffnen. Alles Kleinteilige ist schwierig zu umfassen und rutscht schnell aus den Fingern. Eine einfache Handhabung ist also im Alter ein ganz entscheidender Kauffaktor. Und leichte Lesbarkeit auch. Kleine Schriften, egal, ob am Handy, in Gebrauchsanweisungen und Prospekten oder auf Etiketten und Hinweisschildern, sind kommerzieller Selbstmord. Das sollten die Hersteller mal bedenken. Und Erzeugnisse, die explizit als Seniorenprodukte bezeichnet werden, lassen die Kauffreude umgehend verschwinden. Am besten macht man sich stillschweigend und unauffällig an die notwendigen altersfreundlichen Optimierungen heran. Oft handelt es sich um Kleinigkeiten, die die Lebensqualität dieser kaufkraftstarken Zielgruppe steigern. Von daher werden sie dankbar aufgenommen und reichlich mit »Stimmzetteln«, also mit Geldscheinen belohnt.

Die Haptik und das Digitale

Was die haptische Zukunft uns bringt? Die Robotik arbeitet schon seit vielen Jahren daran, die visuelle und auditive Informationsverarbeitung in Maschinen zu integrieren. Nun liegt eine viel größere Herausforderung vor uns: nämlich einen technischen Tastsinn zu entwickeln und zu implementieren. Sobald Roboter eine Art Haut bekommen, mit der sie fühlen können, können wir sie aus ihren Käfigen entlassen. Denn ein Roboter darf keinen Menschen verletzen. Das ist ein eisernes Gesetz.

Google arbeitet zusammen mit Levi's an einer intelligenten Jeans, die in der Lage ist, Handys und Tablet-Computer zu steuern. Anrufe können beispielsweise per Wischgeste, etwa durch Streichen über die Hosentasche, entgegengenommen werden, ohne das Smartphone aus der Tasche holen zu müssen. »Das erreichen wir, indem wir leitfähige Fäden in den Stoff einarbeiten«, erklärt Emre Karagozler, Projektleiter bei Google. Die kleinen Fäden sind dabei mit Chips verbunden, welche wiederum die Größe eines Knopfes haben. Die smarten Hosen können wie normale Stoffe behandelt, gewaschen und gedehnt werden. Bei Google kann man sich gut vorstellen, dass diese Technologie auch in Möbeln mit Stoffbezug oder in Teppichen einsetzbar ist.[20]

Eine französische Firma namens Cicret arbeitet gar an einem crowdfinanzierten Smartphone-Ersatz. Das Cicret Bracelet ist ein Wearable in Form eines Armbands, das eine Bedienungsoberfläche mittels Pico-Projektor auf die Haut an der Innenseite des Unterarms projiziert. Gesten und Berührungen werden von acht verschiedenen Kameras erkannt und lösen entsprechende Funktionen in einer App aus. So kann man zum Beispiel E-Mails lesen, im Internet surfen und Straßenkarten abrufen. Telefonieren soll auch möglich sein – wobei man dann doch mit einem Smartphone verbunden sein muss.

Wie hört sich Ihre Marke an?

»Ein kurzer Druck auf den Startknopf, dann ein dumpfes Wummern mit feinnervigen Untertönen. Deutlich zu hören, dass hier feinste Mechanik zwar lautstark, aber kultiviert zu Werke geht. Eine sachte Berührung des Gaspedals und der Motor bellt heiser, fast schon erleichtert auf. Einmal im moderaten Reisetempo angekommen, wird die Fahrt untermalt von einem satten, zufriedenen Surren. Erst bei 330 km/h endet der Vortrieb. Entsprechend triumphal korrespondiert der Sound mit der Höhe der Drehzahl. Verzögern und Herunterschalten lassen den akustischen Sturm irgendwann abklingen. Die Gänsehaut bleibt.« Poetisch, wie man es sonst nur von guten Weinen kennt, wird hier der »Sound of Performance« des Audi R8 V10 beschrieben: ein akustisches Statement gegen die Langsamkeit. »Die Kraft, die Beschleunigung, die Technologie eines Sportwagens muss man nicht nur spüren. Man muss sie auch hören können«, so der Prospekt.

Automarken sind Meister der Klänge. Aus den Ansauggeräuschen des Motors und dem Mündungsklang am Auspuff eine unverwechselbare Symphonie zu komponieren, das hat ziemlich wenig mit reiner Mechanik zu tun. Der Zielsound dafür wird in Akustiklaboren entwickelt. So kommt es zum Beispiel, dass man einen Porsche schon hört, bevor man ihn sieht. Die Sportlichkeit eines Fahrzeugs wird unter anderem an der Erhöhung des Geräuschpegels beim Gasgeben gemessen. Viel Wert wird auch auf weitere Geräusche gelegt: das Einrasten der Schalter, das Betätigen der Reglerknöpfe und Fensterheber sowie der von einem kleinen Lautsprecher erzeugte Ton der Blinker, die im Takt der Leuchtlampe ticken. Das warme, satte Geräusch beim Türzuschlagen will schließlich sagen: Häkchen dran. Das wäre geschafft. Heil wieder zu Hause.

Das Blubbern einer Harley Davidson, die Schlussglocke der New Yorker Börse, der Originalklingelton eines Handys, der Begrüßungssound, wenn der Laptop hochfährt, das Pling, wenn eine neue E-Mail hereinrauscht, das Gerassel von Spielautomaten, all diese Geräusche haben eines gemeinsam: Sounddesigner haben daran gearbeitet. Auf ihr Konto geht auch das typische Knacken, wenn man in ein Magnum-Eis beißt.

In der Lebensmittelindustrie arbeiten Heerscharen von Ingenieuren an der Entwicklung passender Beißerlebnisse. Die einzigartige Crunchiness der Kellogg's Cornflakes wurde in Soundlaboren entwickelt. Bahlsen hat eine eigene Forschungsabteilung für den Klang seines Gebäcks. Dazu wird am Rezept, an der Textur und an der Temperatur beim Ausbacken gefeilt. Soll ein Keks eher zart sein, werden mehr Streichfette zugesetzt. Soll er möglichst hart sein, wird ein Getreide verarbeitet, das gröber gemahlen ist. Bei Bahlsen hat man auch herausgefunden, dass jüngere Verwender eher stark knusprige, also »laute« Produkte favorisieren, wohingegen ältere Verwender eher zu mürbem und weniger geräuschintensivem Gebäck greifen.

Das Ohr kauft immer mit

Warum solche Mühe? Was besser klingt, schmeckt auch besser. Dann darf es etwas teurer sein. So ist jeder Ton eine Botschaft, die den Wert eines Produktes entweder erhöht oder verringert. Denn das Ohr kauft immer mit. Es sind Geräusche, die uns in Sicherheit wiegen – oder uns vor Gefahren warnen.

Es sind Geräusche, die uns in Sicherheit wiegen – oder uns vor Gefahren warnen.

Das typische Zischen beim Öffnen einer Bierdose oder der Klack, wenn man am Deckel eines Marmeladenglases dreht, sind gelernte Zeichen für Frische und Sauberkeit. Hören wir sie nicht, schlägt unser Oberstübchen-Gefahrenradar sofort Alarm. »Verwende das lieber nicht«, raunt es uns zu. Sogleich vergeht uns die Lust und wir lassen lieber die Finger davon. Ohne eigentlich so recht zu wissen, warum.

Viele Geräusche signalisieren einen unmittelbar bevorstehenden Genuss. Denken wir nur mal an den Biss in eine knackige Bockwurst. Auch das Einschenken von Bier hat diesen Effekt: Es wird verlangende Vorfreude geweckt. Der Sounddesigner Friedrich Blutner erläutert: »Je schroffer, je weniger fließend der Übergang vom Flaschenbauch zum Flaschenhals, desto harmonischer, süffiger und erotischer klingt das Bier beim Einschenken. … Würde es den Brauern gelingen, tiefe, langsame Vibrati zu erzeugen, wie sie beim tschechischen Pilsener zu hören sind, so könnte ihr Bier noch erfolgreicher werden.«[21] Wer hätte das gedacht.

Auch das Lärmen von Haushaltsgeräten oder Elektrowerkzeugen kann Gefühle auslösen. Die typischen Klänge sind gelernt und vermitteln uns einen Eindruck von der Funktion der Produkte. Was nicht zusammenpasst, irritiert. Was scheppert, wirkt billig. Gediegene, volle und satte Geräusche hingegen bürgen für Qualität. Sie sind unverzichtbar, wenn ein Produkt hochpreisig ist. Zudem vermitteln Geräusche auch Sicherheit. Bei einer Maschine möchte ich nicht nur ein visuelles, sondern auch ein akustisches Signal, das mir sagt, ob sie läuft oder steht. Klänge kommen im Gehirn viel schneller an als ein Bild. Im Ernstfall kann das Leben retten. So möchte ich im Hotel hören, dass die Tür tatsächlich ins Schloss fällt, wenn ich mein Zimmer betrete oder verlasse.

Jedes Geräusch, das wir hören, erinnert uns an positive oder negative Erfahrungen. Solche Erinnerungen reichen bis in frühkindliche und sogar pränatale Zeiten zurück. Ein murmelnder Bach, Vogelgezwitscher und der sanfte Wind in den Wipfeln der Bäume erzeugen ein wonniges Ja. Ein tropfender Wasserhahn, eine quietschende Tür oder die Laubbläser im Herbst können uns in den Wahnsinn treiben. Jedes Geräusch verursacht also Gefühle: ein Ziehen im Bauch, ein Anspannen der Muskeln, ein schnelleres Atmen, erhöhte Aufmerksamkeit, vielleicht sogar Gänsehaut. Positive Gefühle lösen eine Hin-zu-Reaktion aus, negative ein Weg-von-Verhalten, weshalb die guten Klänge gestärkt und die schlechten eliminiert werden müssen. »Man sollte den Tiger hören«, sagen die Inder, »denn wenn man ihn sieht, ist es zu spät.« Und es ist sicher besser, einen Tiger zu viel als einen zu wenig zu hören. Unser Überleben hängt von einem blitzschnellen, hellwachen Alarmsystem ab. Wir sind Nachfahren solcher Geschöpfe, die ihre Feinde immer rechtzeitig erkannten.

Der gute Ton in der Werbung

»Studien haben gezeigt, dass Marken, die auf den Homepages ihrer Webseiten Klangeffekte einsetzen, mit um 76 Prozent höherer Wahrscheinlichkeit wiederholt aufgerufen werden und die Marken, die mit einer Musik arbeiten, die zu ihrer Markenidentität passt, mit um 96 Prozent höherer Wahrscheinlichkeit im Gedächtnis bleiben«, schreibt Martin Lindstrom in seinem Buch *Brand Sense*. Seltsamerweise haben es nur wenige Marken jenseits der Musikindustrie drauf, aus eigenständigen Klangerlebnissen Kapital zu schlagen. Welche Klangwelt umfängt mich zum Beispiel, wenn ich Ihr Unternehmen betrete? Werbegeplärre aus dem Radio, also nichts als eine Beleidigung fürs Ohr? Oder ein Hörerlebnis, das mich in einen entspannten Zustand versetzt? Wer entspannt ist, kann sich öffnen, und diese Offenheit betrifft neue Ideen genauso wie den Geldbeutel. Wer entspannt ist, verlangsamt seinen Schritt und bleibt auch gern länger. Und wer länger bleibt, der kauft mehr. In einem angespannten Zustand hingegen funktioniert all das nicht.

Regelrechte Todsünden werden in der Warteschleifen-Akustik begangen. »Wenn unsere Kunden schon am Telefon warten« – was oft genug eine kleine Ewigkeit dauert –, »dann können sie sich auch unser Werbegedudel anhören«, scheint sich so mancher Unternehmenseigner zu denken, »denn schließlich haben wir ja dafür eine Menge bezahlt.« Wie es dem Anrufer dabei ergeht? Völlig egal! Wirklich angenehme Warteschleifen-Erlebnisse lassen sich an einer Hand abzählen. Spontan fallen mir überhaupt nur zwei ein: eine Kampagnenmelodie der Volks- und Raiffeisenbanken und eine, die zur Imagewerbung des deutschen Handwerks gehört. Hie und da gibt es auch schon mal bei einem kreativen Kleinunternehmen ein Highlight. Vieles jedoch, was aus dem Telefon kommt, ist einfach krass. Kann sich mal bitte jemand darum kümmern!

Eigentlich ist es ganz leicht. Jeder weiß aus eigener Erfahrung, welch positive Auswirkungen Musik auf Leib und Seele haben kann. Besonders positive Gefühle werden, wie Untersuchungen zeigten, durch Musik stark unterstützt. Musik erhöht nämlich die Stoffwechselaktivität in Gehirnarealen, die für Motivation, Belohnung und Erregungskontrolle zuständig sind. Selbst körperliche Funktionen, wie etwa der Herzschlag oder An- und Entspannung, können durch Musik beeinflusst werden. Jeder wird sich daran erinnern, wie es sich anfühlt, wenn Musik in einem Thriller Gefahren ankündigt. Und jeder kennt den Effekt, der sich einstellt, wenn in einem Liebesfilm sanft die Geigen erklingen. Besser ist es also, liebe Anbieter, seine Kunden in einen angenehmen Klangteppich einzubetten.

Der Sound muss natürlich zur Marke passen. Bei Victoria's Secret wird in den Läden klassische Musik gespielt, was das exklusive Ambiente unterstreicht. Zudem lädt klassische Musik zum Verweilen ein, und wer länger bleibt, kauft mehr. Bei Untersuchungen in Weingeschäften kam auch heraus, dass der Abverkauf von Weinen aus bestimmten Regionen stieg, wenn im Hintergrund die jeweils typische Landesmusik gespielt wurde.

Audiobranding liegt im Trend

Aus Molekülen in der Luft, die mal schneller und mal langsamer auf unser Trommelfell platzen, sind einigen Marken richtige Ohrwürmer gelungen. Wir testen:

O Wenn's um Geld geht – xxx.
O Wir geben Ihrer Zukunft ein Zuhause. xxx.
O Nichts geht über xxxx, xxxx zum Kaffee.
O xxx macht Kinder froh – und Erwachsene ebenso.

Tradition sorgt, sofern sie nicht altmodisch wirkt, für Vertrautheit und Nähe. Reime machen es dem Hirn kinderleicht, aufgenommen und behalten zu werden. Und solche Pfründe sollte man nicht leichtfertig aufs Spiel setzen, höchstens mal ab und an für ein kleines Facelifting sorgen. Wer das Gesicht und die Stimme seiner Marke ständig verändert, schafft vor allem Verwirrung und fängt im Kundenhirn immer wieder mit einem Neubau an. Doch da, wo alle zwei Jahre der Marketingleiter wechselt, ist schon fast zwanghaft das Löwespiel Usus: Beiß erst mal alles tot, was von deinem Vorgänger stammt. Manager müssen Spuren hinterlassen, heißt es so schön. Nur sind das nicht selten die Blutspuren ad acta gelegter Kundenprojekte, zerstörter Markenkontinuität und zweifelhafter Blitzkriege im Neukundengeschäft. Viel Werbegeld wird so in den Sand gesetzt – und Kundenvertrauen zerstört.

Markenjingles und Soundlogos sind akustische Erkennungsmerkmale. Sie schleichen sich wie durch eine Hintertür in unser Unterbewusstsein. Und sie konditionieren unser Gehirn. Fast jeder wird das Soundlogo von Intel schon einmal gehört haben. Es ist insofern genial, als es das Unsichtbare sichtbar macht. Es bürgt für die Qualität von Mikroprozessoren, an deren Verkauf Intel einen Weltmarktanteil von 80 Prozent hält. Es hat sogar einen Namen: Wave.

Solches Audiobranding ist in Zeiten, in denen jede Werbepause zum Spiel mit Tablet oder Smartphone genutzt wird, überaus wertvoll.

Hören wir »Diba-diba-du«, dann kommt uns die ING-DiBa-Bank in den Sinn, auch wenn wir den Fernsehspot gar nicht sehen. Beim Yippie-ya-ya von Hornbach denken wir gleich an unser nächstes Projekt. Das Audi-Soundlogo heißt Heartbeat. Die fünf Klaviertöne der Deutschen Telekom sind namenlos. Schade eigentlich, denn durch einen Namen würde man noch ein wenig mehr emotionale Power hineinbringen können.

Neben dem Jingle kann sich eine Marke eine eigene Klangwelt (Soundbranding) schaffen. Diese lässt sich an vielen Kontakt-punkten nutzen: auf der eigenen Website, in TV- und Radiospots, in YouTube-Clips, in Imagefilmen, bei Werbeauftritten, auf dem Messestand, auf Veranstaltungen, in der Warteschleife, als Klingelton am Handy, in einer App. Essenziell ist es, über alle diese Touchpoints einen einheitlichen Klangeindruck zu vermitteln, um einen Mehrwert für die Marke zu schaffen. Ich bin immer wieder überrascht, in wie vielen Unternehmen es kein durchgängiges Soundkonzept gibt. Oft genug macht noch immer jede Abteilung ihr eigenes Ding. Oder existierende Company-Kompositionen werden auf firmeninternen Veranstaltungen gar nicht benutzt. Dabei erzeugen sie, wie jede Musik, einen Gemütszustand, und sei es nur die Stimmung von Zusammengehörigkeit und Wirgefühl.

Die Akustik und das Digitale

Es ist der 18. April 2015: Ein Bild beginnt zu sprechen. Auf der World-Press-Photo-Ausstellung in Amsterdam wird erstmals ein Bildband vorgestellt, dessen Fotos im doppelten Sinne eine Geschichte erzählen: Die Schicksale von Menschen aus allen Teilen der Welt werden nicht nur visuell präsentiert; vielmehr ertönen aus unsichtbaren Lautsprechern in der Innenseite des Papiers Stimmen, Geräusche und Musik in einer Klangvielfalt ohnegleichen. Sie verleihen jedem Bild eine neue sensitive Dimension: Staunen, Wut, Freude, Angst, Trauer, je nachdem. Gänsehaut und Anteilnahme stellen sich ein. Diese kleine Meisterleistung, das sogenannte T-Book (T steht für Ton) wurde am Institut für Print- und Medientechnik der Technischen Universität Chemnitz entwickelt.[22]

Im Internet ist Ton allgegenwärtig. Doch viel zu oft wird nur an das technisch Machbare gedacht, ohne dabei an den User zu denken, der sich das Ganze anhören muss. Plötzlich geht ohne Vorwarnung ein kreischendes Video los. Oder ein Produkt wird in einer Endlosschleife mit überlauter Stimme promotet. Nervenzerfetzende Sekunden können vergehen, bis man die Lärmquelle gefunden und ausgeschaltet hat. Oder man muss extra den Ton am PC leise stellen. Liebe Werber, so was grenzt an Körperverletzung!

Webshops könnten sehr viel von den Feedback-Prozessen lernen, die die Autobauer geschaffen haben. Ein Wuff könnte mir signalisieren, dass die Ware tatsächlich im Warenkorb gelandet ist, ein leises Pling meine Eingaben zu Versandadresse und Kreditkartennummer bestätigen und ein kleiner Tusch mit mir jubeln, wenn ich den Jetzt-kaufen-Button angeklickt habe. »Danke. Und viel Freude damit«, könnte schließlich eine freundliche Stimme sagen. Vielleicht ist, wenn Sie dieses Buch lesen, manches davon auch längst umgesetzt. Denn Onlineanbieter lernen schnell. Sie können in Echtzeit testen, was beim Nutzer die beste Wirkung erzielt, und ihre Produkte innerhalb kürzester Zeit optimieren. Sie sind digitalen Neuerungen gegenüber ungemein aufgeschlossen und schon allein deshalb den Offlinern um Meilen voraus.

Soundingenieure werden in Zukunft jede Menge Arbeit bekommen, denn viele der Sensoren, die Geräte und Maschinen miteinander verbinden, brauchen Klangmuster. Dabei wird es fortan um viel mehr als ein Klicken und Klacken oder Piepsen und Plingen gehen. Jeder Roboter braucht Bio-Geräusche, wenn er bei der Arbeit ist. Und jedes Gerät braucht seinen eigenen Sound, um sich von anderen zu unterscheiden.

Wie riecht Ihre Marke?

Meinen letzten Urlaub habe ich im Süden verbracht. Am Strand: überall Kinder, die Sandburgen bauten. Die Jungs bauten, na klar, Ritterburgen. Zwei Mädchen, so vier oder fünf, hatten eine sehr spezielle Konstruktion erschaffen. »Was ist das?«, fragte ich sie. »Ein Einkaufszentrum.« – »Und das hier, ist das die Zufahrtsstraße?« – »Nein, das ist der Catwalk, wo die Models die Mode vorführen.« – »Aha! Welche Geschäfte gibt es denn so in eurem Einkaufszentrum?« – »H&M, Zara, Benetton, Douglas, Starbucks, McDonald's …« – »Gibt es bei euch auch dieses Geschäft mit den halb nackten Jungs und der lauten Musik, in dem es so komisch riecht?« Mir fiel der Name nicht ein. »Hollister!«, kam es wie aus der Pistole geschossen.

Man kann den Geruch bei Hollister unangenehm finden und das Unternehmen für sein unethisches Verhalten rügen. Dennoch ist der Marke, wie auch der Schwestermarke Abercrombie & Fitch, mit ihrem Duftmarketing eine einzigartige Positionierung gelungen. Nur wenige Unternehmen haben bislang ein unternehmenseigenes Duftkonzept (Corporate Scent) entwickelt. Dabei haben Duftkompositionen im Geschäft mit der Attraktivität eine lange Tradition. Zu Zeiten der Ägypter trug man Duftkörbchen auf dem Kopf, deren Odeur sich durch die Körperwärme ausbreitete.

Der größte Duftmanipulierer aller Zeiten: Mutter Natur.

Und bis vor gar nicht allzu langer Zeit ließen die Damen ihre körperbedufteten Spitzentaschentücher fallen, um dem Herrn ihrer Wahl ein Zeichen zu geben. So nutzten sie den größten Duftmanipulierer aller Zeiten: Mutter Natur. Sie erzeugt Duftstoffe, über die Pflanzen, Tiere und auch Menschen auf biochemischem Weg miteinander kommunizieren. Manche Pheromone haben eine Alarm- oder Markierungsfunktion. Versamm-

lungspheromone können Insekten zu einem interessanten Fress-
platz lotsen. Sexualpheromone sorgen dafür, dass es zwischen Ge-
schlechtspartnern funkt. Und Pheromone, die über die Kopfhaut
eines Babys ausströmen, sorgen für den Wunsch nach weiteren
Kindern. Ist ja fürs Überleben auch besser, wenn man Geschwister
hat.

Meister des süßen Dufts

Die Industrie baut solche Pheromon-Phänomene nun nach. Ein
Meister darin ist der Körperpflegehersteller Axe. Im Rahmen einer globalen Voruntersuchung kamen, wie Martin Lindstrom in
seinem Buch *Brandwashed* erzählt, die Axe-Verantwortlichen von
Unilever zu folgendem Schluss: Egal, wo auf der Welt, die ultimative Männerfantasie ist wohl die, nicht nur von *einer* reizvollen Frau
begehrt zu werden, sondern von vielen. So entstanden die Szena-
rien, die sich durch die komplette Axe-Werbung ziehen: Ein suboptimal ausgestatteter Jüngling zieht dank des betörenden Duftes,
den er verströmt, jede Menge bildhübscher junger Frauen wie magisch an. Sogar Engel fallen dafür vom Himmel – und wollen nicht
mehr zurück.[23] Schon bald glaubte die notleidende Zielgruppe so
sehr an die Wirkung, dass sie nur noch exzessiv eingesprüht in
die Öffentlichkeit ging. In manchen Schulklassen wurde die Marke
sogar verboten, weil alles nach diesem vermeintlichen Sexuallock-
stoff roch.

Viele Essenzen sind aber nicht nur Verführer oder Stimmungs-
macher, man sagt ihnen auch eine antiseptische, gesundheitsför-
dernde oder spirituell reinigende Wirkung nach. Von Aromathera-
pie wird dann gesprochen. Grundsätzlich löst jeder Geruch in uns
Gefühle aus: Furcht, Ekel, Vorsicht, Zweifel, Entspannung, Froh-
sinn, Behagen, Verlangen. Nicht zuletzt ist ein gutes Raumklima
essenziell für gute Arbeitsergebnisse – und dazu gehört eben auch
Wohlgeruch.

Die Nase hat eine Standleitung ins Gehirn. Und sie schläft nie. Mit jedem Atemzug werden die in der Luft schwebenden Duftmoleküle aufgenommen und analysiert. Ist eine potenzielle Gefahr zu erkennen, schlägt unser Oberstübchen augenblicklich Alarm. So werden wir sofort unruhig, wenn wir Feuer riechen. Sogar Indizien für einige Krankheiten kann sie erschnüffeln. Die Nase entscheidet auch maßgeblich darüber mit, ob uns jemand sympathisch oder unsympathisch ist, und sie hilft uns bei der passenden Partnerwahl. »Den kann ich nicht riechen«, sagen wir auch. Sogar die Empfängnis funktioniert über Duftkommunikation. Der Geruchsforscher Hanns Hatt fand heraus, dass die weibliche Eizelle einen zarten Maiglöckchenduft verströmt und so von den Spermien via Riechrezeptoren geortet werden kann. Auch Nivea-Produkte riechen interessanterweise nach Maiglöckchen.

Wir riechen über Rezeptoren in der Nase, 350 an der Zahl. Im Vergleich zu vielen Tieren ist diese Ausstattung spärlich, doch sie scheint unserem Gehirn fürs Überleben zu reichen. »Anschaulich gesagt«, so Professor Hatt, »hat das Duftalphabet 350 Buchstaben – daraus können sie beinahe jedes beliebige Duftwort machen, ob als Parfümeur oder in der Natur. Diese Duftwörter können allerdings auch nur zehn oder nur einen Buchstaben haben, wie zum Beispiel reines Vanillin. … Wenn ich einen Duft rieche, speichere ich mit der Duftkombination gleichzeitig meine momentane emotionale Situation ab, dazu Bilder, Töne und so weiter – all das wird als Paket abgespeichert. Und immer wenn ich mit einem Duft dieses Duftmuster auslöse und wiedererkenne, werden automatisch auch die anderen sinnlichen Eindrücke mit wachgerufen. … Jeder Mensch verbindet mit jedem Duft eine andere Erinnerung. So kann es sein, dass der eine Mensch beim Riechen eines Duftes Angst empfindet, weil er diesen Duft erstmals im Rahmen einer Angstsituation wahrgenommen hat, während ein anderer Mensch im Gegenteil Freude, Vertrauen, eine angstlösende Wirkung erfährt, weil er gegenteilige Erfahrungen mit diesem Duft verbindet.«[24]

Und wie betören Sie uns mit Duft?

Wie schaut es mit Ihrem Duftmarketing aus? Und welche Einsatzbereiche sind möglich? Bei der Luftveredelung geht es grundsätzlich um dreierlei: die Luft reinigen, schlechte Gerüche neutralisieren, hauchzart beduften. Veranstalter, Messeaussteller, Sportanlagen und Fitnessklubs, Geschäfte natürlich, aber auch Hotels, Restaurants, Arztpraxen, Museen und Ausstellungen, der öffentliche Nah- und Fernverkehr sowie Airlines können hier dankbare Abnehmer sein.

Eine entsprechende Beduftung darf niemals ablenken, sondern soll unterstützen. Sie sollte deshalb knapp unter der Wahrnehmungsschwelle bleiben. Penetranz kann die Sinne sehr schnell überfordern. So sind die meisten Düfte mir persönlich zu blumig. Betörende Lilienbouquets in Luxushotels und die bei Taxifahrern so beliebten Wunderbäumchen scheiden für mich definitiv aus. Jedoch sind Duftvorlieben oder -abneigungen sehr individuell und sie hängen stark mit persönlichen (frühkindlichen) Erinnerungen zusammen.

> **Die Beduftung sollte knapp unter der Wahrnehmungsschwelle bleiben.**

Künstliche Düfte in überhöhter Dosierung können zu körperlichem Unwohlsein und Kopfschmerzen führen. Andererseits können unaufdringliche Naturbeduftungen Wohlbefinden, Konzentration und Kommunikation fördern. Sie können harmonisieren, entspannen, vitalisieren, gute Laune verbreiten, das Wiedererkennen erleichtern, Erinnerungen heraufbeschwören und, ja, auch die Kauflust steigern. Duftkonzepte können ein Event thematisch unterstützen und für bleibende Erlebnisse sorgen. So zählen in 4-D-Kinos über das 3-D-Sehen hinaus neben Effekten wie Wind, Schnee, Regen und Getier an den Beinen eben auch Düfte und Gerüche zur vierten Dimension.

Experten für Duftkommunikation

Ein Paradebeispiel für multisensorische Kommunikation ist das Klimahaus in Bremerhaven. Es nimmt uns mit auf eine Reise rund um die Welt entlang des achten östlichen Längengrades und berichtet von Orten, die man auf dieser Reise berührt. Die insgesamt neun Reisestationen streifen acht Länder auf fünf verschiedenen Kontinenten. Hierbei erhält der Besucher nicht nur Einblicke in das Leben und Arbeiten vor Ort, auch Temperatur und relative Luftfeuchtigkeit entsprechen den dargestellten Orten. In der Station Antarktis sind es klirrende minus sechs Grad. In der Station Kamerun hingegen schlägt einem tropische Hitze entgegen, während man bei Nacht durch einen afrikanischen Regenwald mit seinen exotischen Gerüchen und Geräuschen wandert.

Die Olfaktorik-Expertin Elke Kies erzählt: Bei diesem Projekt sollten wir nicht nur etwas Exotik in die Ausstellung bringen, sondern auch problematische Gerüche umsetzen. Die erste beduftete Station des Ausstellungsrundgangs ist die Schweiz. Hier war nach dem unweigerlichen Wiesengeruch auch ein »Kuhpups« an einer Melkstation gefordert, also ein Güllegeruch im Nahbereich, der für wenige Atemzüge wahrnehmbar ist und aufgrund der trockenen Duftausbringung auch gleich wieder aus der Nase verschwindet. Was auf Ansichtskarten nicht rüberkommt: Dieser Geruch ist in vielen Regionen der Schweiz ganzjährig dominant. Eine 1:1-Umsetzung in der Ausstellung hätte wohl die Besucher zur Umkehr bewogen – aber die gewählte Lösung ist optimal: Der Güllegeruch wird gelernt und verstanden, ohne weiter zu stören.[25]

Experten für Duftkommunikation sorgen dafür, dass eine Duftkomposition perfekt zur Marke passt und auch mit der Kultur eines Landes harmoniert, in dem der Duft eingesetzt wird. Zum Beispiel säubern Reinigungsmittel subjektiv besser, wenn sie duften und schäumen. Bei uns riechen sie eher zitronig und mild, in vielen Ländern des Südens wird hingegen ein chlorartiger, beißender Geruch favorisiert. Bei einem Test mit beduftetem und unbeduftetem Toilettenpapier zogen 65 Prozent der Probanden die geruchs-veredelten Rollen vor. Dabei war nur fünf Prozent von ihnen der Unterschied bewusst.

Früher haben die Menschen an jedem Lebensmittel gerochen, um zu entscheiden, ob es genießbar oder schon gesundheitsschädlich war. Heute gibt das Verfallsdatum der Packung vermeintliche Sicherheit. Zudem überlagern die künstlichen Aromen der Lebensmittelindustrie natürliche Aromastoffe. All das lässt unseren Riechsinn verkümmern. Er braucht also Training. Kleine Duftexkursionen durch den abendlichen Park, einen Kräutergarten, einen Bauernhof oder eine Gartenschau können ein olfaktorisches Erlebnis sein und den Geruchssinn erneut schärfen. Und wer in den Zoo oder auf eine Safari geht, lernt auch wieder, wie wilde Tiere riechen.

Was sind Einsatzgebiete für Duftmarketing? Im Großen geht es um Arbeitsräume, Schulungsräume, öffentliche Räume, Geschäfte und so weiter. Und im Kleinen? Da geht es um Duftanzeigen, Mailings, Flyer und Prospekte mit Duftkomponenten, beduftete Produkte, Verpackungen, Kartons, Einkaufstüten, (Werbe-)Geschenke und Geschenkpapier. Hier wird der gewünschte Duft meist durch Mikroverkapselung aufgebracht, sodass er erst bei Berührung freigesetzt wird. Wenn sich der Duft nur durch eine haptische Interaktion, also zum Beispiel durch Reiben, erschließt, kommt zusätzlich eine spielerische Komponente hinzu, die das Sinneserlebnis verstärkt.

Die Olfaktorik und das Digitale

Man glaubt es kaum, aber auch das Riechen wird bald digital. Forscher arbeiten an winzigen elektronischen Nasen, die verschiedenste Substanzen besser erschnüffeln als ein trainierter Hund. In Mobiltelefone eingebaut, entdecken sie Gaslecks, Sprengstoffe und gefährliche Substanzen in Lebensmitteln. Bei Schadstoffen in der Luft schlagen sie rechtzeitig Alarm. Und in der Atemluft eines

Menschen können sie Hinweise auf Lungenkrebs finden. So wird das riechende Handy womöglich zum Lebensretter.

Und was ist mit dem Internet der duftenden Dinge? Mit oNotes kein Problem. Sobald die Duft-Daten übermittelt sind, generieren zylindrische Boxen innerhalb von Sekunden eine Duftwolke, die über Kapseln gespeist wird. Das Gerät wird oPhone (o für olfaktorisch) genannt. Damit lassen sich aus 32 Basisaromen insgesamt 300 000 verschiedene Düfte kreieren. So kann man sich von einem passenden Odeur begleiten lassen, während man ein Buch liest, Musik hört oder einen Film sieht. Man kann auch ein Foto machen, dies mit einem Duft markieren und dann versenden. So reist Duft um die ganze Welt. Für einige Industriezweige dürfte diese Entwicklung von großem Interesse sein: für Köche, Parfümeure und Spielehersteller zum Beispiel.

Wie schmeckt Ihre Marke?

Über Geschmack lässt sich bekanntlich streiten. Und das nicht nur im übertragenen Sinn. Obwohl mit Geschmacksknospen ausgestattet, kann uns die Zunge, in enger Zusammenarbeit mit der Nase, bisweilen täuschen. Damit dies in Gesellschaft nicht peinlich wirkt, bieten professionelle Weinkenner uns wertvolle Hilfe an. So kann man über den 2006er Clos de los Siete aus Mendoza Folgendes lesen: »Blaubeeren, Cassis und Orangenzeste im facettenreichen Bukett, ergänzt durch schwarze Schokolade und einen Touch marokkanischer Minze. Elegant und weich fließend am Gaumen, nebst viel schwarzer Beerenfrucht auch eine deutliche Würze, schwarzer Pfeffer, dann auch Lakritze und Kakaonoten, sehr sanfte, reife Tannine, insgesamt mit viel Temperament und Ausdruckskraft ausgestattet, lang anhaltendes, sehr präzises Finale.« Von Weinkritiker Robert Parker erhielt er 92 von 100 möglichen Punkten.

Wissenschaftler von der ETH in Zürich wollten, wie Lutz Jäncke in seinem Buch *Ist das Hirn vernünftig?* berichtet, nun wissen, wie diese

Vorinformation ausgewählte Versuchspersonen beeinflusst. Wer vor der Probe wusste, dass der Wein mit 92 Parker-Punkten bewertet wurde, so das Ergebnis, fand den Wein geschmacklich erheblich besser als diejenigen, die von der hohen Profi-Bewertung erst nach dem Verkosten erfuhren. Erstere wollten für den Wein auch erheblich mehr bezahlen als die Teilnehmer einer Kontrollgruppe, der man fälschlicherweise von nur 72 Parker-Punkten berichtet hatte. Deshalb für alle Restaurantbesitzer – und im übertragenen Sinne für alle anderen auch – hier ein Tipp: Man sollte den Wein immer vor dem Kredenzen loben. Und am besten ist es gewiss, wenn angesehene Dritte ihn loben.

Gustatorische Reize sind logischerweise vor allem für die Lebensmittel-, Getränke- und Pharmaindustrie von Interesse. So wird auch schon an elektronischen Zungen gearbeitet. Der Mensch schmeckt allerdings vor allem mit der Nase. Und wenn man zum Beispiel an Kartoffelchips denkt, sogar mit den Ohren. Natürlich auch mit den Augen. Was einen ekelt, das könnte man selbst bei Heißhunger nicht essen. Es sei denn, man wird im Dschungelcamp dafür bezahlt.

Geschmacksvorlieben werden, wie Forscher glauben, zum Teil bereits im Mutterleib geprägt, wenn die im Fruchtwasser enthaltenen Stoffe das Näschen des Fötus umspülen. Sie verändern sich im Laufe des Lebens – und auch mit unserem Gesundheitszustand.

Wenn wir herausfinden wollen, was anderen besonders gut schmeckt, ist beobachten besser als fragen. Was Menschen besonders mögen, behalten sie länger im Mund, und es wird von der Zunge eingehend umschmeichelt. Umgekehrt spült man Sachen, die einem nicht schmecken, wenn überhaupt, so schnell wie möglich herunter. Unangenehmes beißt man »mit spitzen Zähnen«, um die Geschmacksknospen nicht zu sehr zu beleidigen. Und Bitterstoffe »verschnüren einem den Hals«. Dieser Mechanismus sorgt dafür, dass wir gesund bleiben, denn Bitteres ist für uns sehr oft giftig.

Süßes hat für unser Gehirn einen besonderen Zauber. Und es macht süchtig.

Süßes hat für unser Gehirn einen besonderen Zauber. Für unsere Urahnen bedeutete es eine nicht nur erfreuliche, sondern auch lebenswichtige Energiezufuhr. Deshalb ist die Freude bei Kindern so nahezu unbezähmbar hoch, wenn sie Süßes entdecken. Ihr Hirn entwickelt ein starkes Hin-zu, was in der Quengelzone an der Kasse gern zum Ausbruch kommt. Süßes macht süchtig. Aus diesem Grund sind auch alle Fertigprodukte so süß.

Der Konsum von Süßem verändert sogar das Preisempfinden des Menschen. In einem Experiment konnten Wissenschaftler der Zeppelin-Universität Friedrichshafen zeigen, dass nach der Einnahme von Zuckerwasser höhere Preise eher als fair akzeptiert werden. Als ich das einmal bei einem Vortrag erwähnte, erzählte mir ein Industrie-Verkäufer, er praktiziere beim ersten Gespräch mit Neukunden immer den Schoko-Einstieg, und der geht so: »Wissen Sie eigentlich, wer mein liebster Kunde ist? Die Schokoladenfirma xx! Probieren Sie mal!«

Symbole sagen mehr als Worte

Die Symbolik kommuniziert mithilfe von Schlüsselbildern, durch die sich uns der Kern einer Botschaft in Sekundenbruchteilen erschließt. Das rote Ampelmännchen steht für Stopp, das grüne für Go. Haben wir solche Symbole erst mal gelernt, lassen sie automatisch die entsprechenden Assoziationen entstehen. Beispiele aus der Markenwelt? Die lila Kuh von Milka, die drei Streifen von Adidas, das »Swoosh« genannte Logo von Nike, der »Golden Arch« von McDonald's, das Krokodil von Lacoste, die sprechenden M&M's.

Solche Schlüsselbilder lösen sofort Emotionen aus und reproduzieren eine komplette Story im Kopf. Wie es dazu kommt? Unsere Gehirne sind darauf geeicht, die Komplexität der Welt zu reduzieren. Sie saugen also nicht alles auf wie ein Schwamm, sondern stoßen das meiste als irrelevant ab. Und nur das momentan Wesentliche rückt ins Scheinwerferlicht. Wer hungrig ist, sieht lauter Restaurants, wer satt ist, dem fallen sie gar nicht auf. Selektive Wahrnehmung nennen wir das. Wie am Fließband grasen dazu die Sinne die Außenwelt nach relevanten Reizen ab. Dabei versuchen wir, in allem Muster zu erkennen, und diese Muster werden zu Codes.

Wonach wir vornehmlich suchen, wenn wir zum Beispiel in die Wolken schauen oder die bizarren Formationen in einer Tropfsteinhöhle betrachten? Nach Ähnlichkeiten mit menschlichen Wesen, Tieren und vertrauten Symbolen. Als die tintengekleksten Rorschach-Persönlichkeitstests noch gang und gäbe waren, hat man aus unserem Drang nach Mustererkennung sogar Psychogramme erstellt. Und siehe da: Während ich dies hier schreibe, fliegt gerade die Sonde »New Horizons« am Zwergplaneten Pluto vorbei. Was die Welt wohl am meisten verzückt hat, war eine herzförmige Oberflächenstruktur in der Ferne unseres eigenen Sonnensystems. Interessanterweise war dies auch das erste Foto, das die NASA veröffentlicht hat. Leute, im Universum ist Liebe!

Marken brauchen also nicht nur ein unverwechselbares Erscheinungsbild, einen Schlachtruf in Form eines Claims und ein akustisches Erkennungssignal. Sie brauchen auch ein unverwechselbares Symbol. Die Logos an unseren Klamotten von heute – das sind die Brandzeichen der Rinder, die Orden der Würdenträger, die Wappen der Städte und die Fahnen der Heere von früher. Mit einem passenden Logo gehört man zum »richtigen«, also zum angesagten Stamm. Mit ihrer Hilfe kann man Freund von Feind unterscheiden, Status zelebrieren, die Mitglieder anderer Gruppen ausgrenzen oder sich von weniger Privilegierten distanzieren. Logos sind also auch Persönlichkeitsmarkierer. Oder sie sagen etwas über unsere momentane Verfassung.

Das Markenzeichen von Apple, der silberne Apfel, sticht dabei besonders heraus. Denn da gibt es eine Menge zu decodieren. Der Apfel an sich steht für Gesundheit. Aber auch für Verführung. Die silbrig schimmernde Farbe versprüht eine Aura von Fortschritt, sie steht für edle Hochwertigkeit und durch die Schattierung auch für Technologie. Die Linienführung der Frucht ist geschwungen, weich und rund, dahinter verbergen sich Einfachheit und Verspieltheit. Und: Der Apfel ist angebissen. Das heißt, da passiert was. Der Biss steht einerseits für eine gewisse Aggressivität. Andererseits steht er für Offenheit, denn er befindet sich auf der Zukunftsseite. Darüber hinaus aktiviert das Apple-Logo die Kreativität, wie Experimente der Duke-Universität zeigten. Kein Wunder also, dass Apple-Geräte die Lieblingsspielzeuge der Kreativbranche sind.

Logos sollten, wie unsere Augen, horizontal angelegt werden. Breite Logos sind schneller zu entziffern als hohe. Und Bildhaftes erfassen wir schneller als Abstraktes. Idealerweise umfasst ein Logo schon genau das, worum es bei einer Marke geht. Ein solcher Glücksgriff ist der TUI gelungen. Die drei Buchstaben des Unternehmens formen einen lächelnden Mund. Das macht die Marke menschlich, sympathisch, anfassbar – und hebt sie so aus dem Allerlei der übrigen Reiseveranstaltermarken heraus. Als ich all das einmal auf einem Kongress erläuterte, meldete sich ein stolzer Vater und erzählte von seiner knapp zweijährigen Tochter, die beim Stadtbummel mit den Worten »Papa, Urlaub!« verzückt auf ein TUI-Logo zeigte. Die TUI als Synonym für Urlaub: Dem Management in Hannover wird das sicher gefallen.

Auch Objekte können symbolischen Charakter haben. So scheinen Frauen zu Schuhen eine ganz besondere Beziehung zu entwickeln. Tiefenpsychologisch gesehen, so Ines Imdahl vom Rheingold Salon in Köln, stellen sie »Weggefährten dar. Manchmal sind sie Wegbereiter für schwierige oder steinige Strecken. Sie symbolisieren auch, wie Frauen gerade durchs Leben gehen wollen: bodenständig oder ganz abgehoben. Und so verrückt es klingen mag, tatsächlich lässt sich in unseren Studien nachweisen, dass Frauen treuer und

Partnerschaften enger waren, wenn die Frauen viele Schuhe besaßen.«[26] Ja, und Männer? Männer lieben Frauen in hochhackigen Schuhen, damit wir ihnen nicht davonlaufen können.

So gilt es in der Kommunikation, die Symbolik zu finden, die tief im Kern unserer Produkte schlummert. Zum Beispiel? Autos sind die modernen Reittiere des Mannes. Die Krawatte ist seine Keule und die zugeknöpfte Weste sein Panzer. Fußballspielen ist die Jagd nach dem Kugeltier. Große Damenhandtaschen sind Ersatz für den männlichen Begleitschutz. Beim Chipskauen verarbeiten wir krachend und berstend die Probleme des Tages. Schokolade genießen ist wie kuscheln mit sich selbst. Putzwahn kann uns vom Bösen befreien. Und Mülleimer raustragen ist die homöopathische Dosis dafür.

Emotionen in der Kommunikation

»Wir Menschen sind nicht nur ›Homo sapiens‹ – der weise, denkende Mensch – und mehr als nur ›Homo ludens‹ – der spielende Mensch –, wir sind auch ›Homo aestheticus‹, der Mensch verrückt nach Schönheit, nach dem intensiven Erlebnis, nach dem Hochgefühl«, schwärmt Christian Mikunda in seinem Buch *Warum wir uns Gefühle kaufen*. Den Homo oeconomicus hingegen, der seine Entscheidungen rein vernunftmäßig trifft und selbstsüchtig nur seinem Nutzen frönt, den hat es nie gegeben. Er ist eine traurige Erfindung weltfremder Wirtschaftsökonomen, denen es in ihren abgeschotteten Gelehrtenstuben an jeglichem gesunden Menschenverstand mangelt.

Denn Menschen handeln unlogisch, gleichgültig, vergesslich, kurzsichtig, impulsiv. Und jede Kaufentscheidung ist, selbst wenn sie unter noch so rationalen Gesichtspunkten getroffen sein mag, in Wirklichkeit von Emotionen geleitet. Fakten sorgen zwar für Erkenntnisse und Argumente überzeugen, doch erst Emotionen

Emotionen sind nicht nur in allen Entscheidungen vorhanden, sie sind sogar deren treibende Kraft.

bringen ins Handeln. Ohne Emotionen könnten wir – wie Untersuchungen an hirngeschädigten Patienten zeigen – Entscheidungen überhaupt nicht treffen. Emotionen sind also der eigentliche Schlüssel zum Verkaufserfolg. Sie sind nicht nur in allen Entscheidungen vorhanden, sie sind sogar deren treibende Kraft. Die Art von Emotionen, die uns schließlich zu einer Aktion bewegen, mag je nach Menschentyp, Geschlecht und Alter verschieden sein. Doch ohne Emotionen kommt keine einzige Entscheidung zustande.

Alle Touchpoints, egal, ob online oder offline, und egal auch, ob persönlich, schriftlich, telefonisch oder elektronisch, brauchen demnach nicht nur Kommunikationsfertigkeit, sondern auch Emotionskompetenz: Gespür für die Wünsche, die oft unausgesprochenen Bedürfnisse, Gefühle, Sorgen, Ängste, Sehnsüchte, Hoffnungen und Träume der Kunden. Emotionen machen aus Träumen Wünsche und aus Wünschen Geschäft.

Wer also versteht, wie die Menschen ticken, wird ganz klar erfolgreicher sein. Produkte, Orte, Menschen und Marken, die uns in eine Hochstimmung versetzen, werden auf lustvolle Weise begehrenswert. Solche hingegen, die uns unangenehme Gefühle bescheren, meiden wir wie die Pest. Die genetische Disposition prägt uns dabei vor. Der kulturelle Rahmen, in dem wir aufwachsen, unser Elternhaus, das Milieu, soziale Erwünschtheit und Gruppenzwänge haben ebenfalls Einfluss. Doch vor allem sind es neuronale Schaltkreise und biochemische Prozesse, die Einstellungen und Verhalten begründen. Und sobald verstanden wird, wie das Kundenhirn funktioniert, lässt sich mithilfe einer passenden Kommunikation allerhand Sinnvolles bewirken.

Was jedes Hirn so besonders macht

Längst sind demnach Erkenntnisse aus der Gehirnforschung unerlässlich, um die Aufmerksamkeit, das Interesse und schließlich die »Stimmzettel« der Kunden erlangen zu können. Schon allein aus der folgenden, bei Weitem nicht vollständigen Übersicht ergeben sich zahlreiche Ansatzpunkte für ein wirkungsvolles Touchpoint-Management und eine zielführende Kommunikation:

O So wie jeder Mensch einzigartig ist, so ist auch jedes Gehirn einzigartig, das heißt, es ist bei jedem anders gebaut und arbeitet anders. Jeder denkt, fühlt und handelt auf seine Weise – und keiner macht es wie Sie. Aus diesem Grund kann und darf man niemals von sich selbst auf andere schließen.

O Unser Hirn ist eine lebenslange Baustelle, die Wissenschaft nennt das Neuroplastizität. Nervenzellen und deren neuronale »Verdrahtungen« entstehen und vergehen, das heißt, wir lernen immer und vergessen ständig. Durch ausreichendes Wiederholen und Üben entwickeln sich Automatismen, die vom Bewussten ins Unterbewusste, den sogenannten Autopiloten, rutschen. Hierdurch werden Abläufe routinierter, schneller und viel effizienter.

O Die Wirklichkeit ist ein Hirngespinst. Eine objektive Realität gibt es nicht, sie wird vielmehr von unserem Gehirn subjektiv konstruiert. Wahrnehmungs- und Erinnerungslücken füllt es mit passend scheinendem Material. Und es lässt uns in alle möglichen Denkfallen tappen. Bietet man zum Beispiel Kindern identisches Essen in neutralen und in McDonald's-Tüten an, so finden die meisten die zweite Option leckerer. Und Coca-Cola schmeckt nur dann besser als Pepsi, wenn Coca-Cola draufsteht.

O Unser Hirn denkt vorrangig in Bildern und Geschichten. Sie erzeugen – im Gegensatz zu Abstraktem sowie Buchstaben- und Zahlensalat – eine höhere neuronale Aktivität und damit auch eine höhere Entscheidungs- und Aktionsbereitschaft. Bilder und Geschichten werden auch leicht decodiert. Die Schriftsprache hingegen, erst 6000 Jahre alt, ist für unser Gehirn Schwerstarbeit. Storytelling ist also ein Muss.

○ Das Gehirn ist auf Ökonomie getrimmt. Es verbraucht etwa 20 Prozent der vom Körper produzierten Energie für sich allein. Und es hält jede Menge Reserven für den Ernstfall bereit. Vorurteile, das Denken in Stereotypen, Regeln und Routinen sind nichts anderes als Komplexitätsreduktion. Denn unser Hirn will es einfach haben. Und es arbeitet in einem Drei-Sekunden-Takt. Botschaften, die innerhalb von drei Sekunden erfasst werden können, mag es am liebsten.

○ Unser Hirn läuft die meiste Zeit vollautomatisch. Weit über 99 Prozent aller Außenreize werden verarbeitet oder frühzeitig weggefiltert, ohne dass wir uns dessen auch nur ansatzweise bewusst sind. Relevantes wird mit bereits Gelerntem verglichen, aktualisiert, sortiert, kategorisiert, neu verknüpft, schließlich verschubladet und dann für den weiteren Gebrauch auf Abruf bereitgehalten.

○ Unser Sprachzentrum hat sich erst sehr spät ausgeprägt. Der evolutionsgeschichtlich viel älteren Körpersprache kommt daher die vorrangige und weit größere Bedeutung zu. Im Zweifel folgen wir der Körpersprache. Sie zählt weit mehr als das gesprochene Wort. Der Körper lügt nicht, sagen wir auch.

○ Das männliche und das weibliche Gehirn, deren jeweilige Neurochemie und deren Sinnesempfindungen sind differenziert angelegt. Die Hirnforscher kennen weit mehr als 300 signifikante Unterschiede. Deshalb braucht es in der Kommunikation Genderkompetenz – und zwei verschiedene Verkaufsgespräche. Für das männliche Gehirn stehen im Allgemeinen eher Statusthemen im Vordergrund. Im weiblichen Hirn sind vorrangig die Fürsorge- und Bindungsmodule aktiv. Das ist der Grund, weshalb Frauen mehr auf Menschen und Männer eher auf Dinge fokussieren.

○ Im Laufe des Lebens verändert sich der Körper – und auch die Struktur des Gehirns. Die Beweglichkeit, Augen, Ohren, der Geruchs- und der Gleichgewichtssinn lassen nach. Zudem verringert sich im Alter die Ausschüttung des Dominanz-Hormons Testosteron wie auch die des aktivierenden Neurotransmitters Dopamin, wohingegen die Ausschüttung des Stresshormons Cortisol steigt. Dies sorgt für mehr Vorsicht und begünstigt Routinen. Deshalb sind Loyalität und Empfehlungen, die Sicherheit geben, älteren Menschen sehr wichtig.

Der Stoff, aus dem Kauflust entsteht

Jeder Reiz, der über die Sinne unsere Hirnwindungen flutet, wird in blitzschnellen Schritten decodiert und bewertet. Dies geschieht unbewusst und vollautomatisch. Ebenso wird jedes Erlebnis emotional markiert und dann für weitere Zwecke im episodischen Gedächtnis abgelegt. Immer geht es dabei um eine überlebenswichtige Grundsatzentscheidung: Vermeide Negatives, suche Positives! »Gut für mich« (= Freund) wird mit einem angenehmen, »Schlecht für mich« (= Feind) mit einem unangenehmen Gefühl belohnt.

Alles Positive führt demnach zu einem Hinwenden und Ja, alles Negative zu einem Abwenden und Nein. Sehr stark positiv oder negativ bewertete Erfahrungen erhalten bei einem solchen Auswahlprozess immer Vorrang. Und es ist leichter, einen Lustkauf rational zu begründen, als einen Vernunftkauf zu lieben. Für Kommunikation, Werbung und Verkauf bedeutet das: Der Weg von der Emotion zur Vernunft ist leicht, der Weg von der Vernunft zur Emotion hingegen schwer.

Verursacht werden diese Prozesse durch Biochemie und Botenstoffe wie Serotonin, Dopamin, Oxytocin, Cortisol und Adrenalin. Sie sagen dem Körper, wie er in einer gegebenen Situation emotional reagieren soll, und leiten entsprechende Handlungen ein. Emotionen sind also zum Ausdruck gebrachte Gefühle. Sie machen unser Innenleben öffentlich. Sie sind meist schnell da, aber, sobald sich der jeweilige Hormonspiegel normalisiert hat, auch schnell wieder weg. Stimmungen hingegen sind meist länger anhaltend und haben eine optimistische oder pessimistische Tendenz.

Da uns also Biochemie maßgeblich steuert, ist der freie Wille, auf den wir Menschen uns stolz berufen, gar nicht so frei. Manchmal ist das Verhalten eines Menschen sogar so paradox, dass er selbst nicht weiß, wie ihm geschieht. »Wie konnte ich nur so verblendet sein?«, denkt man nach einer falschen Entscheidung. »Das ist mir so rausgerutscht«, entschuldigen wir uns nach einem unpassenden Wort. »Ich konnte nicht anders, es hat mich so angelacht«, entschuldigen wir einen unnötigen Kauf. »Was hab ich mir bloß dabei gedacht?«, fragt sich jeder, der Bockmist gebaut hat.

Treffender könnte es der Volksmund kaum formulieren. Denn für das, was hinter den mehr oder weniger verschlossenen Türen des Unterbewusstseins blitzschnell und ohne unser Zutun passiert, suchen wir erst im Nachgang nach einer Begründung, die uns selbst und anderen plausibel erscheint. Oder wir explizieren lautstark und vollmundig, warum wir das, was wir nicht haben können, gar nicht wollen. Letzteres bietet vielleicht Trost, stillt aber keine Sehnsucht.

»Kunden brauchen eine rationale Entschuldigung für eine emotionale Entscheidung.« So brachte der Werbemann David Ogilvy dieses Phänomen auf den Punkt. Völlig desillusionierend bezeichnet der Bremer Hirnforscher Gerhard Roth das bewusste Ich als eine Art Regierungssprecher, der Entscheidungen interpretieren und legitimieren muss, deren Hintergründe er gar nicht kennt und an deren Zustandekommen er noch nicht einmal beteiligt war. Marionetten unserer Neuronen seien wir, heißt es auch, und dem Tanz der Hormone mehr oder weniger willenlos ausgeliefert. Na ja, zumindest steckt zwischen Entscheidung und Handlung ein neuronales Vetorecht. Wenn uns allerdings die Gefühle übermannen, fällt uns Impulskontrolle richtig schwer.

Wir sind unaufmerksamkeitsblind

Wir sehen das, was unser Gehirn will. Für das meiste um uns herum sind wir blind und taub. Womöglich hat jemand schon mal den folgenden Test mit Ihnen gemacht: Beantworten Sie bitte, ohne jetzt hinzusehen, die Frage, ob Ihre Armbanduhr römische, arabische, zwölf oder vier oder gar keine Ziffern hat. Obwohl Sie schon unendlich oft auf die Uhr geschaut haben, wissen Sie es wahrscheinlich nicht. Nun schauen Sie auf Ihre Uhr, um diese Frage zu beantworten. Fragt man Sie danach, wieviel Uhr es jetzt ist – wissen Sie auch dies nicht. Hirnforscher nennen das die Unaufmerksamkeitsblindheit, laut Wikipedia die Nichtwahrnehmung von Objekten, bedingt durch die eingeschränkte Verarbeitungskapazität des menschlichen Gehirns.

Bei einem Experiment des britischen Psychologen Richard Wiseman wurde dies besonders deutlich. Er gab einer Gruppe von Testpersonen eine Zeitung mit der Bitte, die Fotos darin zu zählen. Die meisten Versuchskaninchen brauchten dafür etwa zwei Minuten. Das Verblüffende war, dass kein Einziger die Überschrift sah, die auf der zweiten Seite in Großbuchstaben prangte: HÖREN SIE AUF ZU ZÄHLEN – ES SIND 43 FOTOS IN DIESER ZEITUNG! Mitten in der Zeitung hatte Wiseman eine zweite riesige Überschrift platziert: HÖREN SIE AUF ZU ZÄHLEN. SAGEN SIE DEM VERSUCHSLEITER, DASS SIE DIESEN SATZ GELESEN HABEN, UND KASSIEREN SIE DAFÜR 100 PFUND! Keiner der eifrig zählenden Probanden nahm diese frohe Botschaft zur Kenntnis.[27]

Die Folge daraus für die Kommunikation: Weniger statt mehr Stimuli bieten! Und entsprechend gilt für Onlineshops: Ordnung schaffen! Unser Hirn mag es übersichtlich, aufgeräumt und so einfach wie möglich. Was nicht im Zentrum unserer Aufmerksamkeit steht, wird vom Hirn weggeblockt. Der berühmte YouTube-Film mit dem verkleideten Gorilla ist ein gelungenes Beispiel dafür.[28] Ganz ähnlich ist das beim Hören. Das meiste um uns herum hören wir nicht. Und viel Gehörtes haben wir sogleich wieder vergessen.

Je mehr Emotionen, desto mehr Aufmerksamkeit – und desto höher ein Kaufreiz!

Je mehr Emotionen, desto mehr Aufmerksamkeit – und desto mehr Erinnerung. Oft wiederholte oder mit intensiven Gefühlen verbundene Erfahrungen sind in unserem Hirn tief eingebrannt und finden daher besondere Beachtung. Um eine Veränderung herbeizuführen, also beispielsweise etwas zu erwerben, ist ein gehöriger Erregungsgrad der emotionalen Zentren vonnöten. Ein schwacher Erregungszustand bedeutet: kann, muss aber nicht. Ein starker Erregungszustand heißt: unbedingt kaufen!

Was neu ist oder »laut« daherkommt, findet im Konzert der Neuronen besonderen Anklang. Altbekanntes hingegen verursacht nur noch ein leises Hintergrundrauschen. Erst wenn ein Angebot uns ein richtig gutes Gefühl verspricht, wenn eine Erfahrung überaus positiv ist oder ein Ereignis den Kick des Besonderen verheißt, werden wir plötzlich hellwach. Und nur dann ist unser Oberstübchen bereit, sich aus Routinen zu lösen und Neues zu wagen. Das geht im Gehirn mit einem komplexen Umbau der »Verdrahtungen« einher. Von daher ist es kein Wunder, dass Veränderungen oft so mühsam anmuten und dass sie auch Zeit brauchen, damit sie gelingen. Davon kann jeder, der in Unternehmen mit Change-Management zu tun hat, ein Liedchen singen. Wenn ihm überhaupt nach singen zumute ist. Denn Emotionen und »Psychologengedöns« sind in vielen Unternehmen noch immer tabu.

Emotionen sind im Management leider verpönt

Es ist erstaunlich, wie cool und emotionslos Manager oft wirken wollen. Vor allem in Besprechungen zeigen Krawattenträger gern eine Maske aus Gleichgültigkeit und Indifferenz: ihr Pokerface. Okay, ein Pokerface mag beim Pokerspiel lebensnotwendig sein – und in schlechten Unternehmenskulturen wahrscheinlich auch. Doch im zwischenmenschlichen Kontakt ist es tödlich, sich nicht in die Karten schauen zu lassen. Denn Emotionslosigkeit macht unberechenbar. In Leerräumen fehlender Klarheit helfen nur Annahmen weiter, man reimt sich die Dinge zusammen. So entstehen Mutmaßungen und Gerüchte mit manchmal verheerenden Folgen. Menschen hoffen zwar immer auf das Beste, befürchten aber viel öfter das Schlimmste. Deshalb sind Pokerface-Manager auch Energieräuber. Sie nehmen allen in ihrem Umfeld die Kraft und zehren sie aus wie Vampire. So kommt es, dass in Pokerface-Unternehmen alles so blutleer wirkt.

Menschen mit kalten Zahlen und nackten Fakten zu betören, das ist nicht nur schwierig, sondern nahezu unmöglich. Mit Kühle, Unnahbarkeit, Nüchternheit und Abgeschlossenheit lässt sich kein Vertrauen aufbauen. Emotionen sind Signale, damit jeder weiß, in welche Richtung es geht. Der wahre Profi platziert also seine Botschaft nicht über Zahlensalat und nüchterne Fakten, sondern über Beispiele, Anekdoten und kluge Metaphern.
Erst gute Gefühle bringen unser Wollen so richtig in Fahrt.

Und wer genauer hinsieht, der weiß: Gerade in den scheinbar so kühlen Managementetagen herrscht Emotion pur: Statussymbole, Grabenkriege und gockelhaftes Getue sprechen eine deutliche Sprache. Für die Persönlichkeitsstruktur von Führungseliten sind Privilegien, Prestige, Macht und Kontrolle ausgesprochen lohnende Motive. Das Ergebnis:

> **Jede noch so knallhart anmutende Entscheidung in Chefbüros ist durch Emotionen geleitet.**

Jede noch so knallhart anmutende Entscheidung in Chefbüros ist durch Emotionen geleitet, auch wenn die meisten Manager dies vehement abstreiten würden.

Tatsächlich ist rationales Verhalten in Unternehmen noch seltener anzutreffen als bei Privatpersonen. Denn zu den ureigenen Irrationalitäten (Ego, Illusionen, »blinde Flecken«) und persönlichen Interessen (Karriere, 7er-BMW, Familie, Eigenheim) gesellen sich zwei zusätzliche Phänomene: Gruppenzwänge und strukturelle Zwänge.

○ Gruppenzwänge: Menschen tendieren dazu, sich der Mehrheit in einer Gruppe anzuschließen. Sie folgen der Herde und tun, was andere tun. Ihre eigenen Meinungen verlieren sie dabei oft aus den Augen. Oder sie ordnen sie – mehr aus Angst als aus Einsicht – dem allgemeinen Konsens unter. Bloß nicht anecken, heißt die Devise, und sich alle Optionen offenhalten. So folgen Mitarbeiter oft nahezu blind genau dem, was der Chef für das Beste hält. Schon dessen »Haben Sie nichts Besseres zu tun?« erstickt jedes zarte Ideenpflänzchen im Keim. Und sein »Also, ich persönlich hab damit gar nichts am Hut!« zerstört selbst den glorreichsten Innovationsansatz. So züchtet er sich eine Jasagertruppe, in der alle nach seiner Pfeife tanzen – manchmal ohne dies wirklich zu wollen. Aber dort, wo Querdenker wie Quertreiber behandelt werden, wird sich bald niemand mehr aus dem Fenster hängen. Als einsamer Rufer in der Wüste lebt sich's nämlich gefährlich. Mitten in der Gruppe aber ist es richtig gemütlich. Und ziemlich sicher.

○ Strukturelle Zwänge: Hierbei handelt es sich um innerbetriebliche Konstellationen, die ein rationales Vorgehen nahezu unmöglich machen. Dazu gehören hierarchische Abhängigkeiten, politische Machtspiele, Zweckkoalitionen, gemeinsame »Leichen im Keller« sowie das Arbeiten mit Planzahlen, Jahresbudgets und Incentive-Programmen. Manche gesetzten Ziele sind nur mit unlauteren Mitteln zu schaffen. Ein Budget darf selbst dann nicht überschritten werden, wenn dies noch so vernünftig wäre. Damit aber auch nichts davon verfällt, wird es kurz vor dem Stichtag für die schwachsinnigsten Dinge verprasst. Liegt man hinter den Planzahlen zurück, die rein willkürlich festgesetzt wurden, hui, das gibt Ärger. Doch überschreiten sollte man sie besser nicht, dann würden sie im Jahr darauf nur noch weiter nach oben gesetzt. Wenn es um Gratifikationen geht, öffnen sich Tür und Tor für Lug und Betrug. Denn dicke Bonuszahlungen sind wie kapitale Zwölfender. Weil nur die Besten sich mit solchen Trophäen schmücken können, sind sie eine faszinierende Beute. Rational? Egal! Nach mir die Sintflut!

Zudem ist die derzeitige Entscheidergeneration nahezu vollständig auf eine prozesshafte und technokratische Bewältigung von Aufgaben getrimmt. Und jetzt, da alle Welt weiß, welch wichtige Rolle Emotionen spielen, fangen sie an, von »Emotional Engineering« zu reden. Wie bitte? Sie wollen die Welt der Emotionen regeln, steuern und automatisieren? Emotionen lassen sich nicht wie Maschinen zerlegen. Allenfalls ist es möglich, mithilfe von Empathie, trainierter Intuition, Wissen aus der Hirnforschung und gesundem Menschenverstand Hypothesen zu bilden. Darin müssten die Manager endlich intensiv ausgebildet werden. »Der intuitive Geist ist ein heiliges Geschenk, und der rationale Geist ein treuer Diener«, hat schon Albert Einstein gesagt.

Die Menschen sind alle verschieden

Individuelle Bedürfnisse und Motivlandschaften leiten, geschürt durch Emotionen, unsere Einstellungen und unser Verhalten. Dabei gibt es eine ganze Palette von Bedürfnissen, an die man kommunikativ andocken kann. Hier will ich einige nennen:

○ Sorglosigkeit: zeugt vom Wunsch nach Bequemlichkeit, Ruhe und Entspannung

○ Sicherheit: durch Kontrollmöglichkeiten, Routinen und
  Stabilität
○ Verbundenheit: lässt sich durch gruppenkonformes Verhalten,
  Wohlwollen und Treue herstellen
○ Selbstdarstellung und Status: sich schmücken und prahlen
  können
○ Wettbewerb: gegen andere gewinnen, sich also als besser
  erweisen
○ Spieltrieb: Spaß haben oder als kreativer Schöpfer agieren
○ Jagderfolg: Beute machen, Schnäppchen ergattern, Erster sein
○ Helfen wollen: Sinn finden, indem man sich nützlich macht
○ Mitteilungsbedürfnis: gehört werden und beeinflussen wollen
○ Wertschätzung und Anerkennung erlangen, also geachtet
  sein und / oder Bewunderung empfangen
○ Autonomie, Selbstverwirklichung und Unabhängigkeit
○ Wohlbefinden: sich etwas gönnen und gut behandelt werden

Bei all dem ist eines ganz klar: Unser Hirn favorisiert anstrengungs-
lose Informationsverarbeitung. Und es ist ständig auf der Suche
nach Risikominimierung. Positive Erfahrungen hingegen versucht
es zu wiederholen. Denn unser Hirn liebt das Happy End. Deshalb
hat es das Bestreben, Unsicherheit in Sicherheit und Fremdartiges
in Vertrautes zu verwandeln. Kompliziertes und Komplexes muss
leicht decodierbar sein. Was wiedererkannt und als ungefährlich
eingestuft wird, erhält den Vorzug. Deshalb kaufen wir Bekanntes
und auch immer wieder das Gleiche so gern.

Routinen entlasten und machen unserem Oberstübchen die Arbeit
ganz leicht. Deswegen fällt es immer dann, wenn es nicht hoch-
aktiv sein muss, in den Energiesparmodus. Die meisten Dinge, die
wir tagtäglich tun, werden vollautomatisch getan. Wir müssen
nicht darüber nachdenken, wie wir atmen oder eine Treppe hoch-
steigen, das macht unser neuronaler Autopilot. Und wenn uns zu
viele Reize auf einmal fluten, verengt unser Gehirn den Wahrneh-
mungskorridor. Tunnelblick nennt man das auch.

Nun sind die Menschen alle verschieden, denn jedes Hirn ist anders gebaut. Einige sehen in jedem »Neu« eine Verheißung. Andere sehen darin nicht Chance, sondern Gefahr. Auch geschlechterspezifische Aspekte sind zu beachten. Ferner verändert sich, wie wir schon sahen, im Laufe des Lebens die Struktur des Gehirns.

Menschen wollen sich glücklich kaufen

Das *Wollen* der Kunden ist mächtig, wenn man weiß, wie es zu gewinnen ist. »Ein jeder Wunsch, ist er erfüllt, kriegt augenblicklich Junge«, hat Wilhelm Busch einmal gesagt. Wieso das so ist? Unser Hirn ist auf Zuwachs gepolt. Und Menschen wollen sich glücklich kaufen. Wer sich dabei an die Emotionen des Kunden richtet, wird den schlagen, der auf die reine Ratio zielt. Wie so was gelingt? Indem Sie *keine* Produktmerkmale verkaufen, sondern Problemlösungen und gute Gefühle. Banal? In den PowerPoint-Präsentationen des Vertriebs geht es nahezu immer um das Aufzählen von Produktmerkmalen – am liebsten per Bulletpoints. Und gerade in B2B-Verkaufsgesprächen wird ständig nur selbstherrlich darüber geredet, was das Produkt alles kann, und nicht darüber, was es für das Gegenüber tut.

Blättern wir beispielhaft durch das Prospektmaterial für einen Kran. Da steht er in seiner Herrlichkeit. Von unten fotografiert, schön und nagelneu ragt er beeindruckend hoch in den stahlblauen Himmel. Zahlen über Zahlen zeugen von der Ingenieurskunst des Herstellers und messen eitel seine Dimensionen. Das Führerhaus: leer! Niemand da, der dieses Prachtstück beherrscht. Dem frischgebackenen Kranführer mag es mulmig werden, denn sein Unterbewusstsein streikt. Das Ding ist ihm (noch) eine Nummer zu groß. Und was wird er sagen? »Zu teuer, das Teil. Und der alte tut's noch 'ne Weile.« Wie sich der Kran emotionalisieren lässt? Man bringt den Kranführer ganz groß raus, zeigt also, wie er den Kran souverän meistert und wie er sich dabei fühlt. In die Computersimulation sollte das Gesicht des potenziellen Kunden hineinmontiert werden.

Wie wichtig uns das eigene Foto ist, zeigt schon die nicht enden wollende Selfie-Manie.

Was Menschen in Wirklichkeit kaufen: die Erfüllung von Wünschen, Sorglosigkeit, Seelenfrieden ...

Doch nicht alles, was das Unternehmen kann oder ein Produkt zu leisten vermag, möchte der Kunde wissen und haben. Ihn interessiert wahrscheinlich nur eins: eine schnelle Lösung für seine »Painpoints« sowie die reibungslose Behebung eines akuten Problems. Was Menschen eben in Wirklichkeit kaufen: die Erfüllung von Hoffnungen, Sehnsüchten, Wünschen und Träumen plus Leichtigkeit, Sicherheit, Sorglosigkeit, ein Vertrauensverhältnis ohne Enttäuschungsgefahr, Wohlbefinden, Lebensqualität und Seelenfrieden. »Mein Steuerberater kann nicht nur Zahlen, er passt auch auf mich und mein Unternehmen auf«, hat mir kürzlich ein Kunde erzählt. Bingo, der hat es verstanden.

Zeit, Ruhe und Freiraum, so heißt der neue Luxus. Bequemlichkeit, Vereinfachung. Entlastung und Reduktion der Reizintensität kommen neuerdings noch hinzu, weil hierdurch der Spiegel des schädlichen Stresshormons Cortisol sinkt. Wer sich das alles kaufen kann und auch will, der schaut nicht aufs Preisschild – oder höchstens ganz nebenbei. Und er ist länger treu. Bei austauschbaren Produkten hingegen entscheidet immer der Preis. Denn dann ist der Preis das einzige Differenzierungsmerkmal.

Unternehmen, deren Angebote emotionalisierend, einzigartig und unkopierbar sind, werden über Preise höchstens am Rande verhandeln müssen. Wer einen Nachfragesog erzeugt, braucht nicht länger mit (Preis-)Druck zu verkaufen. Die Ware liegt da und lockt. Und die Leute sind ganz begierig darauf. Sie sind geradezu süchtig danach. Wie das kommt? Hirnregionen, die wir gleich näher kennenlernen, signalisieren uns, dass es wirklich wichtig ist, mit etwas Angenehmem weiterzumachen.

Nach dem ersten Ja muss deshalb für schnelle Wiederholungen gesorgt werden, damit aus Neuem Routinen entstehen. Im Sport und in der Schule nennt man das Üben. Durch ständiges Üben entsteht Perfektion. Und durch regelmäßige Kontakte und ständige Wiederkäufe entsteht Loyalität. Ähnlich wie bei einem Weg, der oft begangen wird, verstärken sich bei Wiederholungen die Nervenverbindungen. Dieselben Handlungen werden fortan, ohne darüber nachzudenken, automatisch ausgeführt. Auf die Kommunikation übertragen bedeutet dies, den Kunden zügig zu weiteren Käufen zu führen. Es ist bekannt, dass die Schwelle, einen Anbieter zu wechseln, mit der Anzahl der getätigten Käufe sinkt.

So hatte ein Onlineshop-Betreiber festgestellt, dass die Leute nach dem dritten Kauf begannen, ganz regelmäßig bei ihm zu bestellen. Daraufhin führte er Maßnahmen ein, um so schnell wie möglich diese loyalitätsentscheidenden ersten drei Käufe zu initiieren. Er wusste: Wiederholungen mit ausbleibenden Enttäuschungen schaffen Vertrauen und schwächen den Wechselimpuls. Wenn nicht wenigstens ab und an Tuchfühlung aufgebaut wird, bröckelt die Verbundenheit und geht schließlich völlig verloren. In gleichem Maße steigt die Anfälligkeit für »aushäusige« Kontakte.

Die wichtigsten Punkte im Emotionsmanagement

Erst seit wenigen Jahren können Hirnforscher dem menschlichen Gehirn direkt bei der Arbeit zuschauen. Anhand bildgebender Verfahren können sie vielfach bereits erkennen, wie die Entscheidung eines Versuchsteilnehmers ausfallen wird, noch bevor sie im Denkhirn ankommt und schließlich verkündet wird. Sie beobachten dabei vor allem die Aktivierung von Hirnarealen im limbischen System. Diese ältere und tiefer im Hirn liegende Struktur ist unser wahres inneres Machtzentrum und hat weitaus größeren Einfluss auf unser Verhalten als unser Groß- oder Denkhirn, der Neokortex.

Zum limbischen System gehören unterschiedliche Strukturen in verschiedenen Hirnregionen. Es sorgt unter anderem für das Entstehen von positiven und negativen Gefühlen, für die Gedächtnisorganisation sowie die Aufmerksamkeits- und die Bewusstseinssteuerung. Im Kontext dieses Buches interessieren uns dabei besonders:

○ die Insula und der Preisschmerz
○ die Amygdala, unser Gefahrenradar
○ das Belohnungszentrum und die Kauflust
○ Oxytocin, der Botenstoff für Verbundenheit
○ Spiegelneuronen und die Gabe der Empathie

Schauen wir uns diese fünf Bereiche unbedingt etwas genauer an.

Die Insula und der Preisschmerz

Schon gleich vorweg: Alle Geldentscheidungen sind in Wirklichkeit emotionale Entscheidungen, denn Geld ist eine hochemotionale Sache. Bei Männern dient es vorzugsweise dazu, ihren Status aufzupolieren. Wie das? Tiere kämpfen, um festzustellen, wer der Stärkere ist. Männer regeln das über teure Uhren, dicke Autos, Maßanzüge und einen Weber-Grill. All dies sind – neben Bildung, Expertise und Kennerschaft – Requisiten zur Inszenierung eines erfolgreichen Lebens. Doch in der jungen Generation verlieren die alten Statussymbole an Kraft. Stattdessen macht Eindruck, wer sich digital hochgerüstet hat. Denn mobile Devices sind die neuen Waffen des Mannes. Diese müssen natürlich technisch auf dem neuesten Stand und jederzeit einsatzbereit sein. So verbringt man mit deren Pflege viel Zeit. Selbstverständlich zeigt man auch gern, dass man seine »Waffen« beherrscht.

Doch ganz egal, was man kauft, immer findet im Hirn ein Zweikämpfchen statt. »Kauf das doch endlich!«, fordert das ungeduldige Belohnungszentrum. »Das ist aber viel zu teuer!«, jammert die

Vernunft. So zaudert unser Oberstübchen zwischen dem Verlangen nach einem Produkt und dem Verlustempfinden für Geld. Hierbei wird ein Hirnareal aktiviert, das auch für die Schmerzverarbeitung zuständig ist: die Insula. Sich von Besitz und damit auch von Geldscheinen trennen zu müssen, tut tatsächlich weh. Bei Kreditkarten- und Cybergeld ist das Schmerzempfinden schon weit weniger hoch, auch weil die Kosten sich in die Zukunft verlagern. So werden raffinierte Anbieter alles daransetzen, den Bezahlvorgang noch schmerzfreier zu machen. Kassenschlangen wird es bald nicht mehr geben. Die in den Produkten eingebauten Chips werden sich direkt beim Smartphone melden, das dann für die Bezahlung sorgt.

Je stärker das emotionale Nutzenversprechen, desto nebensächlicher wird der Preis. Wenn ein Unternehmen jedoch nichts Außergewöhnliches zu bieten hat, wenn seine Produkte austauschbar sind und wenn es am Service krankt, entscheidet der Preis. Dann soll es wenigstens billig sein. So trösten wir uns mit Sonderangeboten oder Rabatten über emotionale Mängel und Enttäuschungen hinweg; das Wort »Trostpreis« bekommt dann eine ganz andere Bedeutung. Was aber einzigartig ist, was uns betört und begeistert, darf ruhig etwas teurer sein.

Preisaktionismus hingegen führt in die Todeszone. Denn von Schnäppchen kann unser Hirn nie genug bekommen. Dennoch bleibt es latent unzufrieden. Denn wer weiß? »Vielleicht wäre noch mehr drin gewesen«, denken wir gierig und verlangen beim nächsten Mal noch niedrigere Preise. Viele Verkäufer sind reine Preisverkäufer. Ihre Verkaufsgespräche drehen sich nur um den Preis. Doch erstens: Billig verkaufen, das kann das Internet auch. Und zweitens: Wer immer nur über Preise spricht, der braucht sich nicht zu wundern, wenn die Kunden nur noch nach den Preisen fragen. Wer nichts weiß, macht es über den Billigpreis, und: Wer vom Preis lebt, stirbt mit dem Preis.

Wenn Preise mit uns reden

Oft sind es die falschen Glaubenssätze, aufgrund derer wir die falschen Dinge tun. »Kunden sind Rosinenpicker, sie sind immer dort, wo die besten Konditionen sind«, höre ich zum Beispiel die Händler sagen. Wer so was glaubt, der wird versuchen, alles über Billigangebote zu steuern. Und dann bekommt er am Ende genau die Kunden, vor denen er sich am meisten fürchtet: die Rosinenpicker. Preisaktionen wirken zwar, aber sie machen nicht treu. Wer nichts weiter zu bieten hat als Tiefstpreise und Sonderposten, der erzeugt höchstens eins: die Loyalität zum Schnäppchen. Doch Schnäppchenjäger sind Kaufnomaden. Sie kommen nur der günstigen Preise wegen. Gibt es diese mal nicht, ziehen sie schleunigst von dannen. So erklärt sich auch die geringe Kundenloyalität in Märkten, die sich im ständigen Preiskampf befinden.

Und klar ist wohl auch: Nicht jeder Kunde will billig kaufen. Der Billigpreis spielt oft eine viel geringere Rolle, als uns Medien und Verkäufer glauben machen. »Billig-Billig« ist mit einem Verrohen der Sitten, mit einem Verfall von Dienstleistungsqualität (Service ist teuer!) und mit Vertrauensschwund (»Hätte ich das nicht irgendwo nächste Woche noch billiger bekommen können?«) verbunden. Preisdumping kann sogar lebensbedrohlich werden: für den Konsumenten – und für das Unternehmen. Denn in vielen Branchen ist der Preis der Ertragstreiber Nummer eins. Die meisten Firmen beherrschen allerdings weder Kosten noch Preise, sondern werden von den Preisen beherrscht, die der Markt oder die Konkurrenz vorgeben. So liefern sich ganze Wirtschaftszweige Preisschlachten mit verheerendem Ausgang. Doch Preisdumping ist nur ein Ausdruck von Ideenlosigkeit und mangelhafter Beschäftigung mit dem, was die Kunden wirklich bewegt – rational und emotional.

Sonderpreisaktionen, Rabattsymbole und Schnäppchen stellen für unser Gehirn eine Belohnung dar. Es handelt sich quasi um Beute. Doch Beute ist rar. Futterneid kommt noch hinzu. Wollen andere

etwas unbedingt haben, steigert dies den Jagd-
trieb erheblich. Knappheit verstärkt diesen Effekt. Deswegen heißt es: Auf in die Schlacht,
jetzt oder nie! So erklärt es sich auch, weshalb **Sonderpreis-**
die Vernunft bei Schnäppchen so häufig ver- **aktionen, Rabatt-**
sagt und wieso man Kunden mit Schnäpp- **symbole und**
chen geradezu willenlos machen kann. **Schnäppchen**
stellen für unser
Dies zeigt ein Experiment mit Rabattschil- **Gehirn eine**
dern, das Mitarbeiter des Hirnforschers Chris- **Belohnung dar.**
tian E. Elger im Kernspintomografen durchführ-
ten. Dabei spielten die Forscher den Probanden
Bilder bekannter Markenprodukte auf den in eine
Spezialbrille eingelassenen Monitor. Neben den Produkten standen Preise, mal günstig, mal überhöht. Ab und
zu leuchtete ein gelb-rotes Rabattschild auf, allerdings nicht immer beim günstigsten Preis. »Würden Sie dieses Produkt kaufen?«,
fragte eine Stimme vom Band. Und die eingezwängt liegenden Probanden taten genau das, was Konsumenten auch in einer echten
Kaufsituation tun: Sie griffen zum überteuerten Produkt – nur wegen des Rabattschilds. Es hat den Preisschmerz besiegt.

Wie sich der Preisschmerz überlisten lässt

Gibt es neben dem simplen Rabatt noch andere Wege, um dem
Preisschmerz ein kommunikatives Schnippchen zu schlagen? Ich
nenne zunächst weitere vier: Zugaben, Packaging, Ankerpreise
und Priming.

○ Zugaben in Form von Gratisleistungen, Gutscheinen, Prämien
und Sammelpunkten lassen unser Hirn sehr empfänglich für
ein Angebot werden. Solche Geschenke unterliegen dem Rezi-
prozitätseffekt von Geben und Nehmen. Dieser Rückzahlungs-
mechanismus sorgt dafür, dass wir Geschenke mit Geschenken
belohnen. Denn wir fühlen uns dem Geber verpflichtet. Außer-

dem kommt man mit Draufgaben raus aus dem aggressiven Rabattgezerre. Und der Verkäufer verwandelt sich vom Gegner in einen Freund.

○ Unter »Packaging« versteht man die Bündelung mehrerer Einzelleistungen zu einem Gesamtpaket. Das kann ein All-inclusive-Preis im Hotel ebenso sein wie eine prall gefüllte Schultüte für Abc-Schützen oder die Sparpaket-, Normalpaket- und Luxuspaket-Varianten beim Autokauf. Solche Angebote sind aus zwei Gründen sehr beliebt. Erstens: Den jeweiligen Einzelpreis können wir nicht erkennen und somit auch keine »Einzelschmerzen« erleiden. Und zweitens, was fast noch wichtiger ist: Paketangebote erlösen uns aus dem meist un-angenehmen Auswahl- und Entscheidungsstress.

○ Ankerpreise leben von dem Phänomen, dass unser Hirn einen Vergleichsrahmen braucht. Ohne Bezugspunkt kann es nämlich kein Urteil fällen. Die richtige Inszenierung spielt dabei eine große Rolle. Werden zum Beispiel im Zuge eines Beratungs-gesprächs drei verschiedene Preisvarianten neutral präsentiert, entscheiden sich Kunden meist für die mittlere. Denn in der Mitte liegt man am wenigsten falsch. Werden hingegen nur zwei Preise genannt, entscheidet sich ein Großteil der Kunden für die billigere Variante. Oder für die, die am meisten gewählt wird, wenn man ihnen dies sagt. Die teurere Version wird nur dann präferiert, wenn der höhere Preis einen erheblichen Presti-ge- oder Qualitätszuwachs verspricht. Wie wenig rational dies alles ablaufen kann, zeigt der Verhaltensökonom Dan Ariely in einem seiner Experimente. Zunächst sollten seine Wirtschafts-studenten die zwei Endziffern ihrer Sozialversicherungsnum-mer nennen. Danach legte er ihnen verschiedene Produkte vor. Sie sollten sich entscheiden, wie viel sie für das jeweilige Produkt ausgeben wollten. Die Studenten mit den hohen End-ziffern waren bereit, die teuersten Preise zu zahlen. Die hohe Zahl diente hierbei als Anker.

O Beim Priming geht es um einen geschickt gewählten ersten Preis. Wie das geht? Sie nennen, sozusagen als Schocker, zunächst einen sehr hohen Preis (»Im teuersten Fall …«), sodass das zweite, deutlich günstigere Angebot plötzlich in den Bereich des Machbaren rückt. Legendär ist die Geschichte des kleinen Pfadfindermädchens Markita Andrews. Sie stellte einen Keksverkaufsrekord auf, der nie mehr gebrochen wurde. Wie sie das machte? Wenn sie an einer Tür klingelte, bat sie zunächst um eine Spende an die Pfadfinderinnen in Höhe von 30 000 US-Dollar. Natürlich ging niemand auf diese Bitte ein. Fragte die Kleine dann aber, ob die Betreffenden nicht wenigstens eine Dose Pfandfinderkekse kaufen wollten, sagte fast niemand Nein.

Zugaben, Packaging, Ankereffekte und Priming – schön und gut! Doch den höchsten Anreiz zum Handeln bekommen Menschen durch gute Gefühle. Dieser Weg führt zudem nach oben, in die erfreuliche Gewinnzone. »Wo Emotionalität ist, kann man auch Marge machen«, bestätigt Torsten Toeller, Geschäftsführer von Fressnapf, einem der erfolgreichsten Franchise-Unternehmen europaweit. Wie neurowissenschaftliche Tests festgestellt haben, erzeugen angenehme Gefühle ein verstärktes Verlangen nach einem begehrenswerten Produkt, verbunden mit einem geringeren Verlustschmerz für Geld. Der Rausch des Habenwollens besiegt die Vernunft.

Im warmen Licht der Begeisterung verblasst der Preis. Für durch und durch gute Gefühle sind Menschen sogar bereit, tief in die Tasche zu greifen. Denken Sie nur mal an Ihre Spendierfreude im Urlaub oder Ihre Zahlungsbereitschaft für den Hauch von Nichts im Wäschegeschäft. Oder denken Sie an die Prachtbauten der Konzerne und die Ausstattung der Chefbüros im obersten Stock. Was zeigt: Inves-

> **Für durch und durch gute Gefühle sind Menschen bereit, tief in die Tasche zu greifen.**

titionen im Gegenzug für Emotionen spielen gerade im Business eine ganz große Rolle. In einem stark emotionalisierten Zustand sind nicht nur Frauen, sondern gerade auch Männer bereit, tief in die Tasche zu greifen. Das glauben Sie nicht? Dann schauen Sie doch bitte mal auf Ihre Armbanduhr. Die eigentliche Leistung, nämlich die Zeit korrekt anzuzeigen, können Sie für zehn Euro kaufen. Den ganzen Rest haben Sie – wahrscheinlich sogar sehr gern – für nichts als gute Gefühle bezahlt. Je teurer die Uhr, desto mehr Selbstvergewisserung, desto mehr Abgrenzung, desto mehr Bedeutsamkeit. Und desto mehr ist man auch Herr über die Zeit.

Die Amygdala, unser Gefahrenradar

Wenn wir Angst haben, ist im Gehirn die Amygdala in Aktion. Im Deutschen »Mandelkern« genannt, ist sie eine paarweise vorhandene, kaum daumennagelgroße Struktur im limbischen System. Sie erhält und verarbeitet vollautomatisch Impulse aus sämtlichen Sinnessystemen. So kommt es, dass wir Richtig und Falsch nicht nur erkennen, sondern auch spüren. Bei allem, was dem Strom des Üblichen nicht entspricht, schaltet sie auf Alarm. Unsere Sinne gehen auf »Hab acht«: Ist das, was uns aus unserer Routine gerissen hat, gut oder wird es uns schaden? Sie untersucht alles, was auf uns einwirkt, höchst wachsam auf emotional wichtige Faktoren, auf bedrohliche Situationen und potenzielle Gefahren. Sie registriert jede Bewegung und hört das schier unhörbare Rascheln im Gebüsch.

Unser Überleben hängt von einem blitzschnellen Alarmsystem ab. So spürt die Amygdala Bedrohungen kommen und sorgt, ohne dass unser Denkhirn daran beteiligt ist, blitzschnell für die passende Reaktion: panikartige Flucht, dosierter Angriff oder atemloses Erstarren. All dies wird unterhalb der Wahrnehmungsschwelle unseres Bewusstseins mithilfe von Stresshormonen erledigt. Wir spüren nur das Ergebnis: Angst oder Furcht, Zorn oder Wut, Zögern und Zagen – je nachdem.

Angst kann übrigens auch mit positiven Gefühlen verbunden sein. Das nennen wir dann Nervenkitzel. Der zieht all diejenigen in seinen Bann, die Wagnisse eingehen, um ihre Grenzen auszuloten. Adrenalinjunkies eben. Nervenkitzel befällt aber auch diejenigen, die im Fernsehsessel einen Thriller verfolgen. Weil der Kortex weiß, dass real keine Gefahr besteht, haben wir Spaß an der Angst.

Freund oder Feind?

Immer wenn zwei Menschen aufeinandertreffen, entscheidet unser limbisches System ohne unser Zutun und in rasender Geschwindigkeit: Freund oder Feind. Warum so eilig? Auf den allerersten Blick müssen wir erkennen können: Bringt der andere uns Gutes oder droht uns Gefahr? Ohne dass wir so recht wissen, warum, finden wir eine neue Bekanntschaft schon nach wenigen Momenten sympathisch oder auch nicht. Wie das kommt? Innerhalb weniger Millisekunden wird unser Vertrautheitsgedächtnis abgegrast und mit gespeicherten emotional konditionierten Vorerfahrungen abgeglichen: »Menschen mit Goldrandbrille sind intelligent. Die kennen sich aus, denen kannst du vertrauen.« Oder: »Der da sieht aus wie dein Klassenlehrer und der war immer irgendwie hinterhältig.« Auch wenn solche Urteile oft unberechtigt sind oder sogar auf die falsche Fährte führen: Das System als solches ist Gold wert. Denn in akuten Gefahrenmomenten springt unser Denkhirn viel zu langsam an, um den Körper in Alarmbereitschaft zu versetzen. Die Intuition, gespeist aus der Summe aller emotional markierten Erfahrungen, ist schneller als der Verstand.

Neurobiologisch ist unser Gehirn auf gute soziale Beziehungen geeicht. Die These vom Social Brain zeigt gerade im Web ihre volle Wirkung. Sie besagt, dass Menschen nicht primär auf Egoismus und Konkurrenz ausgerichtet sind, sondern auf Zusammenarbeit und zwischenmenschliche Bande. Gut mit anderen auszukommen und zu kooperieren, wird vom Gehirn sogar belohnt. »Warm glow« nennen Forscher das Gefühl, das uns dann überkommt. Es

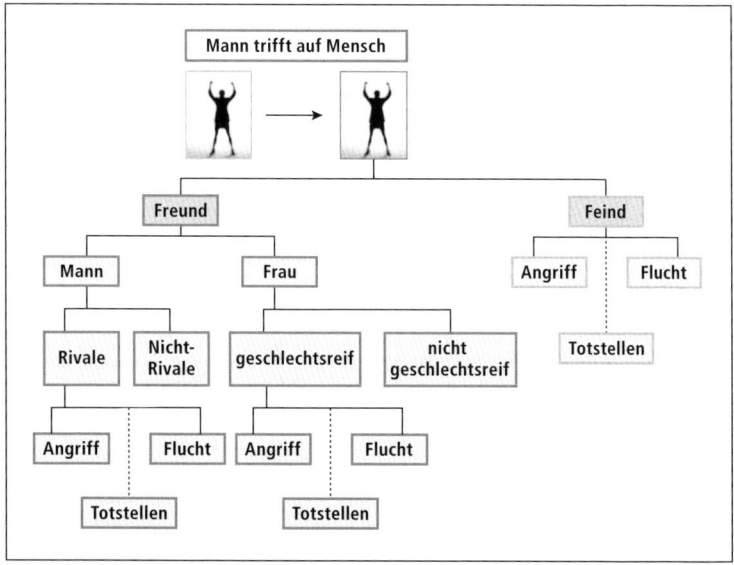

Abb. 4: Mann trifft Mensch – und in Bruchteilen von Sekunden und völlig unbewusst fällt das limbische System Entscheidungen

wird einem warm ums Herz und das Wohlbefinden steigt, wenn wir prosoziales Verhalten zeigen.

Deshalb sucht die Amygdala ohne Unterlass nach freundlichen Gesten – aber auch nach finsteren Gestalten. Unaufhörlich interpretiert sie die Bedeutung nonverbaler Mitteilungen über Gestik und Mimik. Gesichter sind ihr dabei besonders wichtig. Denn selbst die kleinste Erregung erzeugt Mikrobewegungen, die sie decodiert. Ferner sondiert sie jede noch so leise Veränderung in der Stimme. Zudem erschnuppert sie Absichten in unserem Schweiß. So versorgt sie uns mit einem steten Fluss von Informationen: Das hat ihn interessiert … Das hat ihn gelangweilt … Das machte ihn nachdenklich … Da zögerte er … Jetzt sieht es so aus, als ob er gleich Ja sagen wird … Halleluja, geschafft!

Abhauen, draufhauen oder totstellen?

In Situationen, die mit Angst, Wut, Stress und Bedrohung verbunden sind, erfordert es unseren ganzen Willen, sich dem Reflex von Angriff oder Flucht zu entziehen. Denn unser Körper ist vollgepumpt mit Stresshormonen und bereit, die Keule zu schwingen. Da wir nun nicht mehr im Urwald leben, benutzen zivilisierte Kopfarbeiter des 21. Jahrhunderts meistens verbale Keulen, und zwar je nach Situation und Adrenalinspiegel mehr oder weniger subtil. Die zugefügten Verletzungen sind seelischer Natur – und bisweilen viel tiefer als eine körperliche Wunde. Und sie heilen oft schwerer.

Was unser Hirn letztlich treibt, ist das Vermeiden von Schmerz und die Suche nach Belohnung. Unter positiven Umständen lernt und verinnerlicht es besser, sodass unsere Erinnerungs- und Merkfähigkeit steigt. Hingegen wird die Aufnahme von Neuem durch Unsicherheit und Stress behindert. Negatives lähmt. Angst paralysiert und macht dumm. Die Erklärung dafür ist einfach: Bei Angst und Bedrohung sind die Verbindungsstellen entlang der Nervenbahnen, die sogenannten synaptischen Spalten, blockiert. Dort können die Hirnströme nicht mehr ungehindert fließen und dann können wir nicht mehr logisch denken. Die Folge: ein Blackout. Wir fangen an zu stottern, bekommen Lampenfieber oder versagen im Moment einer wichtigen Prüfung. Angst ist stärker als jede Vernunft. Erst wenn das Adrenalin aus dem Blut verschwunden ist, wird der Kopf wieder klar.

Angst ist der größte Erfolgskiller.

In Urzeiten war dieser Mechanismus sinnvoll, denn langes Nachdenken im Moment großer Gefahr wurde schnell mit dem Leben bezahlt. Heute ist es genau umgekehrt. Blackouts im Business können tödlich sein. Über Angst, Unbehagen und Stress zu verkaufen, ist deshalb genauso falsch, wie über Angst, Druck und Schrecken zu führen. Beides mag zwar zu kurzfristigen Erfolgen führen, auf Dauer ist es aber zerstörerisch. Denn Angst ist der größte Erfolgskiller. Und Angst verstärkt sich im Dunkeln. Ein wesentliches Ziel sollte die gesamte Kommunikation also haben: transparent, offen und ehrlich zu sein. Und darüber hinaus: Bei allem, was Sie tun, tun Sie es so, dass Sie die Menschen so schnell wie möglich aus ihren Ängsten, Sorgen und Nöten befreien.

Jemanden in Furcht und Angst zu versetzen, ist Körperverletzung. Angst- und Schmerzinformationen haben zudem im Hirn immer Vorfahrt. Sie können jedes noch so freudige Ereignis aus dem Bewusstsein verdrängen. Das betrifft übrigens physische ebenso wie psychische Schmerzen. Geht es uns schlecht, wirkt die Welt grau in grau. Die Wissenschaft kennt das als negative Prädisposition. Selbst auf Positives fällt dann ein dunkler Schatten. Schon ein einziges negatives Wort trübt, wie Untersuchungen ergeben haben, unsere Stimmung ein und lässt auch Kauflust versanden. Pflegen Sie also Gewinnersprache, drücken Sie sich positiv aus!

Gute Gefühle machen unser Hirn entscheidungsfreudig. Dabei wird das euphorisierende Dopamin vermehrt ausgeschüttet und das Ja-Sagen fällt leicht. Dies umso eher, je mehr das Hirn auf positive Erfahrungen zurückgreifen kann. Sobald nämlich eine Entscheidung ansteht, starten riesige Neuronenverbände in rasender Geschwindigkeit die Suche nach gespeicherten Vorerfahrungen. Aus dem Abgleich mit der emotional markierten subjektiven Erinnerung resultiert dann ein Entweder-oder.

Wer sich mit der Amygdala seines Gesprächspartners anfreunden will, dem sei vor allem auch eines empfohlen: Authentizität. Ein Lügner reagiert mit seinem emotionalen Ausdruck um etwa zwei Zehntelsekunden langsamer, er muss diesen ja zunächst noch »denken«. Diese Verzögerung verrät die Absicht. Aus dem gleichen Grund funktioniert auch die von manchen Trainern so heiß gepriesene bewusst herbeigeführte Imitation (Einnehmen der gleichen Sitzhaltung etc.) nicht wirklich. Eine gut trainierte Amygdala

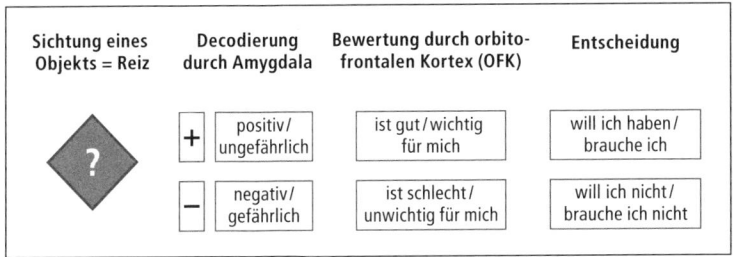

Sichtung eines Objekts = Reiz	Decodierung durch Amygdala	Bewertung durch orbito-frontalen Kortex (OFK)	Entscheidung
?	**+** positiv/ ungefährlich	ist gut/wichtig für mich	will ich haben/ brauche ich
	– negativ/ gefährlich	ist schlecht/ unwichtig für mich	will ich nicht/ brauche ich nicht

Abb. 5: Vom Reiz zur Entscheidung – was passiert im Gehirn?

schöpft rechtzeitig Verdacht. Sie entlarvt Falschheit und bösartige Manipulation – und reagiert mit einem Rückzugsprogramm.

Das Belohnungszentrum und die Kauflust

Eigentlich ist alles ganz einfach. Unser Hirn will überleben. Zu diesem Zweck arbeitet es, wie wir schon sahen, nach zwei Prinzipien:

O Weg von allem Negativen, das an Leib und Leben bedroht
O Hin zu allem Positiven, das Freude, Lust und gute Laune verspricht

Deshalb bevorzugt unser Oberstübchen freundliche Gesichter, schöne Worte und positive Beziehungen. Sein ultimatives Ziel ist die Überführung von genetischem Material in die Zukunft. Von daher belohnt es uns für erfolgreiches Verhalten mit der Ausschüttung eines Cocktails von Glückshormonen. So suchen wir zielstrebig nach Merkmalen, die uns das Gefühl geben, die bestmögliche Entscheidung gefällt zu haben.

Zu diesem Zweck ist unser Denkapparat mit zwei Belohnungszentren ausgestattet: eines für die Vorfreude und eines für die Nachfreude. Die Vorfreude drückt sich in Verlangen aus. Sie gibt uns den

Wir haben zwei Belohnungszentren: eines für die Vorfreude und eines für die Nachfreude

Antrieb, ein begehrenswertes Ziel tatsächlich erreichen zu wollen. Das Belohnungserwartungssystem signalisiert also: Vergnügen voraus. Deshalb muss es vor allem dort, wo Wartezeiten unumgänglich sind, regelmäßig befeuert werden. Der Adventskalender ist ein sehr geglücktes Beispiel dafür. Auch für diejenigen, die etwa auf bestellte Möbel, das Eigenheim, die Wiedereröffnung eines zu renovierenden Restaurants oder das selbst konfigurierte Auto längere Zeit warten müssen, sollte es so etwas wie einen vorfreudestimulierenden Countdown geben.

Das zweite Belohnungszentrum versorgt uns mit Hochgefühlen nach erfolgreich vollbrachter Tat. Es lässt uns Freudentänze tanzen. Es lässt Tränen der Seligkeit fließen. Und es lässt uns großherzig werden. Dieser Zustand kann, und das ist ganz leicht, weiter angeheizt werden. Leider ist es oft genau andersherum. »Sie werden Ihren Kauf nicht bereuen«, sagt die Verkäuferin in der Boutique. Bei Apple hingegen werden die, die ihr Objekt der Begierde ergattern konnten, euphorisch beklatscht. »Es war ein Vergnügen, Sie zu bedienen«, kann die Servicekraft sagen. »Es macht gute Laune, mit Ihnen zu telefonieren«, kann es am Telefon heißen. Im Modehaus Breuninger packt man den Kunden, die das wollen, auch Dinge, die sie »nur« für sich selbst kaufen, schön als Geschenk ein, damit sie das Auspacken zu Hause zelebrieren können.

Bei einem Optiker steht eine Klingel, wie man sie von verwaisten Hotelrezeptionen kennt. Hat ein Kunde eine Brille gekauft, bittet man ihn, daraufzuhauen. »Herzlichen Glückwunsch«, rufen die Mitarbeiter daraufhin fröhlich im Chor. Handwerker hingegen, die unsere Wohnung verschönern, zücken, sobald sie fertig sind, ein ernüchterndes Übergabeprotokoll, das mit einer dicken Rechnung droht. Schöner wäre es, sie würden unsere Nachfreude nähren. Bei einem Motorradhändler, den ich besuchte, wurden reparierte Maschinen in einem schmuddeligen Windfang übergeben. Besser wäre triumphale Musik, wenn der Besitzer stolz wie Oskar mit seinem Feuerstuhl die Werkstatt lautstark hinter sich lässt.

Alles, was uns einen unerwarteten Glücksmoment schenkt, zählt mindestens doppelt. Besser-als-erwartet-Überraschungen kommen dabei besonders gut weg. Wenn Sie eine Gehaltserhöhung in Höhe von 50 Euro erwarten und dann 100 Euro erhalten, sind Sie hocherfreut. Haben Sie 200 Euro erwartet, jedoch nur 100 Euro bekommen, hält sich das Entzücken über den an sich gleichen Betrag hingegen in Grenzen. Deshalb gilt in der Kommunikation: Lieber weniger versprechen und mehr erbringen. Viele Anbieter machen es leider genau andersherum. Wer aber etwas nicht halten kann, was er verspricht, sollte es besser erst gar nicht versprechen. Denn jedes nicht eingehaltene Versprechen schädigt einen Anbieter und seine Marken. Das betrifft zum Beispiel auch Slogans. »Nonstop you« von der Lufthansa ist so ein falsches Versprechen. Das Bordpersonal kann sich nicht vom Start bis zur Landung um jeden Passagier kümmern – schon gar nicht in der Economy-Klasse.

Glücksmomente machen uns süchtig

Beide Belohnungsteilsysteme sind von Natur aus auf Steigerung angelegt und werden von Glückshormonen befeuert. Diese körpereigenen Opiate, den Drogen chemisch sehr ähnlich, geben uns ein wohliges Gefühl, sie machen uns – je nach Art und ausgeschütteter Menge – glücklich, euphorisch, ekstatisch. Und sie machen uns süchtig. Davon wollen wir mehr. Diese Strategie der Natur hilft uns aber nicht nur, zu überleben, sie kann auch unsere Lebensqualität erheblich verbessern. So tun die Menschen am allerliebsten das, wofür eine Belohnung in Aussicht steht. Und damit ihnen der Verstand nicht dazwischenkommt, kann das Belohnungssystem diesen kurzzeitig blockieren.

Bei der Auswahl und im Kaufprozess siegt demnach das Produkt, dessen neuronales Feuerwerk uns das größte emotionale Wohlgefühl verspricht. »Ohne Belohnung kein Verhalten«, schreibt der Neuropsychologe Christian Scheier in seinem Buch *Codes*. Was nur gefällt, führt nicht zwangsläufig zu einer Aktion. Etwas, wofür eine Belohnung in Form eines guten Gefühls in Aussicht steht, hingegen schon. »Interessiert mich nicht« würde dann eigentlich heißen: Mein Belohnungssystem springt nicht darauf an.

Das, was uns Gutes verheißt, wollen wir also unbedingt haben, und zwar am liebsten sofort. Belohnungsaufschub ist für unser Hirn Schwerstarbeit und verlangt eine gehörige Portion an Impulskontrolle. Sehr schön zu sehen ist dies beim berühmten Marshmallow-Test des Psychologen Walter Mischel von der Stanford University.[29]

Der maßgebliche Treiber all dieser Prozesse? Es ist die süßeste Droge, die die Natur je erfunden hat. Ihr Name? Dopamin. Dopamin ist der Freudentaumel, das aufgekratzte Beflügeltsein, der siebte Himmel, Glückseligkeit pur. Dopamin kreiert eine positive Erwartungshaltung und erzeugt Verlangen. Denn Dopamin signalisiert, dass ein bestimmtes Verhalten Belohnung durch Lustgewinn verspricht und deshalb unbedingt ausgeführt werden sollte. So wird sichergestellt, dass wir die notwendige Energie für die nächste Herausforderung aufbringen. Die Evolution honoriert nämlich vor allem das Überwinden von Herausforderungen. Unsere Motivationssysteme werden erst hochgeschaltet, wenn wir uns um eine Sache verdient gemacht haben. Für das, was uns einfach so in den Schoß fällt, gibt es keine Momente des Glücks. Herausforderungen hingegen beflügeln. Der kurzzeitig damit verbundene Stress hat keine negativen Auswirkungen, ganz im Gegenteil. Er bringt uns in Hochform. Der Lohn fürs Lernen ist eine mächtige Droge: die Glückseligkeit, sich selbst übertroffen zu haben.

Dopamin und der Effekt der rosaroten Brille

Mit dem Erreichen hoher Ziele flutet das Hirn unseren Körper also mit Dopamin-Euphorie, was uns zunehmend leistungsfähig, unternehmungslustig, im positiven Sinne auch risikobereit und siegesgewiss macht. Und es prämiert unseren Einsatz mit dem Aufbau von Millionen von Hochleistungsneuronen. Das betrifft insbesondere Kopfarbeiter. Denn auch Geistesblitze werden von Dopamin begleitet. Dies führt zu einer Aktivierung großer Neuronenverbände und zu einer stärkeren Vernetzung der Lerninhalte.

In einer positiven Verfassung zu sein, hat weitere Vorteile. Wir werden offener und damit kreativer. Wir werden agiler und schreiten zur Tat. Und wir sehen die Welt wie durch eine rosarote Brille – so wie ein Verliebter, der nur die guten Seiten sieht und über kleine Schwächen milde hinwegschaut. Anhaltende Frustration hingegen sorgt dafür, dass Menschen ihren Ehrgeiz verlieren, weil die Dopaminproduktion verebbt.

Wenn das Belohnungssystem jubelt, hegen wir Zuversicht in unser Potenzial und glauben an die Aussicht auf Erfolg. Wir beschäftigen uns mehr mit dem Pro als dem Kontra. Deshalb sitzt im Gute-Laune-Modus das Portemonnaie auch so locker. Wem es gut geht, der öffnet sich für Informationen, verzeiht Patzer und verstreut Großmütigkeit. Niemand ist davor gefeit. So brachte eine Studie zutage, dass die Aussicht auf vorzeitige Haftentlassung statistisch gesehen nichts mit dem Alter, dem Geschlecht, der Art einer Straftat, der bisherigen Haftdauer oder der guten Führung eines Häftlings zu tun hatte. Vielmehr war die Tageszeit für den Schiedsspruch des Richters entscheidend. Wurde der Antrag gleich am Morgen, nach dem Mittagessen oder nach der Kaffeepause behandelt, lag die Chance auf ein Ja bei 65 Prozent. Kurz vor dem Mittagessen oder am späteren Abend ging sie hingegen nahe null.

Sobald wir wissen, was angenehme Gefühle bewirkt, wollen wir die entsprechenden Handlungen immer und immer wieder ausführen. Allerdings tritt bisweilen auch eine Gewöhnung ein. Dann muss der Reiz verstärkt werden. Im Touchpoint-Management ist also danach zu streben, durch die Wiederholung positiver Stimuli eine Art Suchtverhalten zu bewirken. Dann sollte es den Kunden so gehen wie frisch Verliebten: Sie haben nur Augen für die eine oder den einen. Alle anderen lassen sie kalt. Obwohl sie sie wahrnehmen, erscheinen ihnen die anderen nicht begehrenswert.

Dieser Hirnmechanismus funktioniert im Business natürlich genauso. Durch und durch loyalisiert, sind wir immun gegen den Wettbewerber. Seine Anmachversuche laufen ins Leere. Wir bemerken ihn nicht einmal. Wer einen solchen Dopamin-Kick erlebt, kauft nicht nur immer wieder bei »seinem« Anbieter ein, er teilt dieses Erlebnis auch wohlig mit Gleichgesinnten. Dabei findet er offene Ohren – und jede Menge Nachahmer. So kommt, wenn alles gut konstruiert ist und wunderbar läuft, eine Empfehlungswelle in Gang, die Anbieter und Marken auf der Beliebtheitsskala ganz weit nach oben spült. Ein Hype entsteht, der geradezu epidemische Ausmaße annehmen kann.

Oxytocin: der Botenstoff für Verbundenheit

Menschen sind verbundenheitssüchtig. Der biochemische Auslöser dafür heißt Oxytocin. Das auch gerne »Kuschelhormon« genannte Oxytocin erhöht unser Glücks- und Genusspotenzial. Es ist neurochemischer Balsam für unsere Seele, wirkt entspannend und auch gesundheitsfördernd. Verstärkt hergestellt wird es immer dann, wenn es zu einer Begegnung kommt, die feste Bindungen einleiten soll. Es macht Liebende unzertrennlich, bindet Eltern an ihre Kinder und schafft soziale Beziehungen.

Denn Menschen sind ihrem Wesen nach Netzwerkwesen, also sich sozial vernetzende Individuen. Unsere Hirne sind vor allem dafür gemacht, das Zusammenleben in einer Gruppe zu meistern. Die Akzeptanz einer schützenden Gemeinschaft ist für uns fundamental. Ausgestoßen zu sein, ist das Schlimmste, was uns passieren kann. Allein in der Wüste – der sichere Tod. Die unglücklichsten Menschen sind diejenigen, von denen niemand etwas will, die nicht gefragt sind und nicht gebraucht werden. Ein geachtetes Mitglied einer Gruppe zu sein: Das gibt uns Sicherheit und Geborgenheit. Deshalb wirkt Mobbing vor allem auf Frauen so lebensbedrohlich. Soziale Isolation ist eine der schlimmsten Strafen. »Du bist nicht allein« ist wohl das Tröstlichste, was man einem Menschen sagen kann. Ächtung hingegen kann Schmerzen wie bei einer körperlichen Verletzung erzeugen, weil beides in der Insula verarbeitet wird. Deshalb weinen wir, wenn jemand, der uns wichtig ist, uns verlässt.

Unsere Hirne sind vor allem dafür gemacht, das Zusammenleben in einer Gruppe zu meistern.

Nichts braucht der Mensch so sehr wie andere Menschen. Und nichts kann diese Sucht derzeit besser stillen als das Internet. Denn zwei Dinge hat das Internet dem wahren Leben voraus: Wir können dort schneller Beziehungen knüpfen und gleichzeitig viel mehr Menschen um uns scharen. Dass das Web einsam macht, ist nur ein Gerücht. Genau das Gegenteil ist der Fall. Wenn die Welt immer komplexer wird, rücken wir automatisch näher zusammen.

»Ohne Oxytocin könnten soziale Spezies nicht überleben«, betont der Psychologie-Professor Markus Heinrichs. Es fördert das Miteinander und erhöht die Bereitschaft, Vertrauen zu schenken. Es hilft, zu verzeihen, und kann sogar beschädigtes Vertrauen wieder heilen. Außerdem verstärkt es das Wir-Gefühl und macht uns großzügig, hemmt den Aggressionstrieb und lässt Stress nur so dahinschmelzen. Es macht uns auch empathisch. Denn es hilft, den Blick für die Gemütslage anderer zu schärfen. Es fungiert als Vermittler und verbindet Sozialkontakte mit einem guten Gefühl. Unter seinem Einfluss wird das Angstzentrum heruntergefahren. Und in Zusammenarbeit mit Dopamin sorgt es dafür, dass lohnendes Verhalten wiederholenswert erscheint.

Allein nachteilig ist: Oxytocin hemmt den Bereich im Gehirn, der für soziale Vorsicht zuständig ist. Deswegen fallen wir auch so leicht auf Schwindler herein, die die Maske der vertrauenswürdigen Nettigkeit tragen. Männer werden dabei oft von Gier, Frauen eher von Fürsorge geleitet. Da bei Frauen die Oxytocin-Ausschüttung höher ist, sind bei ihnen auch Gutmütigkeit und Treuepotenzial höher.

Jede Berührung könnte mit Oxytocin in Zusammenhang stehen, wodurch selbst Fremde Vertrauen gewinnen. Verschiedene Studien haben zum Beispiel gezeigt, dass wir Menschen sympathischer finden, wenn sie uns flüchtig am Unterarm berühren. Kellnerinnen bekamen daraufhin sogar mehr Trinkgeld, männliche Servicekräfte allerdings nicht. Ob wir einen Fremden tatsächlich anfassen, will jedenfalls gut überlegt sein, denn der Schuss kann sehr schnell nach hinten losgehen. Das Bedürfnis, berührt zu werden, ist nämlich bei den Menschen sehr unterschiedlich ausgeprägt. Und wenn eine Berührung von Berufs wegen nötig ist? Vorhaben ankündigen und um Erlaubnis fragen.

»Personen, die durch ihre Zuwendung, durch ihre Anerkennung oder Liebe unsere Oxytocin-Produktion stimuliert haben, werden zusammen mit der Erinnerung an die mit ihnen erlebten guten Gefühle in den Emotionszentren unseres Gehirns abgespeichert«, erläutert der Neurobiologe Joachim Bauer. Deshalb freuen wir uns, wenn wir gute Freunde und angenehme Kunden sehen – und diese freuen sich auf uns. Und deshalb gehen wir für favorisierte Anbieter und unsere Lieblingsmarken durchs Feuer.

Denkt man das Ganze betriebswirtschaftlich weiter, dann sollte das Wegrationalisieren von zwischenmenschlichen Beziehungen endlich ein Ende haben. Vielmehr müssten Unternehmen alles daransetzen, ein intensives, vertrauensvolles und freundschaftliches Offline- und Online-Miteinander zu ihren Kunden aufzubauen. Und sie müssten das Pflegen der Stammkunden in den Vordergrund rücken. Die Kunden werden dies nämlich mit Treue belohnen. Und im Internet erzählen sie der ganzen Welt von ihrem Glück.

Spiegelneuronen und die Gabe der Empathie

Menschen übernehmen automatisch Gefühle voneinander, die Emotionen gleichen sich an. Gefühle sind ansteckend, sagen wir auch. Verantwortlich dafür sind Spiegelneuronen. Immer dann, wenn wir Kontakt mit anderen Menschen haben, schalten sich unsere Hirne zusammen. Der Volksmund weiß dies schon lange. Er spricht von gleicher Wellenlänge oder gleicher Chemie. Und welch gute Nachricht, die positiven Gefühle breiten sich leichter aus. So sollten bei einem Experiment die Versuchspersonen Menschen auf der Straße anlächeln oder ihnen ein Stirnrunzeln zeigen. 52 Prozent der angelächelten Passanten lächelten spontan zurück. Das Stirnrunzeln hingegen wurde nur in sieben Prozent der Fälle erwidert.

Erst seit wenigen Jahren wissen wir, was dabei im Hirn passiert. Im Jahr 1992 entdeckte ein Forschungsteam der Universität Parma unter Giacomo Rizzolatti dieses Phänomen eher zufällig bei Versuchen mit Affen. Später wurden Spiegelneuronen in immer größerer Zahl auch bei Menschen entdeckt, sogar in unseren Schmerzzentren. Und so spüren wir den Schmerz der anderen in uns selbst. Wir leiden mit – und wollen denen helfen, die uns nahe sind. Entfernter Schmerz hingegen lässt uns vergleichsweise kalt.

Spiegelneuronen, so der Psychoneuroimmunologe Joachim Bauer, sind »Nervenzellen, die im eigenen Körper ein bestimmtes Programm realisieren können, die aber auch dann aktiv werden, wenn man beobachtet oder auf andere Weise miterlebt, wie ein anderes Individuum dieses Programm in die Tat umsetzt«. Das heißt, wir erleben, was andere fühlen, in einer inneren Simulation. Dafür sorgen die emotionalen Spiegelneuronen. Merken wir etwa, dass jemand schlecht über uns denkt, dann werden wir ihn *nicht* mögen und Abstand halten. Merken wir hingegen, dass jemand uns mag, dann freuen wir uns so sehr darüber, dass wir ihn umgehend mit Gegenliebe belohnen.

Zudem gibt es motorische Spiegelneuronen, die nachmachen, was andere vormachen. Dies führt zu spontaner Imitation, zum Gleichschritt in einer Gruppe und zur Kopie von Duktus und Habitus. So öffnen wir automatisch den Mund, wenn wir ein Baby füttern wollen, damit es sein Mündchen öffnet. Motorische Spiegelneuronen machen insbesondere Kinder zu Imitationskünstlern.

Sich spiegelnde Reaktionen haben einen enormen Überlebenswert. Wenn andere Angst zeigen, kann es gute Gründe geben, auf der Hut zu sein, auch wenn man selbst keine Gefahr wittert. So entwickeln wir, wenn wir ein ängstliches Gesicht sehen, in uns die gleiche Erregung, allerdings weniger intensiv. Auf diese Weise entsteht übrigens Massenpanik. Die Gehirne schalten auf Frequenz und beginnen, im gleichen Takt zu ticken. »Herdentrieb« nennt man das auch.

Spiegelphänomene machen alle erdenklichen Situationen vorhersehbar. Und sie erzeugen Empathie. »Empathie« bezeichnet die Fähigkeit, Gefühle und Motive anderer Menschen zu erkennen und zu verstehen; es geht also um Einfühlungsvermögen und Mitgefühl. Sie schützt uns nicht vor Irrtümern, kommt aber der Realität oft sehr nahe. Die meisten Menschen haben ein feines Intuitionsradar für richtig und falsch. Vor allem die Augen anderer spielen dabei eine Rolle. Denn Augenbewegungen verraten Handlungsabsichten. Und Tonfall, Gestik und Mimik erzählen Geschichten über Gedanken. Diese Sprache verstehen wir auch ohne Worte. Daraus folgt: Wenn man Leuten von Angesicht zu Angesicht gegenübersteht, ist es viel schwieriger, unlautere Absichten zu verbergen. Reale Begegnungen geben uns also größere Sicherheit.

Die Gefühle anderer nachempfinden und angemessen darauf reagieren zu können, scheint eine Schlüsseleigenschaft beim Aufbau von Sympathie und Vertrauen zu sein. Spiegelzellen zu haben, die tatsächlich spiegeln, ist demnach sowohl im Mitarbeiter- als auch im Kundenkontakt äußerst hilfreich. Fehlendes Einfühlungsvermögen hingegen ist eine bedeutende Ursache für inkompetentes

Führungsverhalten, missglückende Kommunikation und schlechte Verkaufsergebnisse.

Nachdem wir nun wissen, dass jede Art von Gefühlen ansteckend ist, sollten wir uns gut überlegen, von wem wir uns anstecken lassen. Dies betrifft den privaten Bereich genauso wie das Arbeitsumfeld. So ergab eine Studie des Wissenschaftlers Andrew Woolum von der Universität Florida, dass Menschen, die im Büro zum Beispiel Beleidigungen oder Mobbing erfahren hatten, sogar noch nach einer Woche ein ähnliches Gebaren gegenüber Dritten zeigten.[30] Spiegelneuronen erklären wohl auch das Entstehen von Kohortenverhalten und Gruppenzwängen innerhalb einer Unternehmenskultur, in der (fast) alle wie geklont auf eine mehr oder weniger ähnliche Weise agieren. So erscheint die Vorbildfunktion der Oberen nun in einem ganz neuen Licht. Deren Tun färbt maßgeblich auf die Mitarbeiter ab. Schon ein einziger Hardliner in der Geschäftsleitung kann die Kultur eines ganzen Unternehmens vergiften. Und meist dauert es auch nur wenige Tage, dann behandeln die Mitarbeiter ihre Kunden genauso, wie sie selbst von ihren Chefs behandelt werden.

Die meisten Probleme im Umgang mit Kunden haben ihren Ursprung drinnen in den Unternehmen. Das heißt: Servicemiseren entstehen durch Führungsmiseren. Wo die Unternehmenskultur schlecht ist, da wollen auch keine Kunden sein. Denn dicke Luft kann man spüren. Wenn es hingegen den Mitarbeitern gut geht, dann überträgt sich das auf die Kunden. Eine gute Unternehmenskultur ist also die Basis. Was darüber hinaus zu tun ist, um an jedem Touchpoint, also den Berührungspunkten zwischen Anbieter, Mitarbeiter und Kunde, in den »Momenten der Wahrheit« Großes zu vollbringen und Habenwollen zu erzeugen, darum soll es nun im zweiten Teil dieses Buches gehen.

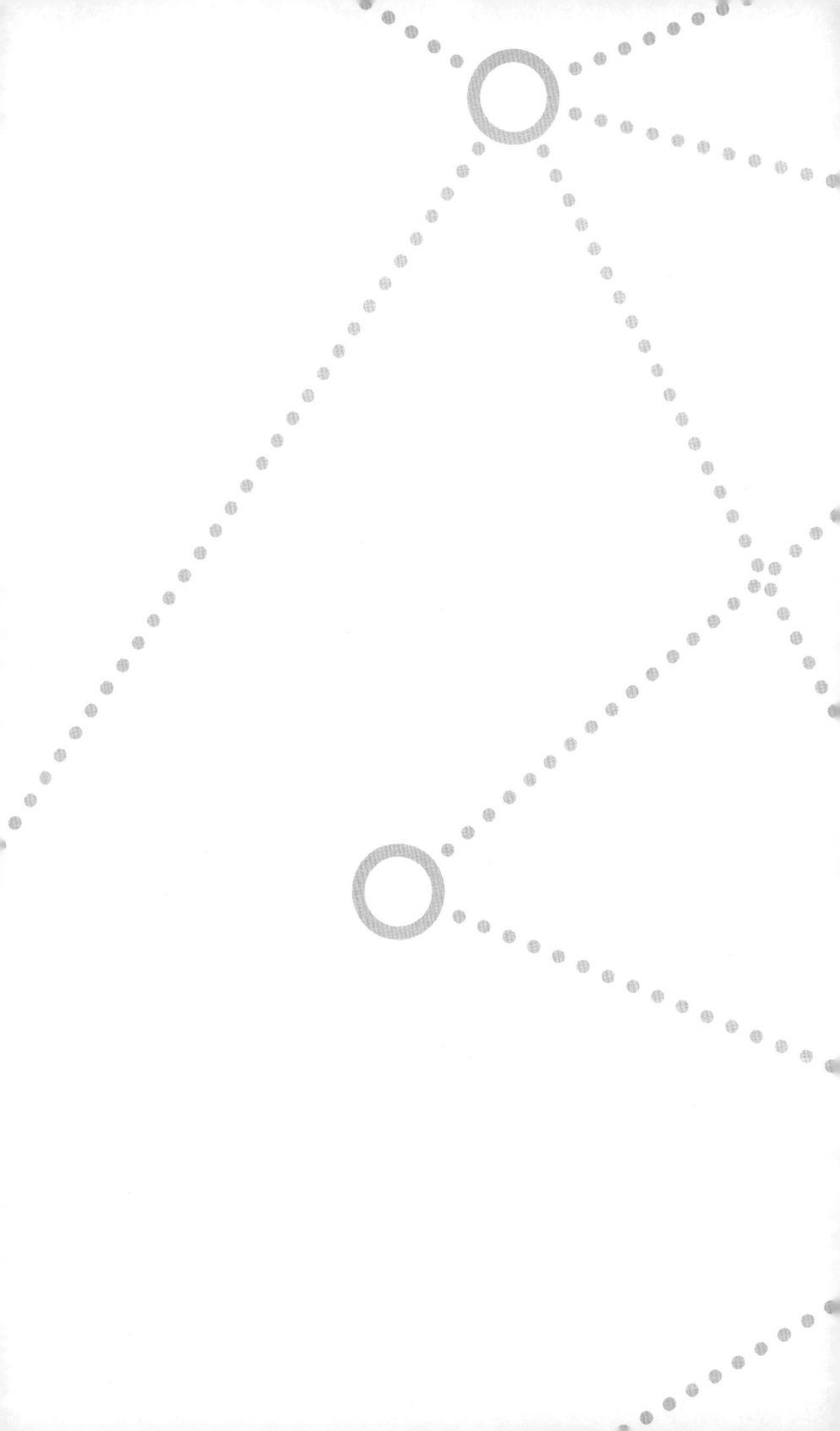

TEIL 2: POINT

Wie Sie an den Touchpoints, also den Berührungspunkten zwischen Anbieter, Mitarbeiter und Kunde, in den »Momenten der Wahrheit« Habenwollen erzeugen

POINT – WIE SIE »HABEN-WOLLEN« ERZEUGEN

Wie kann das bloß sein? In den Marketingabteilungen ist noch immer sehr viel von Multichanneln die Rede. Damit sind im Wesentlichen die Kommunikationskanäle Direktvertrieb, Telefonverkauf und E-Commerce gemeint. Doch das selbstzentrierte und oft auch viel zu technokratische Kanaldenken ist obsolet. Die Binnensicht muss endlich verlassen werden. Das Marketing der Zukunft orientiert sich an Touchpoints. Denn Kunden kaufen nicht in Kanälen. Kanäle sind das externe Gegenstück interner Abteilungssilos und ein Spiegelbild klassischer Top-down-Hierarchien: unvernetzt nebeneinanderher agierend. Dabei weiß oft die rechte Hand nicht, was die linke tut – und es ist ihr auch völlig egal. Zudem dient ein Kanal der Datenübermittlung von einem Sender zu einem Empfänger. Da reden die Anbieter, die Verbraucher hören brav zu und kaufen dann.

Doch heute ist es genau umgekehrt: Die Kunden kaufen, reden dann darüber und bringen so Dritte zum Handeln. Jetzt sind es die Unternehmen, die zuhören sollten. Denn die Kommunikationshoheit ist zu den Konsumenten gewandert. Möglich wurde dies durch das mobile Web, das vollautomatisch eine digitale Informationsschicht über die Offlinesphäre legt und die Kunden mit dem kompletten Onlinewissen überall und in Echtzeit vernetzt. In dieser neuen Realität werden Interessenten kaum mehr den vorgezeichneten Kanälen der

In digitalen Zeiten werden die Spielregeln des Marketings von den Kunden diktiert.

Anbieter folgen. Vielmehr steuern sie die vielfältigen physischen und virtuellen Touchpoints selbstbestimmt an.

Sich darauf einzulassen und alte wie neue Touchpoints so virtuos zu bespielen, dass Interaktionen für kaufwillige Kunden *immer wieder* begehrenswert sind *und* ein engagiertes Weiterempfehlen bewirken, das ist die neue Herausforderung im Kundenbeziehungsmanagement. Je mehr Touchpoints eines Anbieters ein Kunde benutzt, desto mehr Umsatz macht der Anbieter mit ihm. Voraussetzung ist allerdings, dass die Passung, die Qualität und vor allem die Erlebnisse stimmen.

Touchpoints entstehen überall da, wo ein (potenzieller) Kunde mit einem Unternehmen und seinen Mitarbeitern beziehungsweise seinen Produkten, Dienstleistungen und Marken in Berührung kommt, sei es vor, während oder nach einer Transaktion. Sie sind immer dort, wo die Kunden einem begegnen: im Zickzack zwischen realer und virtueller Welt, »social« und »mobile« vernetzt.

Ob die Kunden dann tatsächlich kaufen, entscheidet sich scheinbar in einem langen Abwägungsprozess, doch am Ende in einem Wimpernschlag zwischen Ja oder Nein. Und in den »Momenten der Wahrheit« (Jan Carlzon) zeigt sich dann, was die Versprechen eines Anbieters tatsächlich taugen. Sie sind die Bewährungsproben einer Kundenbeziehung und richten über hopp oder top. Denn jedes Versprechen erzeugt Hoffnung. Und vor den Kunden ist immer Showtime. Doch die Rollen haben sich vertauscht. Unternehmen haben die Macht an die Kunden verloren. Das Reh hat nun die Flinte in der Hand. Und das Reh weiß ganz genau, dass dem so ist.

Was das bedeutet? Heute entscheiden vor allem die eigenen Kunden darüber, ob neue Kunden kommen und kaufen. Manche Unternehmen werden schon bald allein deswegen zumachen müssen, weil niemand mehr Geschäfte mit ihnen machen will. Organisationen können auf Dauer also nur dann überleben, wenn die Kunden sie lieben. Attraktiv für Kunden zu sein, ist die einzige Chance.

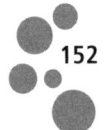

Wer stattdessen Service zusammenstreicht oder kundenwirksame Mitarbeiter entlässt, um attraktiv für die Anteilseigner zu sein, wird dieses Spiel nicht überleben.

Während »schlechte« Gewinne auf Kosten der Kunden gemacht werden, werden »gute« Gewinne mit deren Hilfe gemacht. Gute Gewinne entstehen vor allem dann, wenn »großartige Unternehmen das Leben der Menschen, die mit ihnen in Berührung kommen, bereichern und Beziehungen aufbauen, die echte Loyalität verdienen«, sagt der Loyalitätsexperte Fred Reichheld. Dazu muss an den Berührungspunkten zwischen Anbieter und Kunde eine Menge Gutes passieren. Wir brauchen Kundenbeziehungskonten im Plus. Und nicht nur das Zahlenwerk, auch die moralische Bilanz muss zukünftig stimmen.

Im Deutschen wird ein Touchpoint meist Kontaktpunkt genannt – ein unterkühlter, versachlichter, technokratischer Begriff. Das Wort »Berührungspunkt« drückt sehr viel besser aus, wie gute Kundenbeziehungen zu gestalten sind. Wer nämlich in einer stark überreizten Welt punkten und Menschen erreichen will, der muss sie »berühren« und Emotionen zum Schwingen bringen. Berührungspunkte erzählen von Nähe, von Vertrautheit, von wissendem Verstehen. Viel Leichtes, Zartes, Subtiles, ja fast schon Intimes schwingt dabei mit. Ein wenig auch Liebe. Und das ist gut. Denn nur wer seine Kunden liebt, den werden auch die Kunden lieben. Und nur wer eine Beziehung pflegt und zudem dafür sorgt, dass sie knackig bleibt, kann auf Dauer durch und durch treue Kunden gewinnen.

Touchpoints – den Kunden berühren und nicht nur kontakten.

Berührungspunkte sind zugleich sehr fragil: Ein falsches Wort, ein schräger Blick – und alles ist aus. »Einen guten Ruf erwirbt man nur durch viele gute Taten, aber schon eine einzige schlechte Tat macht ihn wieder zunichte«, hat Benjamin Franklin einmal gesagt. Und der Teufel ist ein Eichhörnchen. Überall hat er seine Boshaftigkeiten versteckt. Schon ein einziges schlechtes Erlebnis kann alle vorherigen guten Erfahrungen verblassen lassen. Eine Kleinigkeit aus Anbietersicht kann für den Kunden eine ganz große Sache sein. Wenn es auch nur an einer Stelle klemmt oder ein einziger Mitarbeiter was verbockt, kommt so ein »Saftladen« nicht mehr infrage. Selbst kleinste Fehler werden einem jetzt um die Ohren gehauen. Und Minderwertiges wird gnadenlos aussortiert. So ist es die Meisterschaft der kleinen Dinge, die Summe der Details, die Tuchfühlung zulässt und schließlich zu Kauf und Wiederkauf führt.

Damit ist eigentlich schon alles über eine gute Kundenbeziehung gesagt: bitten statt auffordern, einladen statt aufdrängen, hinhören statt zuquatschen, fragen statt mitteilen, vorausschauen, interagieren, sich kümmern, Interesse, Respekt und Wertschätzung zeigen, zeitnah agieren und vor allem verlässlich sein. Wenn dann noch ein Hauch von Magie und eine Brise Sternenstaub hinzugefügt werden, dann weckt dies ein heftiges Habenwollen. Weil es berührt. Und fasziniert. Und begehrenswert macht. Marken wachsen nämlich nicht durch Ausdehnung, sondern vor allem durch Anziehungskraft. Sie macht einen Anbieter unkopierbar. Und wo ein Vergleich der Leistungen nicht möglich ist, ist auch ein Preisvergleich irrelevant. Wer hingegen alles für jeden macht oder ins Preiskarussell steigt, wird gewöhnlich. Und gewöhnlich ist das Gegenteil von begehrenswert. »Es kommt darauf an, sich von anderen zu unterscheiden. Ein Engel im Himmel fällt niemandem auf«, meint der irische Dramatiker George Bernard Shaw.

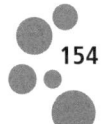

Das Customer Touchpoint Management

Unter »Kundenkontaktpunkt-Management« (Customer Touchpoint Management) versteht man die Koordination aller unternehmerischen Maßnahmen dergestalt, dass dem Kunden an jedem Interaktionspunkt eine synchronisierte, herausragende wie auch verlässliche und vertrauenswürdige Erfahrung geboten wird, ohne dabei die Prozesseffizienz aus den Augen zu verlieren. Dazu heißt es, den Kunden Enttäuschungen zu ersparen und über die Nulllinie der Zufriedenheit hinaus Momente der Begeisterung zu schaffen.

Das Customer Touchpoint Management folgt dabei *nicht* dem selbstzentrierten alten Marketing, das fragt: Was bieten *wir* dem Kunden? Ausgangspunkt ist vielmehr die Perspektive des Kunden. Untersucht wird daher, was die Kunden erwarten, welche Leistungen sie auf welche Weise erhalten und wie ihre Reaktion darauf ist. Dabei können neue, für bestehende oder potenzielle Kundengruppen wichtige Verkaufsorte und Beziehungspflegepunkte gefunden und dann durch geeignete Interaktionen genutzt werden. Vorhandene Touchpoints können optimiert und veraltete über Bord geworfen werden. Zudem erwartet der vernetzte Kunde, dass ein Unternehmen bei all dem ebenfalls vernetzt agiert.

Durch eine abteilungsübergreifende Zusammenarbeit können digitale und nichtdigitale Touchpoints besser kombiniert werden. Ein Beispiel aus der Praxis: Ein Unternehmen schickte den Kunden nach ihren Onlinebestellungen in den Paketen die immer gleichen Standardflyer mit. Nun ging man dazu über, für die Kunden individuelle Flyer zu erstellen. Diese enthielten zum Beispiel Angebote, die sie sich angesehen, aber nicht gekauft hatten. Oder solche, die aufgrund der Kaufhistorie auf Interesse stoßen könnten. Diese Flyer wurden direkt an der Packstation ausgedruckt.

In einem anderen Fall fand man heraus, dass per Telefonverkauf zwar mehr Umsatz generiert wurde als über den Shop, dafür die Zahl der Retouren jedoch höher lag. So wurde klar, dass Geschäfte von Verkäufern, die Produkte zu offensiv anbieten, weil sie dafür Prämien erhalten, eher zu einer Rückgabe führen. Die Änderung dieser Verkaufsstrategie brachte aufgrund gesunkener Retouren deutliche Einsparungen.

Insgesamt geht es im Touchpoint-Management um folgende Einzelziele:

○ Aufbau von Bekanntheit und Reputation
○ Stärkung von Marke und Preisbereitschaft
○ Produkt-, Qualitäts-, Prozess- und Serviceverbesserungen
○ Neukundengewinnung und Wiederkauf
○ Koordination der Kundenbeziehungspflege
○ Aufbau einer dauerhaften Kundenloyalität
○ Positive Mundpropaganda und Weiterempfehlungen
○ Eindämmen von Kundenschwund und Negativpropaganda
○ Vorbeugen und Abschwächen von Reklamationen
○ Steigerung von Innovationskraft und Wettbewerbsfähigkeit
○ Ressourcenoptimierung (Zeit, Manpower, Geldmittel)
○ Erwirtschaften eines höheren Return on Investment (ROI)

Zudem sollen Marketingbudgets dort eingesetzt werden, wo die Kunden tatsächlich ihre Zeit verbringen, Kaufvorbereitungen treffen und kaufen. Wer stattdessen in Kanäle hineininvestiert, allokiert silogesteuert oft in die falsche Richtung. Die wichtigsten Kaufanreize entstehen heutzutage ja nicht durch klassische Werbung, sondern durch Offline- und Onlineempfehlungen Dritter. Demzufolge müssen die Ressourcen vor allem dorthin geleitet werden, wo Mundpropaganda und Weiterempfehlungen intensiviert werden können. Deshalb sind *solche* Berührungspunkte zu favorisieren, die das Habenwollen, die Reputation, die Kundenloyalität und die Empfehlungsbereitschaft am nachhaltigsten stärken. Diese werden als Supertouchpoints bezeichnet.

Bei alldem kooperiert man mit den Kunden und bindet sie aktiv in die Abläufe ein. Man macht sie also zu Mitwissern und Mitgestal-

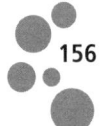

tern, wo es nur geht. Dies senkt nicht nur das unternehmerische Risiko, sondern baut zusätzliche Eintrittsbarrieren für den Wettbewerb auf. Denn wenn man Menschen zeigt, dass man sich für ihre Meinung wirklich interessiert, und wenn man ihnen Mitwirkungsmöglichkeiten gibt, verändert sich deren Haltung positiv. Dies sorgt nicht nur fürs Drüberreden, sondern auch für den »Mein-Baby-Effekt«.

Der Prozess des CTMP in seinen vier Schritten

Das Instrument, das im Touchpoint-Management verwendet wird, ist der Prozess des CTMP® Customer Touchpoint Management mit seinen vier Schritten. Dieser Prozess ermöglicht es, so zu denken, wie die Kunden es tun. Denn die Kundenperspektive ist es, die allein zählt. Einem Kunden ist es schlichtweg egal, was hinter den Kulissen passiert, wer wofür zuständig ist und warum etwas klappt oder auch nicht. Durch Verlassen des Unternehmensstandpunktes gelangt man zu einer Priorisierung derjenigen Touchpoints, die die jeweiligen Kunden bevorzugen, zu ihrem verbesserten Zusammenspiel und zu einer Optimierung ihrer Wirkungsweise. Idealerweise kümmert sich ein Touchpoint-Manager – ein Berufsbild, das wir weiter hinten besprechen – um alle damit zusammenhängenden Details. In größeren Unternehmen lässt sich dazu die Position eines »Chief Touchpoint Officers« (CTO) einführen.

Der Prozess des Customer Touchpoint Managements besteht aus vier Etappen mit jeweils zwei Teilschritten:

O Im ersten Schritt, der *Ist-Analyse*, geht es um ein systematisches Erfassen der kundenrelevanten Interaktionspunkte im Rahmen einer Customer-Journey sowie um das Dokumentieren der dortigen Ist-Situation – aus Kundensicht betrachtet.

O Im zweiten Schritt, der *Soll-Strategie*, wird die optimale Soll-Situation für die zu betrachtenden Touchpoints definiert, um

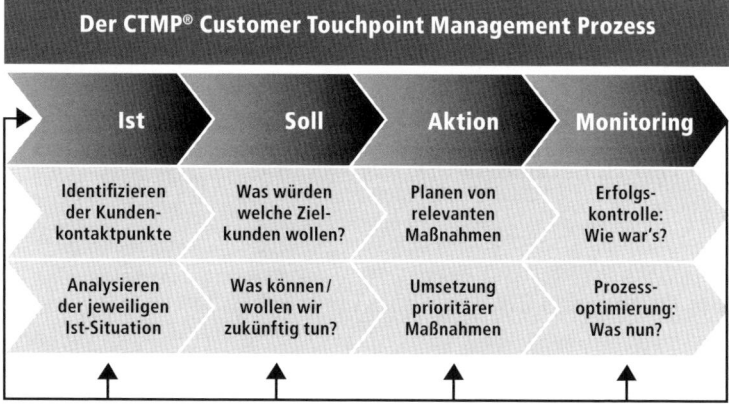

Abb. 6: Die vier Schritte des CTMP® Customer Touchpoint Management Prozesses (Kundenkontaktpunkt-Management)

passende(re) Vorgehensweisen zu finden. Hierzu werden auch kundentypische Personas entwickelt.

O Im dritten Schritt, der *operativen Umsetzung*, geht es zunächst um die konkrete Planung der erforderlichen Maßnahmen, die zur Soll-Situation führen, und dann um das anschließende Implementieren.

O Im vierten Schritt, dem *Monitoring*, folgt das touchpoint- spezifische Messen der Ergebnisse. Darauf aufbauend werden, wo nötig, die kundenrelevanten Prozesse weiter optimiert.

In die einzelnen Prozessschritte (die ich in meinem Buch *Touch- points* sehr ausführlich beschrieben habe) werden die kundennah- en Mitarbeiter intensiv eingebunden. Das Tool kann als Ganzes wie auch punktuell eingesetzt werden. Sogenannte »Quick Wins«, also schnelle Erfolge, die sich bei laufendem Betrieb umsetzen lassen, sollten dabei im Vordergrund stehen. Denn Kunden warten heut-

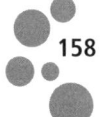

zutage nicht mehr, bis die Anbieter endlich voll durch-
geplant in die Gänge kommen. Bei der kleinsten
Unzufriedenheit ziehen sie weiter.

Und was ist daran neu?

Das Touchpoint-Management verfolgt einen
tatsächlich kundenzentrierten Weg. Die in
den meisten Unternehmen übliche Vorgehensweise hingegen ist selbstzentriert. Mit
bösen Folgen. Blind und taub für die heutigen
Kundenbelange, glauben die Oberen nämlich
tatsächlich, schon ganz schön weit zu sein. Dabei verschanzen sie sich in Elfenbeintürmen, die sie
so hoch gebaut haben, dass Kundenstimmen sie niemals erreichen. So klaffen Selbstbild und Fremdbild weit
auseinander. Einer Studie von Bain & Company zufolge meinen
80 Prozent aller Unternehmen, ein herausragendes Kundenerlebnis zu bieten, aber nur 8 Prozent ihrer Kunden stimmen dem zu.[31]
Und bei einer Edelman-Brandshare-Untersuchung kam heraus,
dass sich 87 Prozent der Befragten wünschen, stärker an der Markenwelt teilzuhaben, während nur sieben Prozent meinen, dass die
Unternehmen dazu hinreichende Möglichkeiten bieten.[32]

> Das Touchpoint-
> Management
> verfolgt einen
> tatsächlich
> kundenzentrier-
> ten Weg.

Zudem sind die Unternehmen oft genug in zwei Geschwindigkei-
ten am Markt unterwegs. Die Zielgruppe hat schon entsprechende
Infos über die Fachpresse erhalten, der eigene Vertrieb aber noch
nicht. Über den neuen Werbespot, der bereits durchs Fernsehen
geistert, wurden die Mitarbeiter nicht einmal informiert. Solche
Unkoordiniertheit gibt es natürlich auch intern. Über ein und den-
selben Kunden existieren an mehreren Stellen verschiedene Daten. Oder gar keine. Im Shop hat der Kunde ausdrücklich gesagt,
dass er nicht angerufen werden will. Doch im Callcenter weiß man
darüber nicht Bescheid. So was gibt Ärger. Wer für eine spezielle
Beschwerde zuständig ist, weiß niemand. Und ständig stolpern

Kunden über Links, die ins Leere führen, weil es die Produkte, die auf der Website angepriesen werden, längst nicht mehr gibt. Solche Peinlichkeiten haben mit Silodenken, Insellösungen und der mangelnden Kommunikation zwischen den Abteilungen zu tun.

In vielen Unternehmen arbeiten die einzelnen Abteilungen ja nicht miteinander, sondern gegeneinander. Konfrontation statt Kooperation heißt dort der Kurs. Wir sind die Guten, die sind die Bösen, ist dann das Motto. »Die« im Marketing machen bloß bunte Bildchen. Draußen beim Kunden waren die nie. Und »die« im Aftersales vergeigen all die tollen Aufträge, die wir im Vertrieb unter Mühen hereingeholt haben, weil die derart stümperhaft rumarbeiten, dass die Kunden gleich wieder flüchten. In der Auftragsabwicklung gerät man unterdessen in die Bredouille, weil der Vertrieb unhaltbare Versprechen macht, um seine Umsatzzahlen zu erreichen oder Boni zu ergattern.

Bei einem Gerätebauer war es zum Beispiel so, dass für die Produktion der bestellten Teile im Durchschnitt drei Wochen benötigt wurden. Doch der Außendienst bot auch schon mal zwei Wochen an, um im Rennen um einen Auftrag nicht das Nachsehen zu haben. Und dies ist beileibe kein Einzelfall. Anstatt jedoch endlich für Klärung zu sorgen und gemeinsam gangbare Wege zu finden, schiebt man sich gegenseitig die Schuld zu. Mal miteinander reden, damit aus Unverständnis Annäherung wird? Nö. Die ganze Kommunikation läuft über E-Mails mit möglichst vielen Leuten in CC, um die eigenen Hände in Unschuld zu waschen. Alles auf dem Rücken des Kunden. Doch egal. Schließlich tut es gut, sich selbst zu feiern, die anderen abzuwerten und auf die Jagd nach Sündenböcken zu gehen. Wer will da schon was ändern? Wenn, dann sollen sich gefälligst die anderen ändern, aber doch wohl bitte nicht wir. Durch falsch aufgesetzte Bonussysteme werden solche Grabenkriege auch noch befeuert.

Kunden hingegen betrachten Unternehmen immer als Ganzes. Alles muss wie aus einem Guss funktionieren. Deshalb braucht es

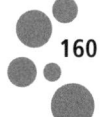

synchronisierte Prozesse, die wie am Schnürchen klappen und den Kunden auf seiner Reise möglichst reibungslos durch die Unternehmenslandschaft begleiten. Das Touchpoint-Management zeigt dazu den Weg.

Kommunikationsmodelle von gestern

Silos und die damit verbundene Kanaldenke sind schon gefährlich genug. Noch gefährlicher ist es aber für diejenigen, die mit Kommunikationsmodellen von gestern, die das Kundenverhalten von vorgestern erklären, in die Zukunft wollen. Allen voran nenne ich hier die AIDA-Formel, die immer noch ständig durch die Marketingliteratur geistert und in manchen BWL-Fakultäten sogar prüfungsrelevant ist. Sie geht zurück auf den Verkaufsstrategen Elmo Lewis, der diese erstmals 1898 (!) für die Verkäufermärkte von damals beschrieb. AIDA ist ein Akronym, also ein Wort, das sich aus den Anfangsbuchstaben anderer Worte zusammensetzt. Es steht für die englischen Begriffe *Attention* (Aufmerksamkeit), *Interest* (Interesse), *Desire* (Verlangen) und *Action* (Handlung). Alles, was nach einer Kaufentscheidung passiert, ist bei diesem Modell nicht existent. Kein Wunder, dass dann in den Unternehmen die Stammkundenpflege und das Empfehlungsmarketing in den Hintergrund rücken.

Heute weiß man darüber hinaus, dass erst ein inneres Verlangen (Need) für Aufmerksamkeit sorgt beziehungsweise diese in bestimmte Richtungen lenkt. Wünscht sich eine Frau zum Beispiel ein Baby, fallen ihr ständig werdende Mütter, Kleinkinder und passende Produkte auf. Bevor sich dieser Wunsch jedoch manifestierte, ging sie mehr oder weniger achtlos an solchen Reizen vorbei. Vom Stadtbummel her kennt man das auch: Erst wenn wir Hunger verspüren, fallen uns plötzlich alle möglichen Fressplätze auf. Oder denken wir an einen Flirt: Wer frisch verliebt ist, ist für die Reize anderer immun. Soll Werbung fruchten, braucht sie also zunächst ein Motiv, das wieder ins Gleichgewicht will. Sonst verpufft sie wirkungslos und ungesehen, weil sie aus Sicht des Gehirns irrelevant ist.

Wer aber wie die altvorderen Werber immer noch glaubt, Aufmerksamkeit stünde an erster Stelle, wird vor allem laut trommeln und nach dem Gießkannenprinzip alles über alle ausgießen wollen. Heißt: Man macht alle nass, um am Ende zu schauen, wer sich darüber freut. Bei Vertriebspräsentationen geht das gern eine halbe Stunde lang so: Wir sind … Wir haben … Wir können … Wir bieten …! Mit anderen Worten: Ein Interessent muss erst den kompletten Bauchladen über sich ergehen lassen, bevor man sich (hoffentlich) damit befasst, wo es bei ihm brennt. Selbst Algorithmen haben das längst gelernt: Wer wirksam kommunizieren will, braucht Anschlussfähigkeit und Relevanz. Ohne Motiv keine Wirkung. Und wenn Wirkung, dann funktioniert Multisensorik, wie wir schon sahen, am besten. Ein gutes Touchpoint-Management ist also auch ein versinnlichtes Touchpoint-Management. Rücken Sie dabei nicht Ihr Angebot nach vorn, sondern den Bedarf der Menschen. Und reden Sie nicht über eigene Leistungsmerkmale, sondern über das, was diese beim Kunden bewirken. Niemand interessiert sich für die Zusammensetzung eines Parfums. Aber wir wollen alle gut riechen.

Auch auf vielen Websites wird deutlich, wie akut Umdenken ist. »Wir über uns« steht da auch heute noch sehr oft zu lesen. Was dann folgt, ist Hochglanzgeschwätz und bunt angemalte Luft. Auch die Navigationspunkte »Unsere Produkte« und »Unser Team« zeugen von einer Egosicht. Wären »Wir für Sie« und »Ihr Nutzen« und »Ihre Ansprechpartner« nicht schon mal ein Start? Und sollten anstelle der Selbstbeweihräucherung nicht besser gerade auf der Website die Kunden davon erzählen, wie positiv ihre Erfahrungen sind? Nur so ist Glaubwürdigkeit garantiert. Solche Änderungen wären jedenfalls ein erster Schritt. Einige Anbieter haben ihre Website schon komplett in Richtung Kundennutzen umfunktioniert. Und sie sind freigiebig mit Wissen. Als Vorreiterbeispiel kann hier die viel zitierte Website »Coca-Cola Journey« gelten, die Lifestyle-

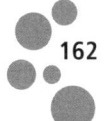

Artikel publiziert und auf diese Weise das Coca-Cola-Themenfeld Happiness perfekt bespielt.

Im Touchpoint-Management ist alles auf den Kunden zentriert. Zudem wird in Kundensprache und nicht Fachchinesisch gesprochen. Banal? Dann durchforsten Sie mal sogleich Ihre komplette Kundenkommunikation und radieren Sie alle internen oder branchenüblichen Fachbegriffe bedingungslos aus. Vor allem Handwerker möchte ich bitten, diesbezüglich mal ihre Angebote auf den Prüfstand zu stellen. Derzeit will bei mir einer einen Kurzbeschlag mit Kernschutz KKZS 700 F1 EK für WT und einen weiteren mit Kernschutz KKZS 700 F3 EK anbringen. Alles klar? Ich verstehe nur Bahnhof. Und Bahnhof kaufe ich nicht.

Optimierungsbedarf gibt es an allen Ecken und Enden. Gerade war ich bei meiner Bank. Beste Multi-Kanal-Bank laut *Focus Money*, erzählt mir das Display des Auszugsdruckers, bevor ich meine Aktivitäten starten kann. Marketingprofis verstehen so was, okay. Aber Max Mustermann und Lieschen Müller? Ich habe kurz ein paar Leute befragt, die gerade kamen und gingen. Kein Mensch hatte auch nur den blassesten Schimmer, worum es da ging. Doch was Kunden nicht verstehen, ist für sie nicht relevant. Im Zweifel ist es sogar gefährlich, weil Missverständnisse, Fehleinschätzungen und falsche Erwartungen auftreten können.

Kundenhege und -pflege an erster Stelle

Das Touchpoint-Management betrachtet den Kaufkreislauf immer aus dem Blickwinkel des Kunden. Es beinhaltet auch die zunehmend wichtigen Empfehlungsphasen vor und nach einem Kauf. Übliche Kaufmodelle wie der Buying Cycle oder der Sales Funnel tun dies nicht. Der klassische Buying Cycle geht zwar von der Kundensicht aus, berücksichtigt aber nur die vier Phasen Aufmerksamkeit, Evaluierung, Kauf und Nutzung. Das im Vertrieb übliche Modell des Sales Funnels verharrt komplett in der Anbietersicht:

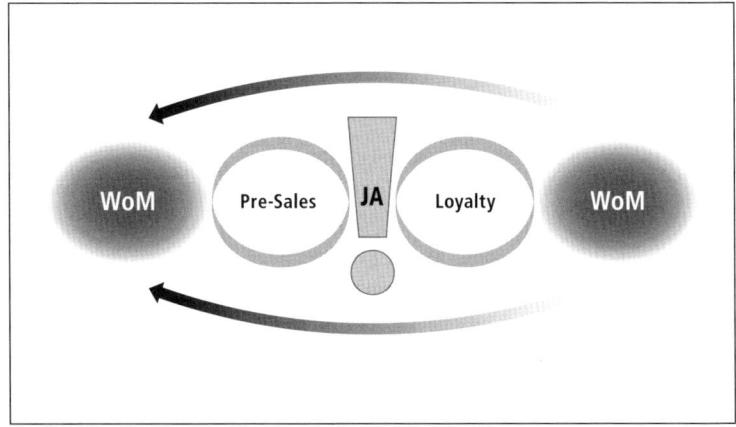

Abb. 7: Im Touchpoint-Management beginnt und endet der Kaufkreislauf eines Kunden mit WoM, also Word of Mouth – das sind Mundpropaganda und Weiterempfehlungen

Im Gegensatz zum Touchpoint-Management betrachtet es nur die Phasen Interessentengewinnung, Angebotserstellung, Abschluss.

Natürlich sind Neukunden wichtig, aber nur, wenn man sie nicht auf Kosten seiner Bestandskunden gewinnt. Stabile, dauerhafte Kundenbeziehungen sind die Lebensversicherung eines Unternehmens. Doch regelmäßig sieht man als Stammkunde fassungslos zu, wie Neukunden die ganzen Goodies erhalten. Kostspielige Software-Lizenzen, längst überteuerte Handytarife und hohe Versicherungsprämien sind weiter zu zahlen, obwohl sie im Neugeschäft schon lange deutlich günstiger sind. Und paradoxerweise ziehen sich die Vernachlässigung der Bestandskunden als Kunden zweiter Klasse wie auch die parallel verlaufende Vernachlässigung ihrer Betreuer als Verkaufsmitarbeiter zweiter Klasse wie ein roter Faden durch die Managementdenke der letzten Jahrzehnte. Wer allerdings seine Bestandskunden vernachlässigt, der wird sie nicht nur verlieren, sondern auch keine Empfehlungen erhalten. Treue allein

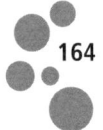

genügt also nicht. Man muss seine Kunden zu Empfehlern weiterentwickeln.

Weit verbreitet, aber nicht zu empfehlen: die Vernachlässigung der Stammkunden zugunsten von Neukunden.

Während sich also die Neukundenjäger nach ihren Abschlüssen wie die Helden feiern und prämieren lassen, wird der Neukunde, der bisher nur Geld gekostet hat, an die B-Mannschaft weiterverfrachtet: an den Innendienst, der schlechter bezahlt, schlechter ausgebildet und nicht selten vom Außendienst herumkommandiert im Backoffice (Hinterzimmer!) haust. Dies mit dem Ziel, aus Bestandskunden nun Cashcows (Melkkühe!) zu machen. So werden Kunden tatsächlich in vielen Firmen noch immer genannt – und genau so werden sie dann auch behandelt. Nur: Die Strategie »Wir hoffen, die merken das nicht« funktioniert heute nicht mehr. Niemand lässt sich noch länger für blöd verkaufen. Und im Web spricht sich all das zügig herum.

Nicht selten werden neue Kunden nach Vertragsunterschrift zwecks »Bestandskundenpflege« gleich an eine C-Mannschaft abgeschoben. Das sind dann nicht mal mehr eigene Mitarbeiter, sondern solche, die in externen Callcentern jobben, also dort, wo Informationsstand, Wertschätzung und Bezahlung niedrig sind, Frustration und Fluktuation aber hoch. 30 Minuten Warteschleife inklusive. Und höchstens vier Minuten Gesprächszeit pro Kunde. Wer länger braucht, wird aus der Leitung geworfen, weil der Auftraggeber für längere Gespräche nicht zahlt. Für Noch-nicht-Neukunden gibt es derweil eine eigene Hotline, bei der sofort jemand ans Telefon geht. Und dort hat man auch Zeit für Gespräche.

Für Kostenrechner mag das alles effizient aussehen, doch für die Kundenbindung ist es verheerend. Denn wer treue Kunden will, muss Kundentreue belohnen. Eine Ökonomie der Anerkennung nennt man dies auch. Das heißt: Sie schätzen den Wert einer Stammkundenbeziehung und zeigen dies ihren Kunden. Denn Sie wissen: Mit guten Stammkunden wird meistens am besten verdient und gute Stammkunden sind zumeist auch die besten Empfehler. Doch ein Großteil der Controller hat diese Zusammenhänge noch nie verursachungsgerecht auseinanderdividiert.

Deshalb macht es Sinn, den Wert, den ein Kunde repräsentiert, überhaupt erst einmal komplett zu ermitteln. Dies ist ja bei Weitem nicht nur der Ertrag, den man mit ihm erzielt und der dann zu einer üblichen, aber viel zu simplen A/B/C-Klassifizierung führt. Denn Kunden haben nicht nur einen monetären, sondern auch einen ideellen Wert. Um dies zu berücksichtigen, bieten sich die folgenden Kriterien an:

○ Die Kaufhistorie: Wie lange ist uns der Kunde schon treu verbunden, wie oft und wie viel hat er zu welchen Zeiten und mit wie viel Ertrag gekauft?
○ Der Deckungsbeitrag: Wie profitabel kann der Kunde zukünftig sein?
○ Der Imagefaktor: Können wir uns mit diesem Kunden schmücken?
○ Der Empfehlungswert: Ist dieser Kunde ein wertvoller Empfehler?
○ Die Zukunftsperspektive: Ist der Kunde innovativ und gehört er einer Wachstumsbranche an?
○ Die Preissensibilität: Verhandelt der Kunde ständig bis aufs Messer?
○ Der Schnäppchenfaktor: Hat der Kunde kontinuierlich gekauft oder nur die wenig rentablen Schnäppchen?
○ Die Zahlungsmentalität: Bezahlt der Kunde seine Rechnungen pünktlich und ohne Beanstandungen?
○ Die Bonität: Wie steht es um seine zukünftige Zahlungsfähigkeit?
○ Der Betreuungsaufwand: Wie anspruchsvoll ist der Kunde?
○ Der Sympathiefaktor: Ist der Kunde angenehm und gern gesehen?
○ Die Reklamationsbereitschaft: Reklamiert der Kunde häufig?

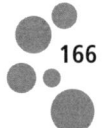

Diese und weitere Kriterien, die Sie individuell bestimmen, werden auf einer Skala von null bis zehn bewertet. Dann wird je Kunde ein Gesamtpunktestand beziehungsweise ein dem entsprechender Eurobetrag ermittelt und so der Kundenwert definiert.

Zudem muss man dafür sorgen, dass einem die einmal gewonnenen Kunden erhalten bleiben. Viel sinnvoller wäre es also, in die Nachkauf- und Loyalisierungsphase zu investieren. Doch 76 Prozent der Marketingbudgets fließen nach wie vor in die Vorkaufphase, fand eine Untersuchung von Brand Trust heraus. Das liege daran, meint Studienautor Christoph Hack in der *Horizont* 29/2015, dass sich viele Unternehmen über Wachstumsziele definieren, und ergänzt: »Eine massive Verschiebung in Richtung Aftersales ist mehr als sinnvoll, um den langfristigen Markenerfolg zu erhöhen.«

Vor allem in gesättigten Märkten ist eine Fokussierung auf Wiederkauf und Weiterempfehlungen zwingend vonnöten. Dennoch stehen in den meisten Organisationen nicht Hege und Pflege, sondern Eroberungen am höchsten im Kurs. Und während man vorne fleißig baggert, laufen einem hinten die eigenen Kunden davon. Doch leider sind die meisten Firmen auch von einer professionellen Kundenrückgewinnung noch weit entfernt. Vielmehr kaufen sich die Anbieter mit Lockvogelangeboten gegenseitig die Kunden ab. Ein Teufelskreis, den so manch einer nicht überlebt. Denn irgendjemand macht es immer billiger.

Beziehungsorientiert statt prozessorientiert

Im Unterschied zur Innensicht, bei der das Abarbeiten vordefinierter Prozessabläufe im Vordergrund steht, geht es im Touchpoint-Management um die subjektiven Erlebnisse, die ein Kunde an den einzelnen Interaktionspunkten tatsächlich haben möchte und hat. Und im Gegensatz zu selbstfokussierten Servicelevels, die nicht selten aus falsch interpretierten Kundenbedürfnissen entstehen, fragt man im Touchpoint-Management so: »Wie wünscht sich der Kunde unsere Prozesse?« Und so: »Wie können wir sicherstellen, dass seine Erfahrungen mit uns positiv sind?« Damit dann die Beschäftigten in herausragender Weise agieren, braucht es drei Komponenten: das Können, das Wollen und das Dürfen. Oft genug ist nicht mal das Können oder Wollen, sondern das Dürfen der wahre Knackpunkt. Denn eingezwängt in ein Korsett aus Regeln, Standards und Normen, ist es den Mitarbeitern einfach nicht möglich, Probleme unkompliziert, schnell und kundenfreundlich zu lösen, selbst wenn sie es wollten. Noch schlimmer als ein lustloser ist aus Kundensicht aber ein machtloser Mitarbeiter.

Die Spielfelder, in denen Mitarbeiter eigenverantwortlich handeln dürfen, müssen demnach vergrößert werden. Dazu ist ein beziehungsorientierter Ansatz elementar. Echte zwischenmenschliche Interaktionen – und nicht prozessorientiert abzuwickelnde Transaktionen – sind hierbei gefragt. So muss man den Blickwinkel der anderen Seite auch tatsächlich einnehmen können. Ein Beispiel dazu? Mal angenommen, jemand hat auf einer Geschäftsreise einen kleinen Autounfall. Aus Kundensicht sind dann erst mal nur zwei Fragen relevant: »Wie geht es Ihnen?« und »Wo müssen Sie hin?«. Was aber wird tatsächlich gefragt: »Wie lautet Ihre Versicherungsnummer?« (Also bitte! Die hat man in dem Moment ganz sicher nicht parat). Und dann: »Wo stehen Sie?« Das ist die Anbieterperspektive, die einen Abschleppdienst organisieren will.

Wie gut es sich anfühlt, wenn jemand menschenorientiert handelt, habe ich erst kürzlich bei American Express erfahren. Mir war meine Handtasche gestohlen worden. Eine Katastrophe, denn eine Frau trägt darin ihr halbes Leben mit sich herum. Handy, Papiere, Schlüssel, Geld, alles war weg. Unter anderem musste ich auch meine Kreditkarte sperren lassen. »Weil Ihnen so was furchtbar Unangenehmes passiert ist, schreibe ich Ihnen jetzt erst mal 10 000 Punkte gut«, waren die tröstlichen Worte des jungen Mannes am Telefon, nachdem ich ihm die Sache geschildert hatte. Ja, so geht beziehungsorientiert statt prozessorientiert. Labsal für die geschun-

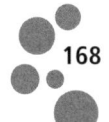

dene Seele. Und: Der Antrag für eine andere Kreditkarte liegt noch immer unabgeschickt zu Hause herum.

Die Customer Touchpoint Journey

Ursprünglich stammt der Begriff »Customer-Journey« aus dem E-Commerce. Er beschreibt den Weg des Users beim Surfen im Web oder auf einer Website über Views und Clicks bis zum Ja. Was bei dieser Betrachtung gerne vergessen wird: Ein potenzieller Kunde springt nicht nur im Web hin und her, vielmehr verquickt er virtuelle mit realen Touchpoints. Und ist er im Web unterwegs, lernt er mehr oder weniger zwangsläufig auch die Konkurrenz ausführlich kennen. Lange bevor er einen direkten Kontakt aufnimmt, hat er Bewertungen gelesen und Preise verglichen. Kommt seine Entscheidung durch eine Weiterempfehlung zustande, ist der Anbieter bis zum Kauf-Ja an keinem Punkt involviert. Die Kundenerlebnisse bei Gebrauch oder Anwendung, die schließlich zu Wiederkauf und Weiterempfehlen führen, beginnen erst nach einem solchen Ja. Zudem klickt der Kunde sich über verschiedene Geräte in die Onlinewelt ein (cross device). Höchst selten folgt er dabei den vom Anbieter vorgedachten Kanälen, die isoliert und unkoordiniert vor sich hin agieren oder sogar miteinander konkurrieren. Nein, er geht seinen eigenen Weg. Die kundenindividuelle »Offline-online-mobile-Customer-Journey«, oder besser gesagt, die »Touchpoint-Journey« der Kunden muss also Dreh- und Angelpunkt aller Unternehmensaktivitäten sein.

Nicht nur auf einer Reise in fremde Länder, sondern auch auf einer Reise durch die Kommunikations- und Servicelandschaft eines Anbieters kann man was erleben. Und jeder Kontakt hinterlässt Spuren. Dies nicht nur in den Köpfen und Herzen der Menschen, sondern oft auch im Web. Denn wie im wahren Leben will man von seiner Reise erzählen. So sammelt der Kunde an jedem Touchpoint Eindrücke, macht Nutzungserfahrungen oder hat Anwendererlebnisse, Customer Experiences (CX) und im Web User Experiences (UX) genannt, die sich zu einem Gesamtbild verdichten: Dieser Anbieter ist auf Dauer der richtige für mich – oder auch nicht. Dabei ist die Meinung des Kunden immer subjektiv, häufig verallgemeinernd, manchmal unfair, vielleicht sogar falsch – aber es ist die Meinung des Kunden, die er gefragt oder ungefragt weitergibt. Nur leider selten beim Anbieter selbst.

Der Kunde betrachtet ein Unternehmen immer als Einheit. Abteilungsbedingte Zuständigkeiten interessieren ihn nicht.

Bei alldem betrachtet der Kunde ein Unternehmen immer als Einheit. Für ihn gibt es keine Trennung zwischen Service, Sales und Marketing. *Jeder* in der Leistungskette, und das betrifft auch die von außerhalb zugebuchten Dienstleister, muss einen perfekten Job machen. Und nicht nur die direkten Kundenkontaktpersonen, sondern auch die, die »bloß« indirekt mit den Kunden zu tun haben, wie etwa die Buchhaltung oder Logistik, müssen kundenorientiert denken und handeln. Banal? Es gibt Softwareunternehmen, da bestehen die Entwickler darauf, nichts mit Kunden zu tun zu haben. Sie ergötzen sich an der Schönheit ihrer Programmiercodes und wundern sich, dass die Anwender gar nix verstehen. Und es gibt jede Menge Industrieunternehmen, da rufen Sie besser nicht nach 17 Uhr an. Dann geht nämlich nur noch der Werkschutz ans Telefon und Sie erfahren die merkwürdigsten Dinge. Nur sachkundige Antworten kriegen Sie nicht.

Auch einen Bruch zwischen Offline und Online darf es nicht geben. Es muss egal sein, an welchem Touchpoint die Kunden schließlich kaufen, Hauptsache, sie tun es bei uns und nicht bei der Konkurrenz. Wenn das Produkt eines Herstellers online nicht verfügbar ist, lenkt zum Beispiel Amazon die Nachfrage sofort zu einem vergleichbaren Produkt eines anderen Anbieters. Und damit ist der Kunde für den ursprünglich gesuchten Hersteller weg.

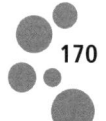

Softwarebasierte Touchpoint-Analysen werden inzwischen von einer ganzen Reihe von Anbietern offeriert. Viele davon versprechen das Blaue vom Himmel, analysieren aber mithilfe von Trackingmethoden nur die onlinebasierten Touchpoints – und auch nur die zwischen Gewahrwerden und Kauf. Dies lässt ein holistisches Bild auf die komplette Touchpoint-Reise eines Kunden gar nicht zu. Zudem kommen täglich neue Touchpoints hinzu, die geprüft und – wenn für passend befunden – sofort integriert werden müssen. Insofern kommen beim Einsatz von Analyse-Tools nur solche in Betracht, die eine Rundumperspektive ermöglichen, also Online-, Offline- und Mobile-Touchpoints erfassen und damit Touchpoint-Reisen komplett und chronologisch darstellen können.

Zudem gibt es Softwareprogramme, die die Administration eines umfassenden Touchpoint-Managements unterstützen. Einerseits kann dies eine Hilfe sein. Andererseits presst einen ein solches Programm in sein vorkonfiguriertes System und zwingt einem ein womöglich unpassendes Vorgehen auf. Entscheiden Sie selbst.

Wie man eine Customer Touchpoint Journey visualisiert

Folgt man der Kundenlogik, erwächst jede Kundenbeziehung aus einer zeitlichen Abfolge von Interaktionen, die sich von einem Punkt in der Vergangenheit in eine gemeinsame Zukunft bewegt. Deshalb ist für mich eine horizontal-lineare Darstellung die bessere Wahl. Die mehr oder weniger beliebten 360-Grad-Modelle gaukeln den Unternehmen eine vollständige und in sich abgerundete Betrachtung der Kundenbeziehungen vor, die es in Wirklichkeit niemals gibt. Eine lineare Darstellung hingegen dokumentiert analog einer Reise den Verlauf einer Customer-Journey mit all ihren Stopps beim Suchen und Finden, der Kaufentscheidung und mit allen Stationen, die Immer-wieder-Käufe, Mundpropaganda und Weiterempfehlungen generieren.

Hierbei hat sich die Methode des »Touchpoint Journey Mapping« als besonders hilfreich erwiesen. Dazu wird eine typische Kundenreise in Form einer Landkarte gezeichnet. Der Weg zu den einzelnen Touchpoints erscheint wie eine sich schlängelnde Linie von links nach rechts, wobei manche Kunden auch hin- und zurückgehen oder in Schleifen unterwegs sein können.

Eine typische Kundenreise könnte aus Kundensicht zum Beispiel aus folgenden Stationen bestehen: Onlinerecherche – Vorauswahl – Kontaktaufnahme – Beratungsgespräch – Vertragsabschluss – Rechnungsempfang – Bezahlung – Empfang der Ware – Nutzung der Ware – (Reklamation) – (Wiederkauf) – (Weiterempfehlung) – (Absprung). Wie dies optisch aussehen kann? Fragen Sie mal Suchmaschinen, es gibt jede Menge unterschiedliche Grafiken zum Thema.

Wichtig dabei: Jede Kundenreise kann zwar annähernd aus den gleichen Hauptstationen bestehen, im Detail jedoch ist der Weg vom Interessenten zum Markenbotschafter bei jedem Kunden ein anderer. Hervorragende Unternehmen liefern ihren Kunden an allen Touchpoints die beste Erfahrung über die gesamte Reise hinweg. Sie gestalten ein durchgängig positives Kundenerlebnis. Und sie betrachten ihr Angebot an allen Kontaktpunkten mit den Augen des Kunden.

Das Visualisieren einer Touchpoint-Journey ist überaus hilfreich. So können einzelne Obertouchpoints wie etwa der Schalterraum einer Bank in Untertouchpoints aufgesplittet werden. Oder es werden die einzelnen Phasen eines Entscheidungsprozesses betrachtet. Oder man stellt die unterschiedlichen Reiserouten verschiedener Kundengruppen dar. Oder man legt die Reiserouten vieler Kunden übereinander, um die Schlüssel-Touchpoints sichtbar zu machen. So erhält zum Beispiel ein reiner Onlineversender ein Bild darüber, was an den Offline-Touchpoints passiert. Oder ein reiner Offlineanbieter erkennt, inwieweit die Kunden ihm bereits online entgleiten. Außerdem kann man die sogenannten Playgrounds analysie-

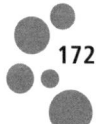

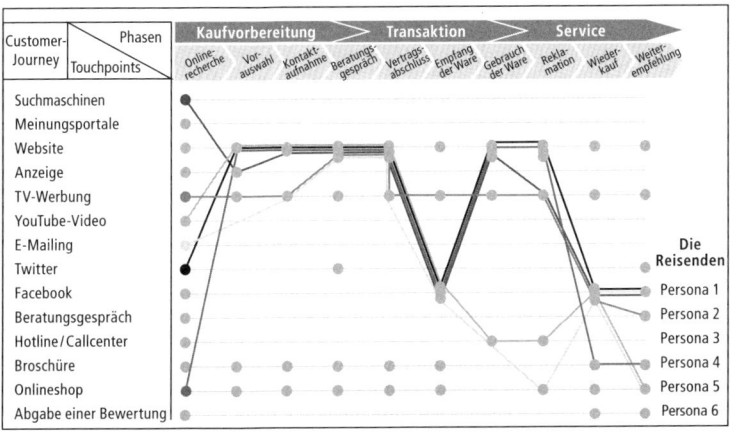

Abb. 8: Beispiel für die Darstellung verschiedener Customer-Journeys

ren, das heißt, untersuchen, ob die Zielpersonen von zu Hause, von unterwegs oder von der Arbeitsstelle aus agieren und mit welchem Gerät sie dies jeweils tun. Bei Fressnapf, einem Anbieter für den Bedarf von tierischen Mitbewohnern, wurde sogar eine Welpen-Journey entwickelt.

Viele Wege führen zum Reiseziel

Man kann die Touchpoint-Reise auch vertikal in drei große Etappen teilen: 1. vor, 2. während und 3. nach einer Transaktion. Oder man gliedert die Kundenbeziehung in die Abschnitte 1. kommen, 2. bleiben und 3. gehen. Die Swisscom hat die Entscheidungs-zyklus-Etappen ihrer Kunden einmal so dargestellt: wahrnehmen – informieren – bestellen – installieren – nutzen – bezahlen – Hilfe bekommen – wechseln. Dabei lassen sich zum Beispiel im Rahmen der Phase Installieren eine ganze Reihe von Touchpoints betrachten. Ferner kann differenziert werden, ob der Kundendienst eine männliche oder weibliche beziehungsweise eine ältere oder jüngere Person besucht. Denn die Erwartungen dieser Zielpersonen sind jeweils verschieden und müssen demnach auch unterschiedlich erfüllt oder besser sogar übertroffen werden. Wie man von den Erwartungen seiner Kunden und von ihren individuellen Erlebnissen auf einer Kundenreise erfährt? Durch kluge Fragen, wie wir gleich sehen. Und natürlich auch aus dem Beschwerdemanagement. Denn Reklamationen sind im Nachhinein geäußerte Kundenwünsche.

Sehr schnell wird dabei deutlich, welche Touchpoints aus Kundensicht fehlen, welche sehr relevant und welche völlig irrelevant sind. Unnötige Touchpoints lassen sich ausschließen, ignorieren oder deaktivieren – und auf diese Weise lässt sich auch eine Menge Kosten sparen. Bei einer Versicherungsgesellschaft kam zum Beispiel heraus, dass von den 120 existierenden Broschüren lediglich 18 in der täglichen Arbeit der Makler eingesetzt wurden, wie Universitätsprofessor Franz-Rudolf Esch in der Zeitschrift *Markenartikel* berichtet. Mein Tipp am Rande: Legen Sie für die aussortierten Touchpoints eine separate Liste an, und überprüfen Sie von Zeit zu Zeit, ob Ihre Entscheidung, diese zu ignorieren, aus Kundensicht immer noch richtig ist.

Vermeintlich kleine Touchpoints können aus Kundensicht große Painpoints sein. Diese müssen von daher schnellstens gefunden und ausgemerzt werden. Lovepoints hingegen müssen verstärkt und gepampert werden. Auch die Supertouchpoints, die in besonderem Maße auf die Reputation, die Kundenloyalität oder das Weiterempfehlen einzahlen, lassen sich nun bestimmen. Schließlich können mögliche Wirkungszusammenhänge zwischen den einzelnen Touchpoints erkannt wie auch Synergie- und Kannibalisierungseffekte aufgedeckt werden. Hat man die Interaktionsmöglichkeiten erst einmal in eine kundenlogische Abfolge gebracht, lässt sich deren Zusammenspiel optimieren und kundenfreundlicher gestalten. Die beiden wesentlichen Fragen dazu: »Wie war's?« und »Was können wir in Zukunft (noch) besser machen?«.

Die sieben Schritte einer Customer Touchpoint Journey

Zusammenfassend hier die sieben Schritte, die zur Darstellung einer Customer Touchpoint Journey gehören. Dazu notwendige Tools werden in den nächsten Kapiteln beschrieben.

Schritt 1: Legen Sie fest, welches Szenario Sie für welchen Kundentyp untersuchen wollen. Zum Beispiel: Eine Familie kauft in unserem Möbelhaus ein. Definieren Sie die »Reisenden« in Form von Personas, um ein genaues Bild von ihnen zu haben.

Schritt 2: Ordnen Sie die Kundenaktivitäten chronologisch in einzelne Phasen. Dies hilft, den Überblick zu behalten. Denken Sie dabei insbesondere auch an die Phasen vor und nach dem eigentlichen Besuch. Zerlegen Sie Obertouchpoints wie etwa die Kasse in Untertouchpoints, also zum Beispiel die Warteschlange, den Bezahlvorgang, das Einpacken, die Verabschiedung.

Schritt 3: Stellen Sie die Kundenaktivitäten in ihrer zeitlichen Abfolge dar und bereiten Sie diese grafisch auf. Beobachten und befragen Sie dazu die Kunden. Illustrieren Sie, quasi wie bei einem Reisebericht, was an den einzelnen Touchpoints passiert: durch Videoaufnahmen, Fotos, episodische Begebenheiten oder Sprechblasen-Statements. Markieren Sie die aus Kundensicht besonders wichtigen Touchpoints. Markieren Sie zusätzlich diejenigen, die in herausragendem Maße für Loyalität und Weiterempfehlungen sorgen.

Schritt 4: Analysieren Sie das, was aus Sicht des Kunden an den einzelnen Touchpoints passiert, nach den Kriterien »enttäuschend«, »okay« und »begeisternd«, um notwendiges Verbesserungspotenzial aufzuspüren. Finden Sie vor allem die Lovepoints und die Painpoints, also die Höhen und Tiefen einer Kundenerfahrung, heraus, um von ihnen zu lernen. Befragen Sie auch dazu die Kunden.

Schritt 5: Erarbeiten Sie gemeinsam, was Sie tun können, um die Kundenerlebnisse an jedem Punkt der Customer-Journey zu verbessern und unbeschwerter zu machen. Definieren Sie dazu das Soll, indem Sie sich fragen, wie eine optimale Touchpoint-Reise tatsächlich aussehen könnte.

Schritt 6: Setzen Sie die verabschiedeten Maßnahmen schnellstmöglich um. Favorisieren Sie dabei die Quick Wins, also Maßnahmen, die schnelle Erfolge erzielen. Halten Sie die Erfahrungen, die in diesem Schritt gemacht werden, schriftlich fest.

Schritt 7: Messen Sie Ihre Erfolge. Legen Sie dazu geeignete Kennzahlen fest. An den einzelnen Touchpoints sollten vor allem die Wiederkauf- und die Weiterempfehlungsbereitschaft gemessen werden.

In einem eintägigen Workshop mit allen Mitarbeitern, denen der Kunde auf einer solchen Reise begegnen kann, lassen sich diese Schritte gezielt abarbeiten. Und ist die Methodik erst mal bekannt, kann sie danach im Unternehmen – zum Beispiel mithilfe eines Customer Touchpoint Managers – kontinuierlich weiterentwickelt werden.

Entscheidende Momente der Wahrheit

Früher konnten die Marktplayer ihren Werbeschrott völlig unbekümmert in die Welt hinausballern. Heute erzeugt alles, was sie tun, öffentliche Resonanz. Ist sie negativ, dann schadet dies Image und Umsatz empfindlich. Und selbst wenn sie positiv ist, müssen Unternehmen dies moderieren. Denn auch Einzelmeinungen können heute ein großes Gewicht bekommen, wenn sie von Tausenden gelesen werden. Im Social Web gibt es keine Geheimnisse mehr. Besser also, die Dinge, die nicht entdeckt werden sollen, erst gar nicht zu tun.

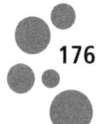

Wer schlechte Leistungen erbringt, verheimlicht, verschleiert, bei Leistungsfeatures lügt oder bei der Preisgestaltung betrügt und so den Kunden über den Tisch ziehen will, bekommt jetzt blitzschnell Probleme. Gebloggter, getwitterter oder den Meinungsportalen anvertrauter Unmut erreicht heute innerhalb von Minuten die breite Öffentlichkeit – und wird von den sensationshungrigen Medien dankbar recycelt. Solche Meldungen beeinflussen Käuferentscheidungen stärker als jede noch so gut gemachte Unternehmenskommunikation.

Konsumentenurteile beeinflussen Käuferentscheidungen stärker als jede Unternehmenskommunikation.

Doch ist das den Oberen deutlich bewusst? Wenn ich bei Managementtagungen einen Vortrag halte, stelle ich den Teilnehmern gern folgende Frage: »Welches ist der erste Kontaktpunkt, den ein potenzieller Kunde mit Ihrem Unternehmen hat?« Die Antworten fallen über alle Branchen hinweg ähnlich aus: Der Interessent kommt vorbei, er ruft an, er mailt, er erhält Unterlagen, er geht auf die Webseite, er wird von einem Außendienstmitarbeiter besucht ... Hieran erkennt man die immer noch vorherrschend selbstzentrierte Sichtweise der Managementcrew. In Wirklichkeit entstehen die ersten Kontakte ja schon sehr viel früher:

O In seinem persönlichen Umfeld oder in den Medien hört beziehungsweise liest der Interessent ganz beiläufig etwas über ein Unternehmen und seine Angebote. Diese Meinung, sei sie positiv oder negativ, wird für den ersten Eindruck und die Vorauswahl maßgeblich sein.

O Der Interessent befragt Kollegen oder Freunde, was sie zu einem Unternehmen und dessen Produkten und Services sagen können. Und deren Meinung zählt.

O Ein Interessent googelt das Unternehmen und stößt dabei auf zu- oder abratende Einträge in Foren und Blogs oder auf Meinungs- und Bewertungsportalen. Und diese beeinflussen das weitere Interesse in aller Regel erheblich.

So kommt es, dass viele Unternehmen es sich mit ihren Interessenten bereits verscherzt haben, noch bevor es überhaupt einen ersten direkten Kontaktversuch gab. Doch spätestens jetzt ist klar, wie intensiv man sich im Rahmen eines Touchpoint-Projekts gerade mit den einem Kaufwunsch vorgelagerten »neuen Momenten der Wahrheit« beschäftigen muss. Dabei steuern anschaffungswillige Kunden vorzugsweise die webbasierten O-Töne Dritter an. Je nach Branche fallen weit über 50 Prozent aller Kaufvorentscheidungen heute im Web. Das bedeutet: Schlechte Anbieter verlieren heute bereits jeden zweiten potenziellen Kunden allein durch das Internet. Und dies meist, ohne es zu merken.

Dabei spielen Meinungsportale, User-Foren, Testberichte, Blogbeiträge, Presseartikel, Mundpropaganda und Weiterempfehlungen eine zunehmend wichtige Rolle. Google spricht hier von den »Zero Moments of Truth« (ZMOT); damit ist gemeint, dass eine Entscheidung für ein bestimmtes Produkt auf Basis der Hinweise Dritter gefällt wird, ohne dabei mit dem Anbieter direkt zu interagieren. Zero Moments of Truth erzählen von den Bewährungsproben, die ein Anbieter bei anderen Kunden bereits erfolgreich gemeistert hat – oder auch nicht. Hierbei greifen Interessenten auf durchschnittlich mehr als zehn Webinhalte zu, bevor sie eine Entscheidung treffen. Suchmaschinen werden so zu Verbindungsmaschinen, die helfen, das Gute vom Schlechten zu trennen. Und zu diesen gesellen sich am Ende häufig noch diverse Offline-Influencer, also Experten aus dem eigenen Umfeld, die wir befragen.

Für den Autokauf wurde hierzu einmal wie folgt gefragt: »Welche Infoquellen haben Sie im Rahmen des Kaufentscheidungsprozesses aktiv genutzt, um sich zu informieren?« Folgende Zahlen wurden ermittelt[33]:

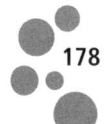

Internet	59 %
Händler / Verkäufer	31 %
Prospekte / Preislisten	16 %
Homepage der Hersteller / Händler	7 %
Gespräche mit Dritten	6 %
Fachzeitschriften	5 %
Probefahrt	3 %

Im B2B dürfte die erste Zahl in den meisten Fällen noch sehr viel höher liegen, weil inzwischen nahezu die komplette Vorrecherche online passiert.

Wie sich Touchpoints clustern lassen

Aus Kundensicht betrachtet sind im Verlauf einer Geschäftsbeziehung fünf Gruppen von Touchpoints relevant:

○ Influencing Touchpoints: Diese sind während der Phase der Informationssuche und des Gewahrwerdens wirksam, weil sie Entscheidungsströme kanalisieren.
○ Pre-Purchase Touchpoints: Diese spielen in der Phase der Entscheidungsvorbereitung eine maßgebliche Rolle.
○ Purchase Touchpoints: Diese müssen in der Phase der Entscheidung und im Moment des Kaufs überzeugen.
○ After-Purchase Touchpoints: Hier muss in der Phase der Nutzung und des Wiederkaufs alles wie am Schnürchen klappen.
○ Influencing Touchpoints: Eigene Erfahrungen werden in Form von Mundpropaganda online und offline geteilt. Dies beeinflusst Dritte und sorgt dafür, dass neue Kunden kommen und kaufen.

Aus Unternehmenssicht gibt es ebenfalls fünf Gruppen von Touchpoints; sie lassen sich unter dem Akronym EPOMS zusammenfassen:

○ Earned Touchpoints sind solche, die man sich durch gute Arbeit verdient (Bewertungen, Presseberichte, Weiterempfehlungen usw.).
○ Paid Touchpoints dagegen werden vom Unternehmen gekauft (Anzeigen, Bannerwerbung, AdWords, TV- und Radiospots, Plakate usw.)
○ Owned Touchpoints sind Kontaktpunkte, die man besitzt (Website, Unternehmensblog, Kundenmagazin, Onlineshop, Firmengebäude, Ladengeschäft usw.).
○ Managed Touchpoints werden vom Unternehmen an Drittplätzen gemanagt (Facebook, Twitter, Apps im externen App-Store, externes Callcenter, Messestand usw.).
○ Shared Touchpoints sind solche, die ein Kunde mit anderen teilt (Produkte, Inhalte, Erklärvideos, E-Books, Fachartikel, Forenbeiträge usw.).

Die Paid, die Owned und die Managed Touchpoints, in der Marketingsprache oft auch Media genannt, lassen sich relativ leicht »kontrollieren«. Bei den Managed Touchpoints hat die Kontrolle allerdings Grenzen, weil der Betreiber der Plattform die dort geltenden Regeln diktiert und sie jederzeit ohne Ankündigung ändern kann. Dies kann von heute auf morgen sehr viel Arbeit zunichtemachen. Zudem kann eine Plattform ruckzuck wieder von der Bildfläche verschwinden. Deshalb gehören Kernaktivitäten und kommunikative Kronjuwelen immer auch auf eigene Präsenzen: Content auf die eigene Website und in den eigenen Blog, Beziehungen in eine eigene Community, Fans in den eigenen Fanklub.

Bei den Earned Touchpoints hingegen tappen Unternehmen sehr oft im Dunkeln. Denn diese lassen sich nicht »kontrollieren«. Man muss sich das, was dort passiert, durch gute Leistungen verdienen. Die Schlagworte hierzu heißen: Begeisterung, Vertrauen, Spitzen-

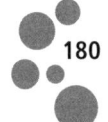

leistungen und Spitzenleister. Superlative und Sympathie spielen dabei eine maßgebliche Rolle. Pluspunkte dafür gibt es vor allem im Web. So kommen im Rahmen einer Recherchephase plötzlich auch Produkte, Anbieter und Marken auf den Schirm, die ein Suchender zunächst gar nicht im Auge hatte. Dritte haben ihn darauf aufmerksam gemacht und so seine Entscheidung beeinflusst.

Shared Touchpoints sind solche, die ein User mit anderen teilt. Dazu müssen deren Inhalte (Content) nützlich oder unterhaltsam sein. Soziale Netzwerke und mobile Devices sorgen für eine umfangreiche Weiterverbreitung. Seitdem Anbieterwerbung durch Adblocker zunehmend blockiert wird, haben Shared Media enorm an Bedeutung gewonnen. Sie dienen nicht nur der Bestandskundenpflege und des Reputationsaufbaus, sondern sorgen auch für die Aufmerksamkeit neuer Kunden. Wie man mit diesem so wichtigen Kommunikationstool gut umgeht, wird in Teil 3 ausführlich erläutert.

Earned und Shared Media: Spiel über Bande

Das Messen von Aktivitäten im Bereich der Paid, Owned und Managed Touchpoints ist vor allem im Web sehr gut möglich. Erfolge via Earned oder Shared Media hingegen lassen sich nur auf Umwegen ermitteln. Im Onlinebereich gibt es zu diesem Zweck Social-Media-Monitoring-Tools. Offline helfen Kundenbefragungen weiter. Entsprechende Fragen klingen dann so:

○ Wie haben Sie eigentlich zuallererst von uns erfahren?
○ Oder: Wie sind Sie ursprünglich auf uns aufmerksam geworden?
○ Oder: Wo haben Sie denn zum allerersten Mal von uns gehört?
○ Oder: Wer oder was hat Sie bei Ihrer Entscheidung am stärksten beeinflusst?

Die Geschichten, die Sie im Zuge solcher Befragungen zu hören bekommen, können nicht nur faszinierend, sondern auch sehr erhellend sein. Konzentrieren Sie sich vor allem darauf, wie Sie gefunden wurden, wodurch die Vorauswahl oder eine Entscheidung maßgeblich beeinflusst wurde und welche Muster sich daraus ergeben.

Analysieren Sie die Weiterempfehlungen und sorgen Sie gezielt für Wiederholungen. So entdecken Sie zum Beispiel sehr schnell, welche ihrer Informationen besonders gern mit wem geteilt und welche Ihrer Leistungen vehement weiterempfohlen werden. Sind solche Zusammenhänge nämlich bekannt und durchanalysiert, können sie in Zukunft ganz gezielt nachgebildet und wiederholbar gemacht werden. Zugleich gelingt es Ihnen hierbei, wertvolle Empfehler aufzuspüren – und man kann sich bei ihnen gebührend bedanken. Wer sich für dieses zunehmend wichtige Thema explizit interessiert: In meinem Buch *Das neue Empfehlungsmarketing* finden Sie dazu reichlich Material.

Wo immer dies möglich ist, sollten Sie zügig damit beginnen, alle Neukunden auf diese Weise zu befragen. Nehmen Sie die erhaltenen Informationen in Ihre Datenbank auf. Darüber hinaus können Sie auch ausgewählte Bestandskunden im Zuge Ihrer Betreuungsaktivitäten zu diesem Thema befragen. Ein kleiner Hinweis: Die Worte »ursprünglich« und »zuallererst« sind sehr wichtig, da heutzutage die meisten Kunden auf vielfältige Weise mit einem Anbieter in Berührung kommen.

Touchpoint-Kategorien: mehr als nur EPOMS

Im Touchpoint-Management gibt es nicht *die eine* Methode oder eine schnelle Zehn-Punkte-Checkliste zum Ziel. Denn so wie jeder Kunde anders ist, so ist auch das Vorgehen der Anbieter je nach

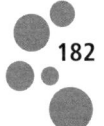

Branche verschieden. Insofern lassen sich die jeweiligen Touch-points auf unterschiedliche Weise gruppieren. Zum Beispiel so:

○ Direkte Touchpoints sind solche, an denen die Mitarbeiter unmittelbar mit einem Kunden interagieren, beispiels-weise ein Verkäuferbesuch, die Hotline oder der Messe-stand.
○ Bei indirekten Touchpoints ist ein Bindeglied zwischen-geschaltet, etwa eine Website, ein Mailing, eine Rechnung oder ein Paket.

Bei direkten Touchpoints spüren intuitionsbegabte Mitarbeiter meistens unmittelbar an der Reaktion eines Kunden, ob das, was dort passiert, enttäuschend, okay oder begeisternd ist. Beim indi-rekten Kontakt spürt man das nicht. Und hierin liegt eine große Gefahr: Man verheddert sich in standardisierten Prozessen, die für das Unternehmen zwar praktisch, für die Kunden jedoch unvor-teilhaft sind. Oder man denkt nur an die Kosten, nicht aber daran, was eine Sache aus Kundensicht bringt. Oder man macht Dinge falsch, weil das Feedback des Kunden fehlt. Oder man vernachläs-sigt die Kundenperspektive und geht stattdessen von seiner Eigen-sicht aus. »Also, mir würde Mailing A besser gefallen«, sagt zum Beispiel der Chef (nachdem er seine Ehefrau konsultiert hat). Und weil das Wort des Chefs Evangelium ist und es sich natürlich nie-mand mit ihm verscherzen will, wird wider besseres Wissen Mai-ling A an die Kunden verschickt.

Je nach Unternehmensgröße und Branche können Touchpoints auch wie folgt unterteilt und gegliedert werden:

○ Human Touchpoints
○ Process Touchpoints
○ Product Touchpoints
○ Document Touchpoints
○ Location Touchpoints

Betrachten wir zum Beispiel ein Hotel, dann sind die Mitarbeiter, mit denen man an vielen Punkten in Berührung kommt, die Human Touchpoints. Prozesse wie der Ein- oder Auscheckvorgang sind Process Touchpoints. Die Zimmerausstattung ist ein Produkt-Touchpoint. Das Informationsmaterial auf dem Zimmer oder die Speisekarte sind Document Touchpoints. Und der Parkplatz oder die Wellnesszone sind Location Touchpoints. Eine solche Gruppierung kann helfen, einzelne Facetten einer Dienstleistung aus Kundensicht in den Fokus zu rücken.

Meist spielt der Human Touch die entscheidende Rolle. So kann es beispielsweise passieren, dass ein Kunde seiner Automarke treu verbunden bleibt, jedoch den angestammten Händler verlässt, weil sein langjähriger Betreuer in ein anderes Autohaus wechselt. Und weiter kann es passieren, dass die Loyalität, die der Verkäufer mühevoll aufgebaut hat, in wenigen Augenblicken durch einen miserablen Kundendienst vernichtet wird. Bereits das zweite Auto »verkaufen« also in Wirklichkeit die Servicemitarbeiter. Wenn man sich allerdings in die Servicebereiche der Händler begibt, ist davon wenig zu spüren. Manchmal verstecken sich diese sogar im Keller und dort sieht es aus wie im Baumarkt. Besser ginge es über eine breite Treppe in den ersten Stock, um zu zeigen, wie wertvoll eine bestehende Kundenbeziehung ist.

Wie sich Touchpoints bewerten lassen

Die Zahl der Touchpoints ist seit Social Media und Mobile Marketing geradezu explodiert. Erfahrungsgemäß kommen bei einer Analyse inzwischen meist mehrere Hundert Touchpoints zusammen. So hat die Marktforschungsabteilung von Porsche mehr als 300 Touchpoints identifiziert, über die der potenzielle oder tatsächliche Kunde mit Hersteller, Händler und Marke in Berührung kommt. Entscheidend ist dann immer die Frage, auf welche Punkte man sich konzentrieren soll, welche sich neu kombinieren lassen,

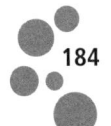

welche vernachlässigt werden können, welche gestrichen werden müssen und welche womöglich noch fehlen. Hierzu ist eine Bewertung der Touchpoints nötig. Zwei Ebenen sind dabei zu betrachten:

1. Die *Wichtigkeit* eines Touchpoints aus Kundensicht sowie dessen (Wieder-)Kauf- und Empfehlungspotenzial. Hierdurch lassen sich sowohl die unnötigen als auch die Supertouchpoints ermitteln.
2. Die *Qualität* dessen, was aus Kundensicht an den einzelnen Touchpoints passiert. Hierdurch lassen sich die Lovepoints und die Painpoints ermitteln.

Um die Wichtigkeit eines Touchpoints aus Sicht eines Kunden, dessen (Wieder-)Kaufbereitschaft und dessen Empfehlungspotenzial zu messen, werden die Kunden befragt. 50 bis 100 Personen reichen zum Start. Hier die Fragen im Wortlaut:

○ Wie wichtig ist Ihnen dieser Punkt auf einer Skala von 0 bis 10?
○ Würden Sie an diesem Punkt (wieder-)kaufen? Bitte geben Sie die Wahrscheinlichkeit auf einer Skala von 0 bis 10 an.
○ Würden Sie diesen Punkt weiterempfehlen? Bitte geben Sie die Wahrscheinlichkeit auf einer Skala von 0 bis 10 an.

Nach jeder Antwort stellen Sie am besten gleich noch ein paar wertvolle Zusatzfragen: Was ist der Hauptgrund für die Bewertung, die Sie gerade abgegeben haben? Was läuft dabei besonders gut? Was fehlt ganz konkret, um einen (noch) höheren Wert zu erreichen? Haben Sie dazu eine schnell umsetzbare Idee? Mit solchen Fragen kommen Sie sofort ganz nah an die wichtigsten Kundenmotive heran.

Anschließend können alle vergebenen Punkte zusammengezählt und dann die einzelnen Touchpoints in eine Rangfolge gebracht werden. Oder man stellt dies alles in Form einer Matrix dar. Derart priorisiert lassen sich im Anschluss geeignete Maßnahmen vorbereiten, um in eine verbesserte Soll-Situation zu gelangen.

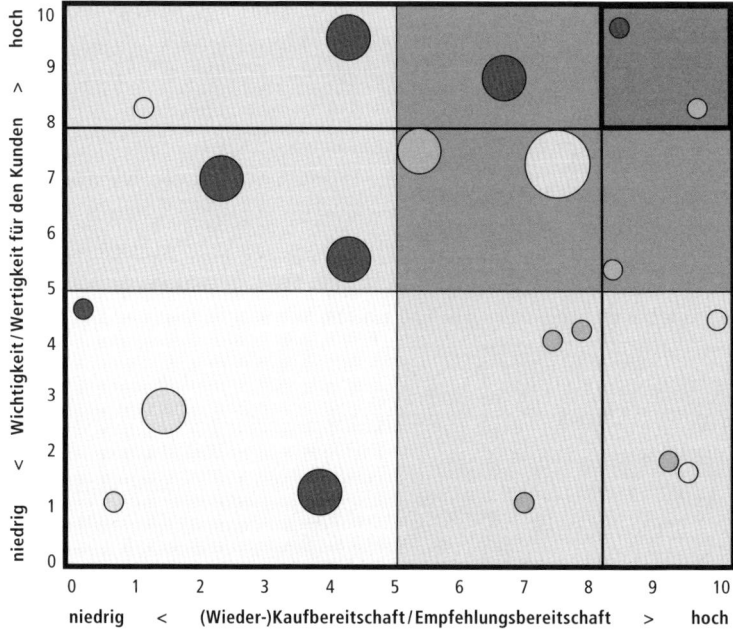

Abb. 9: Neun-Felder-Matrix mit den Achsen Wichtigkeit/Wertigkeit und (Wieder-)Kaufbereitschaft/Empfehlungsbereitschaft (die unterschiedliche Größe der Punkte ermöglicht eine dritte Dimension, deren Einfärben eine vierte)

Enttäuschend, okay oder begeisternd?

Bei der Qualitätsbetrachtung einzelner Touchpoints werden in gängigen Schaubildern meist die Bewertungsstufen negativ, neutral und positiv verwendet. Die ganze Emotionalität, die einen Kunden befallen kann und auch meistens befällt, wenn er ein Produkt ersteht oder eine Dienstleistung nutzt, kommt dabei allerdings reichlich zu kurz. Denn jede Erfahrung, die ein Mensch macht, wird, wie wir schon sahen, mit einem emotionalen Plus oder Minus mar-

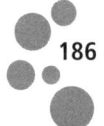

kiert, dementsprechend im zerebralen Erfahrungsspeicher abgelegt und als »Like« oder »Dislike« geäußert.

Dass herausragende Kundenerfahrungen tatsächlich seelische Reaktionen auslösen, belegt eine American Express Service Study. »Für die Studie wurden über 1500 Konsumenten unter laborähnlichen Bedingungen im Hinblick auf ihr Verhalten getestet: Bei mehr als 60 Prozent der Teilnehmer gab es eine Steigerung der Herzschlagfrequenz, als sie über eine positive Kundenerfahrung nachdachten. Bei mehr als 50 Prozent der Studienteilnehmer löste eine positiv erlebte Kundenservicebegebenheit die gleichen geistigen Reaktionen aus wie Reaktionen auf Liebe.«[34] Idealerweise streben Anbieter also danach, zu einer Lovemark (Kevin Roberts) zu werden, einer Marke also, in die man sich verliebt.

Um diese Emotionalität zum Ausdruck zu bringen, favorisiere ich eine Vorgehensweise, bei der jeder Interaktionspunkt auf seine Enttäuschungs-, Okay- und Begeisterungsfaktoren hin analysiert wird. Diese Methode habe ich in Anlehnung an das Kano-Modell des japanischen Universitätsprofessors Noriaki Kano weiterentwickelt.

Diesem Modell liegt die Frage zugrunde, was der Kunde im Vorfeld erwartet und was er im Vergleich dazu wirklich erhält. Hierzu sollten sich die Mitarbeiter regelmäßig zusammensetzen und ihr Vorgehen (mithilfe der Kunden) an den einzelnen Touchpoints untersuchen. Im Vorfeld einer Aktion klingen die Fragen dann so:

O Was ist enttäuschend? (= Was wir keinesfalls tun dürfen)
O Was ist okay? (= Unser Minimumstandard, die Nulllinie
   der Zufriedenheit)
O Was ist / wäre begeisternd? (= Was wir bestenfalls tun können)

Im Nachgang einer Aktion werden die gleichen Punkte nochmals betrachtet. Die Fragen klingen dann so:

○ »War das wow?« – War es also begeisternd, verblüffend, überraschend, faszinierend?

○ »War das okay?« – War es also den Erwartungen entsprechend und damit indifferent?

○ »War das gar nichts?« – War es also enttäuschend, empörend, frustrierend, verärgernd?

Die reine Funktionalität eines Produkts oder der Ablauf einer Leistungserbringung entspricht somit der Nulllinie der Zufriedenheit. Hiermit allein kann man nur selten begeistern. Denn dass etwas zu einhundert Prozent einwandfrei funktioniert, wird vom Konsumenten als selbstverständlich vorausgesetzt. Begeisterung heißt immer: Erwartung plus x. Die Referenzpunkte liegen auf Höhe der besten und schlechtesten subjektiven Erfahrungen, die man je auf dem entsprechenden Gebiet gemacht hat. Dabei geht es sowohl um die Prozessebene als auch um die Beziehungsebene.

Hierzu werden sowohl die Painpoints als auch die Lovepoints herauskristallisiert. Vor lauter Fehlerorientiertheit werden nämlich die Dinge, die die Kunden besonders lieben, oft viel zu wenig beachtet. Diese sollen weiter verstärkt werden. Und Dinge, die die Kunden gar nicht mögen, also Mangelgefühle, Fehlschläge und Missstände, müssen schnellstmöglich vom Tisch. Bei Anbietern, die als exzellent gelten, liegt die Messlatte übrigens besonders hoch – die Bewertung hängt ja maßgeblich von der Erwartung ab. Bei einem Fünf-Sterne-Hotel ist sie zum Beispiel wesentlich höher als bei einem Zwei-Sterne-Hotel. Das Zwei-Sterne-Hotel hat also deutlich mehr Begeisterungsspielraum.

Zufriedene Kunden sind gefährliche Kunden

Bei der qualitativen Bewertung geht es nicht nur um die Leistungen an sich, sondern auch um die sie zwangsläufig immer begleitenden Emotionen. Das Ergebnis schwankt, aus Sicht des Kunden betrachtet, zwischen herber Enttäuschung und hemmungsloser

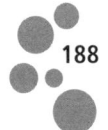

Begeisterung. Solche Überlegungen lassen sich in einer einfachen Übersicht festhalten:

Betrachteter Touchpoint	Enttäuschungs-faktoren	Okay-Faktoren	Begeisterungs-faktoren
Faktisch			
Emotional			

Abb. 10: Qualitative Bewertung von Touchpoints

Ist ein Kunde enttäuscht, wird er Sie dafür bestrafen: mit Nörgeleien, verschärften Reklamationen, anspruchsvollen Forderungen, Rechnungskürzung, Fahnenflucht, übler Nachrede und/oder Sabotageakten. All das tut er mit hohem Zerstörungsdrang. Sein Motiv? Rache! Vergeltung für empfundenes Unrecht! Solches Empfinden ist immer subjektiv – und es kann eine Menge Energie entfalten. Zunehmend wird dabei *der* »Anwalt« gewählt, der am meisten Druck machen kann: die digitale Öffentlichkeit.

Ist der Kunde hingegen begeistert, dann kauft er mit (Vor-)Freude – und immer wieder gern. Dann ist er blind und taub für den Wettbewerb. Dann wird er zum Fan, zum Fürsprecher, Multiplikator und Meinungsmacher. Dann empfiehlt er Sie weiter, wo er nur kann. Ich nenne das den »Rosarote-Brille-Effekt«.

Kunden, die »nur« zufrieden sind, sind hingegen gefährliche Kunden. Denn sie sind schweigsame Kunden. Sie tadeln nicht, sie loben aber auch nicht. Und genauso heimlich und still machen sie sich auf und davon. Denn »zufrieden« heißt: Die Leistung wurde als »befriedigend« wahrgenommen. Das ist mittelmäßig, beliebig, ersetzbar. Mittelmaß ist austauschbar wie ein x-beliebiges Produkt im Regal. Es ist reine Zeitverschwendung, mittelmäßig zu sein. Wer heute Geld ausgibt, will Spitzenleistungen. Nur der Beste bekommt auch das Beste: treue Immer-wieder-Kunden und aktive Weiterempfehler.

Wer sich mit Zufriedenheit zufriedengibt, wird behäbig und bequem. Die emotionale Spannung ist niedrig, mangelnde Identifikation und Gleichgültigkeit machen sich breit. Unternehmen, die »nur« auf die Zufriedenheit ihrer Kunden aus sind, setzen sich eher halbherzig für deren Interessen ein, zeigen wenig Initiative beim Erfüllen von Sonderwünschen und wenig Kreativität beim Lösen von Problemen. Diese Egal-Mentalität führt zu Desinteresse, zu Nachlässigkeiten und mangelnder Sorgfalt – und schließlich zum Kundenverlust.

Um in die Begeisterungszone zu gelangen, kann man gar nicht genug außergewöhnliche Ideen haben. Wer an den einzelnen Touchpoints Großes bewirken will, nutzt hierzu am besten die »Weisheit der Vielen«, also die kollektive Intelligenz der Mitarbeiter. Mithilfe dieses Arbeitsblattes können Sie sich an die Optimierungsarbeit heranmachen:

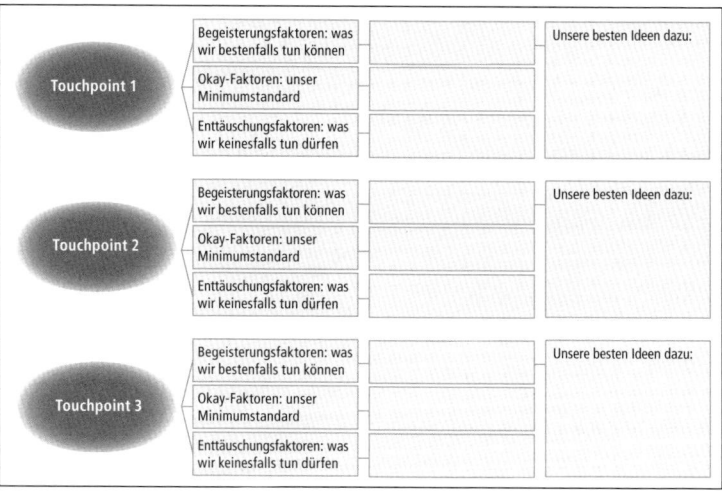

Abb. 11: Arbeitsblatt für Touchpoint-Optimierung und Begeisterungsideen

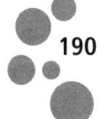

Wie Sie Ihre Touchpoints optimieren

Am Schreibtisch kann man nicht herausfinden, wie die Kunden denken und handeln. Um Kaufverhalten und Nutzungsgewohnheiten klar zu erfassen, gibt es zwei grundsätzliche Möglichkeiten: Sie können erstens die Kunden beobachten und zweitens ihnen Fragen stellen. Allerdings ist hinschauen besser als hinhören. Will heißen: Durch Beobachten lernt man mehr als durch simples Befragen. Der Grund: In gestellten Situationen reagieren die Menschen nicht wie im wahren Leben. Befragungen erzeugen sozial erwünschte oder verzerrte Antworten beim Kunden – und zudem Interpretationsverzerrungen auf Unternehmensseite. Darüber hinaus werden Marktforschungsaufgaben von den damit beauftragten Instituten nicht selten verkompliziert. Und die aufbereiteten Ergebnisse können oft nur noch von einer akademischen Elite verstanden werden.

Optimieren durch Beobachten des Kunden

Solche Verzerrungen wie gerade geschildert passieren beim unbeeinflussten Beobachten nicht. So kann man den Kunden mit Kamera, Notizblock und Stoppuhr durch seinen Tag begleiten. Im Handel kann man den Konsumenten sogar unbemerkt folgen, um ihr Einkaufsverhalten zu studieren. »Shadowing« ist das Fachwort dafür. Der Konsumentenforscher Paco Underhill hat so unter anderem herausgefunden, dass vor allem Frauen schnell das Weite suchen, wenn sie angerempelt werden, weil die Gänge zu eng oder vollgestellt sind. Besonders unangenehm finden sie es, wenn jemand aus Versehen ihren Allerwertesten streift, während sie sich bücken, weil die Ware (zu) weit unten liegt. Ferner hat er entdeckt, dass die Menschen mehr einkaufen, wenn man ihnen Einkaufskörbe in die Hand drückt oder wenn diese in mindestens einem Meter Höhe an mehreren Stationen im Geschäft bereitgestellt werden. Meistens braucht man ja nur schnell ein paar Dinge, denkt man sich so. Und geht ohne Korb los. Die Handtasche in der Hand,

Mantel über dem Arm, greift Frau mit rechts und beginnt, auf dem linken Arm zu stapeln. Zwei Flaschen des edlen spanischen Rotweins, der gerade im Angebot ist, obendrauf zu balancieren, das ist aber dann doch zu riskant. Schade eigentlich. Bereitstehende Einkaufskörbe im Getränkebereich wären jetzt hilfreich – und umsatzförderlich auch.

Software-Hersteller und Internetanbieter haben längst damit begonnen, ihren Kunden über die Schulter zu schauen, wenn sie am Computer hantieren. Und Markenartikelriesen halten via fest installierter Videokamera das Koch-, Ess- und Putzverhalten in Haushalten fest. Country-Manager verbringen, wenn neue Märkte erschlossen werden, einige Zeit in ausgewählten Kundenfamilien, um deren Alltag hautnah mitzuerleben. So kommt man zu Erkenntnissen, die in kontrollierten Testsituationen nie möglich wären.

Beim Liechtensteiner Werkzeughersteller Hilti sind die Entwickler regelmäßig auf den Baustellen anzutreffen, um die Handwerker bei der Arbeit zu beobachten. Bei Bizerba, einem Hersteller von Wägetechnik, gehen die Ingenieure bei der Erstinstallation mit zum Kunden. Dabei lernen sie, wie der Bediener mit den Geräten hantiert und welche Schwierigkeiten es womöglich noch gibt. Vor Ort hat man so zum Beispiel erkannt, wie wichtig Piktogramme sind, wenn Aushilfskräfte mit den Kassensystemen arbeiten.

Von Howard Schultz, dem Starbucks-Gründer, wird erzählt, dass er bei einer Reise durch Italien auf seine Geschäftsidee kam. Er beobachtete nämlich, dass sehr guter Kaffee dort zum täglichen Leben der Menschen gehört. So entwickelte er sein Konzept des »dritten Ortes«, an dem sich die Leute zwischen Wohnung und Arbeit treffen, um einen kleinen Kurzurlaub einzulegen und sich mit etwas Luxus zu verwöhnen.

Eine Gruppe aus Marketern, Ingenieuren und Designern der Healthcare-Sektion von General Electric (GE) ging mit Kameras in

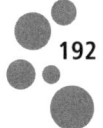

die Operationssäle, um die Zusammenarbeit zwischen Anäs-
thesisten, Chirurgen und OP-Schwestern besser verstehen zu lernen. So wurden Probleme und Ärgernisse
aufgedeckt, die schon niemandem mehr auffielen,
weil man sich an die Umstände im OP gewöhnt
und sie in seine Routinen integriert hatte.
Aus diesen Beobachtungen heraus wurden
schließlich optimierte Lösungen entwickelt.

In den SirValUse-Testlabors werden technische Geräte aller Art auf ihre Bedienerfreund-
lichkeit untersucht. Hinter einer verspiegel-
ten Glasscheibe beobachten Entwickler, wie
sich nach dem Zufallsprinzip ausgewählte Probanden vergeblich mit ihren fabrikneuen Geräten abmühen. »Wenn da acht von zehn Testkun-
den nicht einmal den Einschaltknopf finden, beißen
die Ingenieure schon mal zerknirscht in die Tischplatte«,
sagt Geschäftsführer Tim Bosenick. »Die haben sich jahrelang
mit ihren Geräten beschäftigt und können anfangs kaum fassen,
dass normale Menschen sie nicht kapieren.« Ein Segen, wenn solche Beobachtungen noch rechtzeitig vor der Markteinführung gemacht werden können.

**Kundenbeobach-
tungen vor einer
Markteinführung
sind besonders
hilfreich.**

Ein weiteres beeindruckendes Beispiel findet sich in dem Buch
Was Marken erfolgreich macht von Christian Scheier und Dirk Held.
Die Autoren berichten vom Kimberly-Clark-Konzern, der Absatz-
probleme mit einer Windelmarke hatte. Das übliche Befragen erbrachte keine klaren Antworten und so entschied man sich für
eine anthropologische Analyse. Hierzu trugen die Probanden eine
spezielle Brille, in die eine Kamera integriert war. So konnte man
die Welt durch die Brille des Kunden betrachten – im wahrsten
Sinne des Wortes. Schon bald zeigte sich die wahre Ursache des
Problems. Die Frauen wickelten ihre Babys nämlich nicht, wie sie
erklärt hatten, auf dem Wickeltisch, sondern an allen möglichen
und unmöglichen Orten. Die Windelpackungen waren in solchen

Situationen schwer zu öffnen. Aufgrund dieser Beobachtung wurde Verpackungsmaterial entwickelt, das sich mit einer Hand öffnen ließ. Und dieses war dann ein voller Erfolg. In einem anderen Fall wurde beobachtet, dass sich Kinder nicht mehr wickeln lassen wollen, wenn sie größer werden. So kamen Windeln auf den Markt, die man im Stehen wechseln kann.

Bei solchen Beispielen wird ganz schnell klar, wie wertvoll Beobachtungen sind. Manche Ergebnisse können sehr schmerzlich sein. Andere möchte man gar nicht wahrhaben. Doch wer den Kopf in den Sand steckt, sieht seine Feinde nicht kommen. Schauen Sie also besser sorgfältig hin. Beobachtungen kreisen immer um folgende Fragen: Welche Rolle spielen unsere Produkte und Services im Leben unserer Kunden? Und wie können wir an allen Touchpoints dazu beitragen, dass deren Leben angenehmer respektive ihr Business erfolgreicher wird?

Optimieren durch kluge Fragen

Groß angelegte Kundenzufriedenheitsmessungen? Sind ein Auslaufmodell! Die sind nicht nur teuer, sondern auch wertlos. Sie sind vergangenheitsorientiert, langwierig und träge. Sind sie anonymisiert, kann man nicht mal auf persönliche Anliegen reagieren. Und sie zeigen, weil punktuell erhoben, nur eine Momentaufnahme. Das schlimmste Manko: Bis die Ergebnisse gesammelt, sondiert, aufbereitet, der Geschäftsleitung präsentiert und schließlich über das mittlere Management mehr oder weniger gefiltert an die kundennahen Mitarbeiter weitergereicht werden, vergehen oft Wochen und Monate. Während Budgetabweichungen, Umsätze und Ertrag in jedem Meeting Thema sind, werden klassische Kundenbefragungen in aller Regel nur einmal jährlich durchgeführt und stehen demzufolge auch nur einmal im Jahr auf der Agenda. Wodurch mal wieder offensichtlich wird: Kundenbeziehungen sind Kellerkinder. Wer nur einmal im Jahr auf die Kundenzufriedenheit schaut, kann auch nur einmal im Jahr justieren.

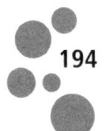

Doch Kunden warten schon lange nicht mehr geduldig, bis die Unternehmen endlich in die Pötte kommen. Beim kleinsten Missgeschick sind sie auf und davon. Und im Web erzählen sie allen, warum das so ist. Deutlich mehr Tempo ist also nötig. Und auch mehr Leichtfüßigkeit. Wer die Zukunft erreichen will, braucht kontinuierliche Feedbacks, um so rasch wie möglich auf die immer neuen Kundenwünsche reagieren zu können. Dazu werden Dialoge benötigt – und keine einseitigen Abfragen nach alter Manier. In klassischen Fragebögen wird man zum Kreuzchenmacher degradiert. Dabei werden auch noch viel zu viele Fragen gestellt. Und manche kommen einem geradewegs unsinnig vor. So macht man die Kunden zu Knechten. Und man macht sie befragungsmüde. Moderne Kundenbefragungen hingegen sind Kommunikation auf Augenhöhe.

Repräsentativität ist ebenfalls Blödsinn. Einen »repräsentativen Querschnitt der Bevölkerung« kann man nicht betören. Sondern nur einzelne Menschen. Und zwar jeden auf seine Weise. Den Durchschnitt können wir also vergessen. Denn er ermittelt nur den Durchschnittsgeschmack aller Kunden, aber nicht die speziellen Anliegen von Thomas Müller und Anne Schüller. In Fragebögen erhält man auch nur Antworten auf gestellte Fragen. Und wer die falschen Fragen stellt, erfährt nichts von Interesse. Zudem werden oft nur solche Punkte abgeklopft, die für die Geschäftsleitung von Bedeutung sind oder eigensüchtigen statistischen Vergleichszwecken dienen. Die Kunden hingegen finden womöglich ganz andere Themen wichtig – und Statisten in Statistiken wollen sie keinesfalls sein.

Denken wir nur mal an die schematisierten und in unseren schnellen Zeiten unzumutbar aufwendigen Befragungen nach einem Autokauf. Oft werden die Ergebnisse daraus auch noch incentiviert. Das heißt, es gibt Geld für gute Noten. Zu was das dann führt? Die Mitarbeiter konzentrieren sich nur noch auf das, was ihnen dicke Prämien und erste Plätze im Ranking einbringt. Alles andere rückt in den Hintergrund. Widerlich wird es, wenn der Kunde zudem flehentlich angebettelt wird, nur ja gute Werte zu geben. Oft bekommt er dafür vorab etwas geschenkt. So was ist unlauter – und entwürdigend für beide Seiten. Das Ende vom Lied? Manipulierte Vergangenheitswerte sind nichts als Irrlichter, von denen sich die Manager in den Sumpf statt in die Zukunft leiten lassen. Die Automobilindustrie weiß übrigens längst, was für ein Blödsinn das ist und welcher Humbug damit betrieben wird. Aber niemand hört damit auf. Das ist völlig absurd!

Ja und was bringt es Ihnen, wenn der Beantworter überall »gut« angekreuzt hat? Oder »mangelhaft«? Und was heißt das schon, wenn die Gesamtzufriedenheit von der Note 2,9 auf 2,7 gestiegen oder von 2,3 auf 3,4 gesunken ist? Gründe dafür können allenfalls in die Ergebnisse hineininterpretiert werden. Und Sie können nur hoffen, dass Sie dann damit richtig liegen. Ich zum Beispiel bin sehr viel unterwegs, das gehört zu meiner Arbeit als Vortragsredner. So könnte ich jedem Hotel, das ich als Kundin besuche, zwei, drei wertvolle Hinweise geben. Wenn man mich nur mal fragen würde! Aber nein, ich soll lange, öde Fragebögen abarbeiten, die überall auch noch ziemlich ähnlich aussehen.

Lassen wir lieber die – besonders zufriedenen und unzufriedenen – Kunden in ihren eigenen Worten reden.

Lassen wir also lieber die Kunden in ihren eigenen Worten reden. Und konzentrieren wir uns besser auf die Ausreißer. Gerade von denen erfährt man die nützlichsten Dinge: was klasse funktioniert, welche Problemfelder zu bearbeiten sind, wo es lichterloh brennt und was einen über die Maßen empfehlenswert macht. Dazu werden punktuelle Befragungen bei ausgewählten Kunden an konkreten Touchpoints benötigt. Ziehen Sie hierbei vor allem ertragreiche Kunden, Stammkunden, Fans und Empfehler, aber auch frustrierte Reklamierer, wütende Abwandernde und hartnäckige Saboteure in Betracht. Befragen Sie unbedingt auch Nicht- und Exkunden. Gerade von denen

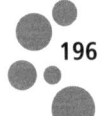

kann man eine Menge lernen, wenn man kluge Fragen stellt, zum Beispiel diese: »Weshalb haben Sie uns nicht in Erwägung ziehen können?« Oder: »Wieso haben Sie sich nicht für uns entscheiden können?« Oder auch: »Aus welchem Hauptgrund haben Sie die Geschäftsbeziehung beendet?« Die den Antworten entnommenen Erkenntnisse und daraus abgeleiteten Maßnahmen wirken sich direkt auf Ihre Umsätze aus. Versprochen.

Um dies zu unterstützen, habe ich hier fünf einfache und außerordentlich zielführende Methoden für Sie ausgewählt. Mit deren Hilfe werden Ihnen die Kundenwünsche auf dem Silbertablett serviert. Und Fehlentscheidungen am grünen Tisch können vermieden werden. Wenn nämlich Betriebswirtschaftler und Techniker über Neuerungen brüten, kommen dabei Lösungen für Betriebswirtschaftler und Techniker heraus. Erst wenn man Kunden aktiv involviert, wenn man sie fragt und wenn man gut auf ihre Stimmen hört, kommt etwas Passendes für die Kunden heraus.

Hierbei präferiere ich meist die schriftliche Form. Face-to-Face (F2F) hat in der Kommunikation zwar den obersten Stellenwert, doch bisweilen kann das auch mal heikel sein. Auf Papier neigen die Leute dazu, ehrlicher zu antworten und sich auch überlegter auszudrücken. Sie kennen das sicher: Nicht immer hat man die Lust oder den Mut, einem anderen unangenehme Dinge geradewegs ins Gesicht zu sagen. Auch ist der Interviewer-Einfluss oft ganz erheblich, weil der Befragte latente Erwartungen spürt. Mit seinen Antworten möchte er sympathisch erscheinen und sich selbst vor anderen in ein gutes Licht rücken. Bei schriftlichen Umfragen gibt es solche Probleme nicht.

Und online? Ja, Onlinebefragungen sind hochpopulär. Doch aus Kundensicht sind sie fast nur noch lästig. Kaum hat man einen Kauf getätigt, springt einen schon das Smartphone an, dass man dazu irgendein Statement abgeben soll. Waren wir gut? Hat alles geklappt? Auch per E-Mail rauschen einem die Feedbackwünsche nur so herein. Die meisten Fragen sind derart läppisch, dass man sich fragt, was die Anbieter mit den Antworten überhaupt anfangen wollen. Offline gilt das Gleiche. So steht in den Obi-Baumärkten ein Gestell mit der Frage: Wie hat es Ihnen heute bei Obi gefallen? Zwecks Antwort kann man auf einen knallgrünen, hellgrünen, hellroten oder knallroten Knopf drücken. Woran es aber nun liegt, dass an einem Tag mehr auf Rot und an einem anderen Tag mehr auf Grün gedrückt wird? Ein reines Ratespiel! Oder Selbstzweck? Nur damit die Kunden glauben sollen, dass man sich für ihre Meinung interessiert? Ach sieh da: Gerade hat sich eine ganze Schulklasse über die roten Knöpfe hergemacht ... Nach mächtig Spaß sieht das aus.

Onlinebefragungen mögen einem Massenmarktanbieter auf den ersten Blick verlockend erscheinen, weil alles so leicht durchführbar ist. Zudem lassen sie sich je nach Programm auf Knopfdruck in beeindruckende Grafiken verwandeln. Doch sie beinhalten eine ganze Reihe von Fallstricken und Stolpersteinen, die die Ergebnisse sehr schnell verfälschen können. Zum Beispiel klickt der User oft wahllos die obersten Kästchen an, um schnell durch die Befragung zu kommen. Schließlich beinhalten Onlinebefragungen den misslichen Makel, der jeder Digitalisierung innewohnt: die Entmenschlichung. Machen Sie also den Unterschied: Machen Sie sich nahbar, zeigen Sie ein menschliches Gesicht, und machen Sie etwas, was viele Kunden schon gar nicht mehr kennen: Fragen Sie offline!

Blitzlicht-Umfragen: schnell auf den Punkt

Wer ganz schnell erfolgreicher werden will, nehme sich jede Woche einen Touchpoint vor. Um dort so rasch wie möglich von Fehlentwicklungen und etwaigen Missständen zu erfahren, bietet sich die Blitzlicht-Methode geradezu an. Hierbei definieren Sie zunächst die Kunden, die befragt werden sollen. 30 Personen reichen fürs Erste. Diesen stellen Sie nur eine einzige Frage:

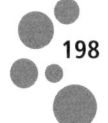

> Wenn es *eine* Sache gibt, die wir in Zukunft noch
> ein wenig besser machen können: Was wäre da das
> Wichtigste für Sie?

Solche Fragen nenne ich fokussierende Fragen. Denn »Fokus«
heißt Brennpunkt. Mit fokussierenden Fragen bringen Sie die wahren Motive eines Kunden am schnellsten auf den Punkt: unmittelbar, ungefiltert, schonungslos. Ihr größter Vorteil im Vergleich zu
klassischen Kundenbefragungen: Sie werden ruckzuck den Kern
einer Sache treffen, um daraufhin prompt reagieren zu können.
Wer nicht täglich neu in Erfahrung bringt, was die Kunden wirklich wollen, agiert rasch am Markt vorbei. Denn neue Erfahrungen
sorgen dafür, dass sich deren Vorstellungen laufend ändern.

Sie wollen eine telefonische Befragung machen? Laden Sie dazu
Ihre Innendienstmitarbeiter ein, sich Gedanken über das entsprechende Vorgehen zu machen. Das geht zum Beispiel so: Wenn ein
Kundengespräch gut gelaufen und der Kunde nicht im Stress ist,
dann beginnt man gegen Ende eines Anrufs wie folgt: »Ach übrigens …« Anschließend kommt *eine* spezifische Frage. Ja, nur eine.
Diese stehen zur Auswahl:

O Wie haben Sie *zuallererst* von unserem Angebot erfahren?
O Was hat Sie bei Ihrer Entscheidung *am stärksten* beeinflusst?
O Was würden Sie bei uns *schnellstens* verändern / verbessern?
O Worauf möchten Sie bei uns *am wenigsten* verzichten?
O Was kommt Ihnen bei uns *völlig* überflüssig vor?
O Was ist für Sie *der wichtigste* Grund, uns die Treue zu halten?
O Was ist der Punkt, der Sie bei uns *am meisten* begeistert?
O Was ist *die schönste* Geschichte, die Sie je bei uns erlebt haben?

Zugegeben, es erfordert hie und da Mut, solche Fragen zu stellen.
Doch der Lerngewinn ist gewaltig. Sie erfahren nämlich eine Menge darüber, was die Menschen sich wünschen, was sie vermissen

und was sie wirklich bewegt. Sie wollen keine schlafenden Hunde wecken? Die Hunde schlafen nicht! Sie toben sich nur woanders aus. Zum Beispiel auf Meinungsplattformen und Bewertungsportalen.

Vor allem die so gefährlichen kritischen Ereignisse lassen sich mit fokussierenden Fragen gut herausarbeiten. Ein kritisches Ereignis ist ein Moment in der Kundenbeziehung, der von starken Emotionen begleitet wurde und sich deshalb tief ins episodische Gedächtnis eingegraben hat. Solche Ereignisse werden nicht nur ewig behalten, sondern auch wieder und wieder weitererzählt. Gerade diese müssen Sie kennen, um Schaden von Ihrer Reputation abzuwenden.

Fahnden Sie außerdem nach besonders erfreulichen Geschehnissen, um solche dann in internen und externen Medien als Erfolgsstory zu platzieren. Dies ist der erste Effekt. Und der zweite? Ein Kunde, der sich selbst sagen hört, wie toll es ist, mit Ihnen zusammenzuarbeiten, wird sich stärker mit Ihnen identifizieren. Es wird seine Loyalität nähren. Und da nun schon einmal gesagt, wird er das jetzt auch öfter bei anderen tun. Am Ende können Sie den Kunden sogar fragen, ob Sie sein Statement als schriftliche Referenz für Ihre Verkaufsarbeit nutzen dürfen.

Auch Führungskräfte sollten Kundenbefragungen machen, damit sie Kommentare live erleben – und Praxisnähe erlangen.

Ganz wichtig zudem: Wer seine Kunden befragt und entsprechende Anregungen erhält, muss darauf achten, dass sich anschließend auch etwas tut. Wenn Kunden nämlich aktiv werden und ihre Meinung sagen, dann wollen sie auch sehen, dass sie etwas bewirken. Geben Sie also denen, die ihre Zeit für Sie investieren, die ihr Hirn bemühen und Ihnen geldwerte Impulse geben, eine Rückmeldung dafür:

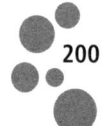

○ Bedanken Sie sich bei den Kunden, die Sie gelobt und Ihnen gute Bewertungen gegeben haben. Denn so wird das Positive verstärkt. Leider werden gerade die lobenden Stimmen immer noch allzu oft gänzlich vergessen.

○ Überraschen Sie diejenigen, die einen Verbesserungsvorschlag hatten, mit einem Gutschein für Folgeeinkäufe. Oder halten Sie ein kleines Geschenk bereit. Und sagen Sie den Ideengebern, was aus ihrem Vorschlag geworden ist.

○ Fassen Sie bei denen, die sich als Kritiker zu erkennen geben, unbedingt nach. Sagen Sie, dass es Ihnen leidtut, dass Ihnen die Hinweise sehr helfen und dass Sie sehr froh darüber sind, dass das endlich mal ausgesprochen wurde. Und dann: Schaffen Sie bestehende Probleme schleunigst aus der Welt. Kunden erwarten das. Passiert nämlich anschließend nichts, sind sie doppelt enttäuscht.

Mein besonderer Tipp: Lassen Sie die Führungsmannschaft öfter mal Befragungen machen. Wenn sich die obersten Chefs persönlich melden, sind das ganz große Signale der Wertschätzung. Und der Lerngewinn ist gewaltig. Die Fragen sind die gleichen wie eben. Oder sie klingen wahlweise so:

○ Lieber Kunde, wie denken Sie eigentlich über uns?
○ Nur mal angenommen, Sie wären an meiner Stelle, was würden Sie schleunigst verändern?
○ Wie sähe für Sie eine perfekte Dienstleistung aus?

Wenn sich die Oberen nun gar nicht dazu bewegen lassen? Dann spielen Sie ihnen mal ein paar Reklamationsvideos vor. Schon wenige O-Töne von aufgebrachten Kunden bewirken oft mehr als der dickste Berichtsband mit Zahlenkolonnen, Ampeln, Tachos, Torten, Balken, Infografiken und Diagrammen.

Die Sprechblasen-Methode: eine Frage, drei Antworten

Die Sprechblasen-Methode geht so: Man malt Sprechblasen, die sich gegenüberstehen, eine links und drei rechts. In die linke kommt die Aussage eines hypothetischen Dritten, die rechten sind leer, damit der Befragte seine Antworten dort einsetzen kann. Dieser Ansatz hat etwas Verspieltes und fordert die Kreativität direkt heraus. Hier einige Beispiele dafür:

○ *Die Goldstück-Frage:* Welches sind die drei umsatzträchtigsten / kostensparendsten Ideen, die Sie für uns hätten?
○ *Die Sternenstaub-Frage:* Welches sind Ihre drei verrücktesten / emotionalsten Ideen, die Sie uns schenken könnten?
○ *Die Trüffelschwein-Frage:* Welches sind die drei innovativsten Dinge, die wir schnellstmöglich einführen sollten?
○ *Die Killer-Frage:* Wenn es einen Sensenmann gäbe, welches wären die drei Dinge bei uns, die er unbedingt dahinraffen müsste?
○ *Die Ufo-Frage:* Wenn Sie ein Außerirdischer wären, welche drei Dinge kämen Ihnen bei uns besonders merkwürdig vor?
○ *Die Forum-Frage:* Wenn wir ein Forum hätten mit dem Namen »Was bei uns total nervt«, welches wären die drei Hauptdiskussionspunkte?
○ *Die Gummibaum-Frage:* Wenn Sie der Gummibaum in unserem Eingangsbereich wären: Was würden Sie zu unserer Unternehmenskultur sagen?

Die letzte Frage eignet sich übrigens auch sehr gut für die Mitarbeiter. Aber aufgepasst! Scherzkekse könnten mit dieser Methode ihr Online-Unwesen treiben. Deshalb muss auch an folgenden Punkten gearbeitet werden: »Was wollen wir damit bestenfalls erreichen?« Und: »Was darf hierbei keinesfalls passieren?« Und: »Was wäre der schlimmste anzunehmende Vorfall und wie reagieren wir darauf?« Heutzutage kann eben alles ganz schnell ins Web geraten.

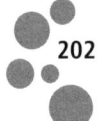

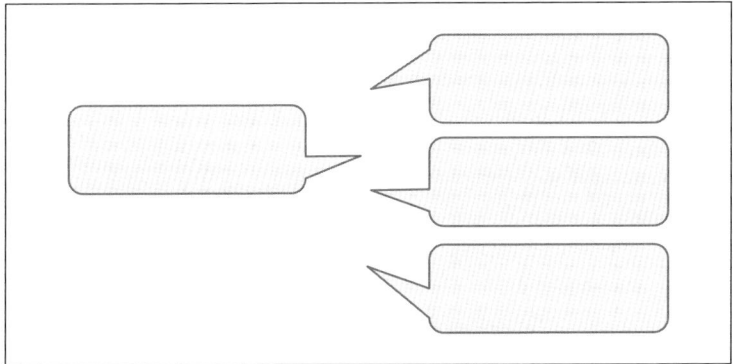

Abb. 12: Kundenbefragung mit der Sprechblasen-Methode

Die Gewissensfrage: den wahren Gründen auf der Spur

Besonders ergiebig ist die Gewissensfrage – und die geht so:

> Lieber Kunde, stellen Sie sich vor, Sie wären unser
> Unternehmensgewissen. Was würden Sie uns sagen?
> Und was könnten wir ganz konkret besser machen?

Wird die Gewissensfrage schriftlich gestellt, kann dazu eine fiktive Person gezeichnet werden, bei der ein Engelchen und ein Teufelchen rechts und links auf der Schulter sitzen. Auf diese Weise gibt man dem Befragten das Signal, dass er sowohl Negatives als auch Positives anbringen kann. Außerdem wichtig: viel Platz zum Ausfüllen geben. Denn nur wer die wahren Ursachen kennt, kann auch die richtigen korrigierenden Schritte einleiten. Auf diese Weise entstehen Maßnahmenkataloge fast wie von selbst.

Ungeschminkte Antworten können vieles ans Licht bringen, was man schon immer gerne wissen wollte: zum Beispiel, wie sich der Kunde in einer bestimmten Situation fühlte. Und wie er daraufhin reagiert hat und aus welchem Grund. Womöglich werden die Oberen so endlich auch erfahren, was gerüchtemäßig außer ihnen schon alle wussten und was die eigentlichen Gründe für hartnäckige Probleme sind. Passende Verbesserungsvorschläge werden am besten von den Mitarbeitern selbst erarbeitet, um etwaige Defizite schnell und konstruktiv aus der Welt zu schaffen.

Ein Tipp am Rande: Wenn Sie die Ergebnisse aus solchen Frageaktionen optisch sichtbar machen, denken Sie sich unverfängliche beziehungsweise wertschätzende Begriffe aus. Kürzlich sah ich eine Auswertung, da hießen die Kunden unter anderem so: Söldner, Terroristen, Geiseln. Man fand das ziemlich kreativ – und hat nicht weiter über die Auswirkungen nachgedacht. »Da ist schon wieder so ein Terrorist«, könnte mancher Mitarbeiter geneigt sein zu denken, wenn ein sogenannter »schwieriger« Kunde zur Tür hereinkommt oder am Telefon ist. Dementsprechend wird er dann auch behandelt. Und womöglich ist er genau deshalb so »schwierig«. Denn Sprache prägt, wie wir in Teil 3 weiter vertiefen, nicht nur die Denke, sondern auch das Verhalten.

Die sequenzielle Ereignismethode: Tiefenpsychologie

Auch die sequenzielle Ereignismethode (SEM) ist im Touchpoint-Management sehr gut geeignet. Hierbei wird die Touchpoint-Journey durch den kompletten Kaufprozess Schritt für Schritt betrachtet, und zwar durch die Brille des Kunden. Im Zuge dessen schildert der Befragte die Erlebnisse, die er im Einzelnen hatte. Über ein etappenweises Rekapitulieren können alle angesteuerten Touchpoints identifiziert und auf ihre Beziehungsqualität hin analysiert werden. Hierbei kommen auch emotionale Aspekte zur Sprache. Denn hinter den meist rational vorgetragenen sachlichen und fachlichen Anlässen für Unzufriedenheit und Frustration stecken ja oft

ganz andere, die wahren Gründe. Viele Kunden nennen zum Beispiel den Preis als wesentlichen Grund für einen Anbieterwechsel. In Wirklichkeit beenden sie eine Geschäftsbeziehung jedoch viel öfter aufgrund zwischenmenschlichen Fehlverhaltens:

○ weil man sich nicht um ihr Wohlbefinden gekümmert hat,
○ weil man unfreundlich oder unhöflich zu ihnen war,
○ weil sie keine Aufmerksamkeit bekommen haben,
○ weil sie nie ein Danke gehört haben,
○ weil nie gesagt wurde, wie wichtig man als Kunde ist,
○ weil sie einfach vergessen wurden.

Um mehr darüber zu erfahren, wird der Befragte in einem ersten Schritt gebeten, sich genau an die Abfolge seiner Vorgehensweise vom ersten Gewahrwerden über die Informations-, Entscheidungs- und Nachkaufphase zu erinnern. Durch Erzählen soll er dann das, was ihm im Einzelnen widerfahren ist, episodenartig und nacheinander in allen Einzelheiten beschreiben. Sowohl das Faktische als auch das Emotionale, also seine jeweiligen Gefühle dabei, sollen hier zur Sprache kommen. Vom Stil her geht es dabei mehr um eine Schilderung als um einen Rapport. So lassen sich zum Beispiel die in der Industrie so gern als »typische Anwenderfehler« titulierten Pannen durchleuchten. Und oft genug kommt man plötzlich darauf, dass eine Fehlplatzierung von Anzeigemodulen oder eine zweideutige Beschreibung der Arbeitsschritte die wahren Gründe für »Anwenderfehler« sind.

Mithilfe von Zusatzfragen dringt man dabei tief ins Detail: »Was passierte an der Stelle genau?« – »Wie kam es zu dieser Situation?« – »Wer machte was?« – »Wie ging es dann weiter?« – »Wie fühlten Sie sich dabei?« – »Wie haben Sie schließlich reagiert?« Hier ein Gesprächsbeispiel, in dem ein Mitarbeiter einer Versicherungsgesellschaft mit einem Kunden spricht, der gerade gekündigt hat:

Wie lange waren Sie schon Kunde bei Versicherung x?
Zehn Jahre.
Was veranlasste Sie denn, Ihren Vertrag zu kündigen?
Die Versicherung y hat bessere Tarife.
Waren die Tarife von Versicherung y schon immer niedriger oder wurden die Preise erst in letzter Zeit gesenkt?
Ich weiß es nicht, ich habe es erst kürzlich bemerkt.
Was führte dazu, dass Sie es bemerkten?
Ich war ein wenig verärgert über die Versicherung x und erhielt dann einen Anruf von Versicherung y.
Weshalb waren Sie denn verärgert?
Um ehrlich zu sein, es war wegen dieser Tariferhöhung nach meinem Unfall.
Gab es früher auch schon mal ähnliche Erlebnisse?
Ja, schon zweimal sogar.
Und da haben Sie nicht gekündigt, weil es anderswo billiger war?
Nein.
Was war denn diesmal anders?
Dieses Mal hatte man mich nach der Schadensregulierung nicht vorgewarnt und so hatte ich gar nicht mehr mit der Erhöhung gerechnet. Das hat mich richtig sauer gemacht, weil da gerade mein Konto eh schon so überzogen war.

Wie sich später herausstellte, war aus Kostengründen der Schadensabschlussbericht an die Kunden, die einen Unfall gehabt hatten, eingestellt worden, ohne dass sich jemand groß Gedanken darüber gemacht hätte, was das bei den Kunden bewirkt. Die typische Controller-Frage: »Wie viel sparen wir, wenn wir …?« muss daher zukünftig durch diese ersetzt werden: »Wie viele Kunden und damit Umsatz verlieren wir, wenn wir …«. Dies gilt insbesondere dann, wenn etwa bedingt durch ein Vertragsende oder eine Anpassung der Konditionen verstärkt mit Kündigungen zu rechnen ist. Gerade der Versand von Rechnungen und Mahnungen ist ein ausgesprochen kritischer Moment in der Kundenbeziehung. Vor allem dann, wenn es außer Auftrag und Rechnung keinerlei Kon-

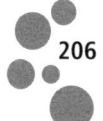

takt mit dem Kunden gibt – was oft genug eher die Regel als die Ausnahme ist.

Der Interviewer benötigt für SEM-Gespräche eine hohe emotionale Kompetenz. Er sollte einfühlend fragen und aufmerksam hinhören können. Er muss den Kunden ernst nehmen und ihm Wertschätzung entgegenbringen. Zudem muss er geduldig sein, denn das Gespräch kann dauern. Und er muss dem Kunden signalisieren, wie wichtig die Sache für das Unternehmen und dessen Weiterentwicklung ist.

Bei der Dokumentation der Ergebnisse ist darauf zu achten, die Äußerungen der Befragten wortgetreu wiederzugeben. Auch die zutage getretenen Emotionen sollten festgehalten werden. All dies wird gesammelt, gesichtet und gewichtet. So entsteht eine nach Touchpoints und Prioritäten geordnete Liste von sachlichen, fachlichen und kommunikativen Mängeln, die es zu beheben gilt. Dabei sollen auch einzelne Episoden im Detail eingefangen werden, um sie für Aha-Effekte zu nutzen.

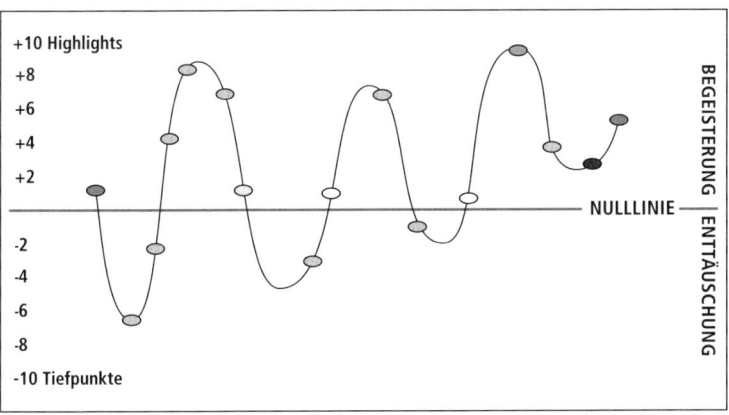

Abb. 13: Customer-Journey einer Person mit 16 betrachteten Touchpoints

Skalierungsfragen: sehr praktisch

Bei Kundenbefragungen verschiedenster Art können Skalierungsfragen zum Einsatz kommen. Hierzu bietet man dem Befragten eine Skala von null (trifft gar nicht zu) bis zehn (trifft voll und ganz zu). Weiter vorn beim Thema Wichtigkeit, Wiederkauf- und Empfehlungsbereitschaft haben wir diese schon einmal verwendet. Und auch zur Ermittlung des NPS, der im nächsten Kapitel Thema sein wird, wird eine Skalierungsfrage benutzt. Auf diese Weise lässt sich auch die Zufriedenheit am Touchpoint sowie mit involvierten Abteilungen und Ansprechpersonen abfragen.

Skalierungsfragen können einen gefühlten Zustand sehr gut sichtbar machen, ohne dass er lang und breit erklärt werden muss. Außerdem lassen sich Verallgemeinerungen beziehungsweise Pauschalaussagen auf diese Weise relativieren: Statt eines kategorischen Gut oder Schlecht werden Grauzonen deutlich. Schließlich ermöglicht es diese Methode, kleine Verbesserungen in machbaren Schritten anzugehen.

Auch einzelne Leistungsmerkmale können so von ausgewählten Kunden gut bewertet werden. Die entsprechende Frage lautet: »Wie empfinden Sie es als Kunde, dass unser Produkt … (hier Merkmal oder Eigenschaft einsetzen) hat / ist?« Dies lässt sich auf einer Skala von null bis zehn wie folgt darstellen und grafisch aufbereiten:

9 – 10: Das finde ich einzigartig.
7 – 8: Das begeistert mich.
5 – 6: Das erwarte ich als selbstverständlich.
3 – 4: Das ist mir egal.
0 – 2: Das stört mich sehr.

Durch eine skalierte Außensicht können Highlights und Schwachpunkte nicht nur beschrieben, sondern auch optisch sichtbar gemacht werden. Die erforderlichen Aktionspläne ergeben sich, weil

die Befragten durch begleitendes Erzählen oft zusätzliche Ideen einbringen, dann fast wie von selbst.

Optimieren mithilfe des NPS

Zur Messung von Kundenloyalität und Empfehlungsbereitschaft hat der amerikanische Loyalitätsexperte Fred Reichheld den Net Promoter® Score (registered trademark of Satmetrix Systems, Inc., Bain & Company and Fred Reichheld) entwickelt. Diese Kennzahl, meist NPS genannt, hat in den letzten Jahren einen weltweiten Siegeszug angetreten, weil sie, wie man so sagt, »vorstandstauglich« ist. Sie gibt an, wie kundenzentriert ein Unternehmen ist. Und sie ist auch im Touchpoint-Management wertvoll, weil sich für jeden Touchpoint, an dem es zu einer Kommunikationssituation zwischen Kunde und Anbieter kommt, ein Touchpoint-NPS (TNPS) ermitteln lässt.

Eine der markantesten Erkenntnisse aus Reichhelds Untersuchungen ist diese: Unternehmen brauchen keine komplexen Kundenstudien, sondern am Ende nur ein, zwei Fragen, die kontinuierlich gestellt werden müssen. Als die mit Abstand effektivste schlägt er die »ultimative Frage« vor:

> Wie wahrscheinlich ist es, dass Sie uns einem Freund oder Kollegen weiterempfehlen?

Dazu wurde eine Skala von null (höchst unwahrscheinlich) bis zehn (höchst wahrscheinlich) entwickelt. Die Antwortgeber lassen sich in drei Gruppen einteilen: Förderer, passiv Zufriedene und Kritiker. Als Promotoren gelten nur diejenigen, die ihre Empfehlungsbereitschaft mit 9 oder 10 einstufen. Vom prozentualen Anteil der Promotoren wird der prozentuale Anteil der Kritiker (Empfehlungsbereitschaft zwischen 0 und 6) abgezogen. Das Ergebnis ist der Net Promoter® Score. Er kann positiv oder negativ sein und zwischen minus 100 und plus 100 liegen. Passiv Zufriedene fließen in die Berechnung nicht ein.

Abb. 14: Berechnung des NPS (Quelle: Fred Reichheld, *Die ultimative Frage 2.0*)

Für Apple wurden schon NPS-Werte von 78, für Amazon von 71, für Porsche von 68, für Google von 63, für Audi von 47, für BMW von 42 und für die ING-DiBa von 35 gemessen. Bisweilen werden auch Branchen-NPS erhoben. So hat Satmetrix in Deutschland für Computer-Hardware 15, für Banken – 5 und für Krankenversicherungen – 23 ermittelt.[35] In vielen Fällen sind die Werte niedrig oder sogar negativ, was für die Motivation der Mitarbeiter nicht unbedingt förderlich ist. Ferner sind Vergleiche zwischen Branchen und Ländern mit größter Vorsicht zu genießen, da der jeweilige Befragungszeitpunkt sowie Ereignisse um diesen herum zu starken Schwankungen führen können. Auch kulturelle und geschlechtsspezifische Unterschiede sind zu berücksichtigen. Zum Beispiel vergeben Japaner höchst selten eine Zehn, Lateinamerikaner jedoch andauernd. Wer gerade wütend auf einen Anbieter ist, gibt schnell mal eine Null. Wieder andere geben grundsätzlich nie mehr als eine Neun, weil sich immer noch was verbessern lässt.

Zwar ist der NPS-Wert leicht zu ermitteln, doch er misst nur die »Temperatur« einer Kundenbeziehung. Um überhaupt etwas mit

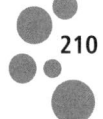

dem ermittelten Wert anfangen zu können, braucht es eine Ursachenanalyse. Diese wird mithilfe einer Zusatzfrage ermöglicht. Sie ist der eigentliche und einzig nützliche Startpunkt für kontinuierliche kundenrelevante und touchpointspezifische Optimierungsmaßnahmen. Und sie geht so:

> **Was ist der wichtigste Grund für die Bewertung,**
> **die Sie gerade gegeben haben?**

Erst diese Zusatzfrage ermöglicht den Einstieg in einen fundierten Dialog. Sie kann sofort oder im Zuge eines weiteren Anrufs gestellt werden. Hierbei sollte man sich vor allem auf *die* Touchpoints konzentrieren, die für Loyalität und Empfehlungsbereitschaft eine besondere Rolle spielen. So können Stolpersteine rasch identifiziert und O-Töne der Kunden in Meetings und Mitarbeitergesprächen verwendet werden.

Die passiv Zufriedenen kann man fragen, was zu tun ist, damit sie höhere Werte geben. Und die Promotoren kann man fragen, mit welchen Worten sie die Firmenangebote empfehlen. Mehr als ein, zwei weitere Fragen sollten es jedoch nicht sein, weil dies die Komplexität erhöht – und damit gleichzeitig die Antwortbereitschaft sinkt. Bei einer sehr schlechten Bewertung sollten Kunden unverzüglich kontaktiert werden, um nach Hintergründen zu fragen. Bei einer sehr guten Bepunktung macht man das am besten genauso, denn in beiden Fällen gibt es viel zu lernen. Unbedingt sollten auch die Topführungskräfte solche Gespräche führen, damit sie gepfefferte Kundenkommentare auch mal live miterleben können und so ein wenig mehr Praxisnähe erlangen.

Die reine Frage nach dem NPS-Wert erfordert höchstens zwei Minuten. Um die Qualität einer konkreten Interaktion zu messen, macht man das in Contactcentern zum Beispiel so: Nach einem Zufallsprinzip wird der Kunde vor dem anstehenden Telefonat gefragt, ob er mit einer Nachbefragung einverstanden ist. Am Ende des Telefonats bittet der Mitarbeiter (Agent) den Anrufer im Rahmen einer festen Sprachregelung, nicht aufzulegen und an der Befragung teilzunehmen. Er bittet ihn aber *nicht* um eine gute Bewertung. Danach schaltet er ihn in die automatisierte Befragung. Ganz wichtig hierbei: Die Agents werden nicht für gute Bewertungen bonifiziert, sondern dafür, dass es ihnen gelingt, viele Bewertungen zu bekommen.

In anderen Fällen wird die NPS-Frage von einer neutralen realen Person gestellt. Wo dies nicht möglich ist: Schriftlich geht's auch. In aller Regel liegt die Antwortquote bei weit über 90 Prozent. So geben bei der Allianz Österreich 98 Prozent der befragten Kunden einen NPS-Wert ab und 67 Prozent stimmen einem weiteren Anruf für Zusatzfragen zu. Wer Repräsentativität will, sollte mindestens 100 Kunden befragen. Reichheld empfiehlt, seine eher unübliche elfstufige Skala unbedingt beizubehalten, denn sie zeigt Nuancen besser als eine fünfstufige Skala. Außerdem empfiehlt er, den NPS erstens sehr regelmäßig sowie zweitens auch für einzelne Produkte und Transaktionen zu erheben. So kann zum Beispiel ein Hersteller seine Kunden per NPS entscheiden lassen, welche Produkte überleben sollen. Solche, die niedrige NPS-Werte erhalten, werden sofort aus dem Programm genommen. Bei Mittelwerten kann die Entwicklungsabteilung schnell nachtarieren. Und top bewertete Produkte können vorrangig beworben werden.

Entscheidend ist dann wie immer, in Abstimmung mit dem Kunden und zusammen mit den Mitarbeitern zeitnah die notwendigen Verbesserungen einzuleiten (Closed Loop). Wichtige Erkenntnisse können auf einer internen Kollaborationsplattform veröffentlicht werden, damit nicht immer die gleichen Fehler passieren. Gemeinsames Ziel ist es, mehr Promotoren zu erzeugen und alles, was die Kritiker stört, schnellstmöglich auszumerzen. Denn Kritiker verursachen böse Folgekosten: verspätete Zahlungseingänge, aufreibende Reklamationen, Frustration, Fluktuation, Rechtsstreitigkeiten, Rufschädigungen. Vor allem aber verhindern sie, dass neue Kun-

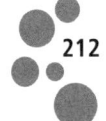

den kommen und kaufen. Promotoren hingegen sind Reputationsverbesserer und kostenlose Verkäufer, die weder ein Gehalt noch Provisionen verlangen. Wenn sie darüber hinaus loyal und profitabel sind, sorgen sie für jede Menge organisches Wachstum.

Jedoch ist der NPS nur dann ein wirksames Tool, wenn er die Kundenbeziehungsqualität zutreffend reflektiert. Da, wo die Höhe oder Entwicklung des NPS-Werts in ein Vergütungssystem einfließt, muss besonders darauf geachtet werden, dass die Durchführung wasserdicht ist. Manipulationen sind, wie bei jeder Befragung, auch beim NPS möglich. Rankings und Prämien sorgen ferner dafür, dass Mitarbeiter absichtlich die falschen Dinge tun, nur um an Ehre und Geld zu gelangen. Die Aussicht auf Boni macht sehr erfinderisch. So werden Rabatte gewährt oder Produkte einfach verschenkt, um im Gegenzug eine Zehn zu erhalten. Oder es werden nur die Kunden befragt, von denen man sich gute Noten erwartet. Ich habe Unternehmen gesehen, da hat eine hoch bonifizierte Fixierung auf den NPS als Leistungskennziffer (KPI) die ganze Firma in Angst und Schrecken versetzt.

> **Der NPS ist nur dann ein wirksames Tool, wenn er die Kundenbeziehungsqualität zutreffend reflektiert.**

Gut und richtig umgesetzt, macht der NPS die Unternehmen schneller, agiler und kundenorientierter. Die Stabilität einer Kundenbeziehung kann regelmäßig überprüft werden, um gefährliche Fehleinschätzungen zu vermeiden. Promotoren und Kritiker, die sogenannten Detraktoren, lassen sich identifizieren. Angebotene Serviceleistungen können auf Kundenrelevanz überprüft und durch die Kundenbrille validiert werden. Insgesamt entsteht eine Innovationskultur, die von den Bedürfnissen des Marktes gesteuert wird – und nicht länger von selbstherrlichen Ratespielen im obersten Stock.

Optimieren mithilfe der Mitarbeiter

Sie möchten das Touchpoint-Management als Ganzes implementieren? In diesem Fall geht es um die Einberufung eines Projekts. Grundsätzliches über die Projektarbeit steht in unzähligen Büchern, deshalb will ich das hier nicht weiter vertiefen. Erfahrungsgemäß dauern solche Projekte jedoch ziemlich lange, weil man sich zu sehr in der Analyse verbeißt. Denn solange man analysiert, braucht man noch nicht ins Handeln zu kommen. In unserer Zeit ist jedoch schnelles Handeln dringend vonnöten. Hierfür werden Quick Wins, also schnelle Erfolge, gebraucht.

Touchpoint-Optimierungen sollten von den Mitarbeitern gemeinsam erarbeitet werden. Deshalb sollten Touchpoint-Optimierungen, soweit sie nicht hochstrategisch sind, von den Mitarbeitern gemeinsam erarbeitet werden. Deren »Wollen« ist immer dann am besten sicherzustellen, wenn sie aus eigenem Antrieb sagen, wie sie die Dinge in Zukunft anpacken werden. Die so lange gelebte Praxis, Konzepte gemeinsam mit Consultants im »obersten Stock« auszuhecken, um sie dann nach unten durchzudrücken, führt – vor allem bei der jungen Generation – zu interner Unlust. Und weil sie von Externen kommen, erweisen sich diese Konzepte oft genug als Flop.

Das meiste Wissen steckt nämlich schon im Unternehmen, man müsste es nur besser herauskitzeln. Wer unternehmerisch handelnde Mitarbeiter will, muss diese allerdings auch unternehmerisch arbeiten lassen. Geplante Aktionen werden dann nicht nur praxisorientierter und facettenreicher, sondern auch engagierter umgesetzt. Und Begeisterung für die Sache wird gleich mitgeliefert. Denn nichts wird mehr vordiktiert, sondern alles in Eigenregie entwickelt. Und am Ende steht dann der »Mein-Baby-Effekt«: Was man selbst geschaffen hat, lässt man nicht mehr im Stich.

Die wesentlichen Vorteile von Mitarbeiter-Involvement sind diese:

○ Durch das systematische Einholen von Meinungen und fachlichem Rat, durch die Vielfalt von Ideen und durch die aktive Mitarbeit passender Teilnehmer stehen Entscheidungen auf einer breiteren Basis.

○ Gegenseitiges, hierarchie- und bereichsübergreifendes Konsultieren schafft eine Kultur der Wertschätzung, der Transparenz, des Vertrauens und der Partnerschaft. Es stärkt zudem das Verständnis für die Arbeit der anderen, auch über Abteilungsgrenzen hinweg.

○ Alle in den Prozess Involvierten lernen voneinander. So vergrößert sich das Wissen und Können im gesamten Unternehmen. Jeder Beteiligte ist gleichzeitig Lehrender und Lernender.

○ Involvierte Mitarbeiter fühlen sich besser, ihre Arbeitsfreude steigt, sie zeigen mehr Verantwortungsbereitschaft und erzielen bessere Ergebnisse.

○ Wer sich als Teil des Entscheidungsprozesses sieht, wird, wenn nötig, dazu bereit sein, auch unangenehme Entscheidungen mitzutragen.

Demzufolge schlage ich im Touchpoint-Management vor allem zwei Wege vor: erstens das sukzessive Arbeiten an einzelnen Touchpoints und zweitens Touchpoint-Großgruppenworkshops. Wie beides funktioniert, erfahren Sie jetzt.

Der schnelle Weg: die Arbeit an einzelnen Touchpoints

Um mit der Touchpoint-Optimierung möglichst zeitnah beginnen zu können, fängt man am besten einfach mit einem einzelnen Touchpoint an: idealerweise mit einem, bei dem sich schnell was bewegen lässt, um erste Erfolgserlebnisse zügig sichtbar zu machen. Oder man beginnt mit einem, der aus Sicht der Mitarbeiter ganz dringend Veränderung braucht. Eine ideale Ausgangsfrage, die ursprünglich von Vernon Hill, einem US-Banker stammt, klingt so:

> **Kill a stupid rule!** Von welchen blödsinnigen Standards und von welchem administrativen Schwachsinn sollten wir uns schnellstmöglich trennen?

Um an einem spezifischen Touchpoint schnellstmöglich in den Exzellenzbereich vorzustoßen, ist folgende Frage die beste:

> Was ist die allerbeste beziehungsweise kreativste Idee, die uns zu diesem Punkt in den Sinn kommt?

Diese Frage muss unbedingt exakt so gestellt werden, weil sonst erfahrungsgemäß meist nur Allerweltslösungen vorgeschlagen werden. Doch in den Extremen stecken die größten Innovationschancen. Durchschnittsideen hingegen erzeugen nur Mittelmaß.

Wird das Touchpoint-Optimieren systematisch als Tagesordnungspunkt in den Meeting-Ablauf eingebaut, ermöglicht dies kontinuierliche Verbesserungen am laufenden Band. Bestimmen Sie dazu einen ersten Touchpoint, mit dem es losgehen soll. Am Ende des Meetings entscheiden Sie dann gemeinsam, welcher Touchpoint als Nächstes an die Reihe kommt. So können sich alle darauf vorbereiten. Legen Sie einen Zeitraum fest, den Sie maximal für die Bearbeitung ansetzen wollen, damit sich die Diskussionen nicht endlos in die Länge ziehen: zum Beispiel 30 Minuten. Dann geht's weiter wie folgt:

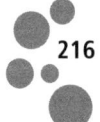

5 Min.	Beschreibung eines nicht länger tragbaren Ist-Zustandes, am besten via Storytelling: So wird etwa über ein unschönes Erlebnis berichtet, das ein Kunde an einem bestimmten Touchpoint hatte, welche Probleme es gab – und welche Konsequenzen dies hatte.
5 Min.	Sammlung von Ideen, wie man diesen Punkt optimieren und damit Ärger in Zukunft vermeiden kann. Hier brauchen wir zunächst Quantität. Deshalb sollen die Teilnehmer in dieser Phase still und leise arbeiten, damit jeder seine Ideen unbeeinflusst entwickelt. Diese werden auf Kärtchen notiert und an eine passende Wand gepinnt.
10 Min.	Jeder, der ein Kärtchen beschrieben hat, erläutert seine Idee kurz und knapp. Anschließend erfolgt eine Kurzdiskussion.
5 Min.	Mehrheitsentscheid für die favorisierte Idee. Die Führungskraft hält sich während des gesamten Prozesses völlig zurück, damit nicht sie die Marschrichtung vorgibt, sondern die Weisheit der Vielen genutzt wird.
5 Min.	To-do-Plan erstellen, also: Wer macht was mit wem bis wann? Dazu gehört auch ein Folgetermin, um zu besprechen, wie sich die Sache entwickelt, ob weiter feinjustiert werden muss und welche Ergebnisse erzielt worden sind.

Eine halbe Stunde ist nicht viel und dennoch lässt sich bei konzentriertem Arbeiten in dieser Zeit sehr viel erreichen. »Meine Mitarbeiter können so was aber nicht«, hat mir einmal ein in die Jahre gekommener Vorgesetzter gesagt. Doch, die konnten das. Nur seine Anwesenheit hatte immer gestört. Ja, das »Machtwort« des Chefs lässt wertvolle Initiativen oft einfach versanden. Natürlich hat der Chef, wenn vereinbart, ein Vetorecht. Davon sollte er allerdings nur ausnahmsweise Gebrauch machen. Sonst erzieht er sich lauter Mündel, die meinungslos auf Anweisungen warten.

Der hocheffiziente Weg: ein Touchpoint-Großgruppenworkshop

Um die Touchpoints eines Unternehmens zu optimieren, schlage ich heute fast nur noch Großgruppenveranstaltungen vor. Immer mehr Unternehmen haben inzwischen den Mut, diesen Weg gemeinsam mit ihren Mitarbeitern zu beschreiten. Wieso Mut? Großgruppenworkshops bedeuten Basisdemokratie und Kontrollverlust. Man legt nächste Schritte in die Hände seiner Mitarbeiter, ohne zu wissen, wohin diese steuern. Doch der Zugewinn ist gewaltig. Es geht gleichsam ein Ruck durch die gesamte Organisation. Neue Perspektiven, neue Gedanken, neue Beziehungen und neue Kommunikationsnetze entstehen. Die Suche nach einer gemeinsamen Zukunft schweißt alle zusammen. Und die Lust am Umsetzenwollen ergibt sich dann fast wie von selbst. Bei den alten Verkündungsprogrammen hingegen bleibt alles kreativlos im Müssen.

Bereits vor Jahren hat der Soziologe James Surowiecki in seinem Weltbestseller *The Wisdom of the Crowds* anhand vieler Beispiele gezeigt, dass eine Gruppe in aller Regel »klüger ist als ihr gescheitestes Mitglied«. Allerdings nur dann, wenn ihre Zusammensetzung inhomogen ist. Denn homogene Gruppen, also solche mit gleichartigen Mitgliedern, neigen zur Konformität, zum Konsens, zum Griff nach Routinen – und nur selten zum Erkunden von Neuem. Der Zugewinn einer inhomogenen Gruppe ergibt sich aus den unterschiedlichen Denkweisen ihrer Mitglieder und einer damit verbundenen Experimentierfreudigkeit. Kluge Entscheidungen kann die Gruppe aber immer nur dann treffen, wenn sie in ihrer Meinungsbildung unabhängig ist, wenn jeder Teilnehmer Zugang zu allem entscheidungsrelevanten Wissen hat und wenn er seine Meinung frei äußern kann. Dauerbefehle von oben hingegen, Abteilungskonformismus und das Schweigen der Lämmer machen eine Organisation, wie schon gesagt, »schwarmdumm«. Und das wiederum führt zum Abschied von jeder Vortrefflichkeit.

In einem Großgruppenworkshop hingegen entflammt sich Schwarmintelligenz. Hierbei können an einem einzigen Tag 50 bis

100 Mitarbeiter strukturiert sowie hierarchie-
und abteilungsübergreifend an die zu bear-
beitenden Themen herangeführt werden.
Im Rahmen einer kompakten Tagesveran-
staltung entstehen umsetzungsreife Konzepte, die idealerweise noch vor Ort durch
Gruppenentscheid abgesegnet werden und
danach sofort in die Umsetzung gehen. Sie
müssen also nicht erst die üblichen Gremien
durchlaufen. Zudem sorgen zusätzliche Impulse für den Blick über den Tellerrand und für
»verrückte« Perspektiven, sodass die Teilnehmer
nicht nur aus Vorhandenem, sondern auch aus Neuem
schöpfen können. Schließlich kann ein »Prophet von außen« sehr hilfreich sein, wenn es gilt, besonders hartnäckige Wi-
derstände sachte zu lockern. Im Folgenden beschreibe ich also den
Ablauf einer solchen Veranstaltung, wie sie von mir begleitet wird.

**Im Großgruppen-
workshop ent-
flammt sich
Schwarm-
intelligenz.**

So geht's: Der Ablauf im Großgruppenworkshop Schritt für Schritt

Am Vormittag halte ich – unterbrochen durch eine Kaffeepause – einen dreistündigen Impulsvortrag zu Themenfeldern,
die im Rahmen eines Briefinggesprächs angedacht wurden.
Er integriert all die Aspekte, die dann am Nachmittag weiter
vertieft werden sollen. Hierbei verstehe ich mich als Advokat
des Kunden, der klipp und klar seine Meinung sagt. Und ich
verstehe mich als Querdenker, der neue Sichtweisen einbringt,
psychologische Hintergründe darlegt, von den Besten des Fachs
erzählt, vor Abgründen und Irrwegen warnt und auch unangenehme Wahrheiten zur Sprache bringt. Solches Querdenken
ist zwar oft genug nötig und offiziell auch erwünscht, aber für
Interne meist viel zu gefährlich. Denn es kann Karrieren bedro-
hen. Deshalb sollten sich Unternehmen den Luxus eines externen Querdenkers unbedingt leisten. Er stärkt nebenbei auch
internen Querdenkern den Rücken.

Am Nachmittag schlagen die Teilnehmer Themen vor, an denen sie gemeinsam arbeiten wollen. Die einzelnen Arbeitsgruppen entstehen, indem die Teilnehmer sich selbst dem von ihnen favorisierten Thema zuordnen. Idealerweise bestehen sie aus fünf bis acht Teilnehmern – abteilungsübergreifend zusammengesetzt und auf gleicher Hierarchieebene angesiedelt. Gibt es großes Interesse an einer bestimmten Thematik, können auch zwei oder drei Gruppen am gleichen Thema arbeiten. Die Ergebnisse werden verschieden sein, was gut ist, weil man dann in der Folge auf mehrere Varianten zurückgreifen kann.

Sind mehrere Hierarchieebenen anwesend, arbeiten die Topführungskräfte in einer eigenen Arbeitsgruppe. Hierarchie bremst nämlich den Arbeitsfluss, und Kontrolle killt Kreativität. Schon die pure Anwesenheit eines Oberen erzeugt bei vielen Menschen Stress, wie Untersuchungen zeigen. Nur wenn die Leute unter sich sind, können auch die abwegigsten Ideen mutig und unbefangen diskutiert werden. Und nur in einer autoritätsfreien Umgebung werden selbst die unangenehmsten Themen rückhaltlos offengelegt. Natürlich: Indem Macht und Verantwortung an die »Vielen« abgegeben werden, kann das Ergebnis in unvorhersehbare Richtungen gehen. Doch insgesamt sind die Chancen weit größer als das Risiko. Denn die Teilnehmer gehen mit einem solchen Vertrauensvorschuss erfahrungsgemäß äußerst sorgfältig um.

Bei der jeweiligen Aufgabenstellung geht es *nicht* um das übliche Kärtchenschreiben, sondern vielmehr um ein konkretes unternehmerisches Konzept, das im Detail so ausgearbeitet werden soll, dass es idealerweise sofort umsetzbar ist. Dazu erhalten die Teilnehmer etwa 90 Minuten Zeit. Zudem brauchen sie Pinnwände und Moderationsmaterial. Um optimale Ergebnisse zu erzielen und umsetzungsfähige Konzepte zu erhalten, ist es wichtig, die Teilnehmer gut zu instruieren. Am besten visualisiert man die dazugehörigen sieben Schritte auf einem Flipchart wie folgt:

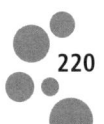

○ Beschreibung der derzeitigen Ist-Situation
○ Definition der erwünschten Soll-Situation
○ Erstellung eines detaillierten Maßnahmenplans
○ Fixierung von Zeitplan und Verantwortlichkeiten
○ Kalkulation des erforderlichen Budgets
○ Messinstrument(e) zur Erfolgskontrolle
○ Ideenspeicher für weitere kreative Ideen

Es muss vor allem darauf geachtet werden, dass die Arbeits-gruppen nicht zu lange in der Ist-Phase verharren. Für diese sollte man maximal zehn Minuten ansetzen. Im Lamentieren verfangen und von Horrorstorys aus der Vergangenheit be-rauscht, kann eine Gruppe schnell mal vergessen, dass ihr ei-gentliches Ziel ja der Maßnahmenplan für eine bessere Zukunft ist. Die Ist-Situation kann auch als Punkt auf einer Skala von null bis zehn eingetragen werden. Auf einer weiteren Skala wird gezeigt, wo man nach Umsetzung des Maßnahmenplanes landen will. Für die Vorstellung im Auditorium nominiert jede Gruppe einen Sprecher. Das erarbeitete Ergebnis wird auf Pinnwänden visualisiert oder als Beamer-Präsentation angelegt, damit es für alle gut sichtbar ist.

Jeder Präsentation folgt eine kurze Frage- und Bereicherungs-phase. Eine erste Stimmungslage wird per Daumen-hoch- oder Daumen-runter-Votum sondiert. Danach wird mit einem vor-definierten Mehrheitsschlüssel über die Umsetzung entschie-den. Dieser Mehrheitsschlüssel sollte bei mindestens 75 Pro-zent, aber nie bei 100 Prozent liegen, damit mutig entschieden wird, aber nichts im Konsens des Mittelmaßes stecken bleibt. Der Chef hat dabei nie das erste, sondern höchstens das letzte Wort. Er ergänzt nur noch die Aspekte, die fehlen *und* für ihn von ausschlaggebender Bedeutung sind.

Ich habe bereits eine große Zahl solcher Workshops geleitet und war – genauso wie die anwesende Führungsebene – stets aufs Neue überrascht, wie viel von dem, was die Geschäftsleitung ihrerseits angedacht hatte, von den Mitarbeitern selbst eingebracht und bearbeitet wurde. Zudem gibt es immer wieder Aha-Effekte, wenn zutage tritt, welche Talente in den Leuten schlummern. Bislang stille Mitarbeiter werden plötzlich zu Kreativmaschinen. Oder sie outen sich als Präsentationsgenies. Wer nur heiße Luft produziert, wird enttarnt. Und Eigenbrötler entdecken, wie befruchtend der Austausch mit anderen ist.

Wie lässt sich nun die Umsetzung sicherstellen? Die getroffenen Entscheidungen werden in einem Maßnahmenplan festgehalten und im Anschluss an die Veranstaltung Schritt für Schritt umgesetzt. In einem Ideenspeicher werden die Ideen gesammelt, die zwar auch vielversprechend sind, aber zunächst nicht weiterverfolgt werden. Themen, die sich als besonders komplex erweisen oder bei denen eine Entscheidung Nichtanwesender notwendig ist, werden zeitnah im Anschluss an die Veranstaltung weiterbearbeitet.

Ein konzeptionelles Aufmöbeln der Arbeitsgruppenergebnisse – beispielsweise um diese vor Dritten zu präsentieren – ist jederzeit möglich. Dazu können Vorher-nachher-Videos gedreht, Mitarbeiter und Kunden interviewt oder Soll-Situationen per Schauspiel vorgestellt werden. Auf einer internen kollaborativen Plattform lässt sich das Ganze weiter durchdiskutieren und mit zusätzlichen Ideen anreichern.

In einem Fall hatte man am Verlauf einer typischen Kundenreise gearbeitet und diese in Form einer Collage dargestellt. Dabei wurde nicht nur geschrieben, sondern auch gemalt und geklebt. Ausgewählte Geschichten, beispielhafte Kundenmeinungen und symptomatische Kundenbewertungen wurden angeheftet. Enttäuschungs- und Begeisterungsfaktoren wurden gelistet. Dont's und Dos wurden per Video dokumentiert. Das Ganze wurde auf Pinnwände übertragen, sodass man alles für den Projektfortgang mit in die Abteilung nehmen und weiterbearbeiten konnte.

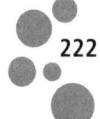

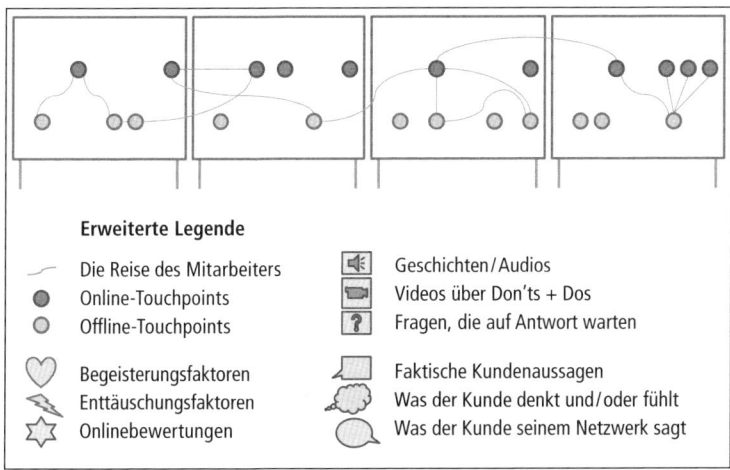

Abb. 15: Eine typische Customer-Journey, detailliert dokumentiert

Hier noch ein paar abschließende Tipps: Treffen Sie konkrete Entscheidungen bereits während der Veranstaltung und setzen Sie diese alsbald um. Und: Feiern Sie Erfolge, damit sich der Geist der Schwarmintelligenz in allen Unternehmensbereichen weiter ausbreiten kann. Nichts ist frustrierender für die Beteiligten, als zu sehen, dass die mit viel Hirnschmalz erarbeiteten Konzepte sang- und klanglos in der Versenkung verschwinden. Ich hatte schon Workshops, da hat sich die Geschäftsleitung das letzte Wort vorbehalten und alles wurde auf später vertagt. Oder es musste der Instanzenweg eingehalten werden. Und am Ende passierte dann – nichts!

Die schließlich verabschiedeten Maßnahmen sind allerdings keine Dogmen, an die man sklavisch gebunden ist. So wie man die Segel neu setzt, wenn der Wind aus einer anderen Richtung weht, so sind einmal getroffene Entscheidungen bei Bedarf zu justieren. Doch all das ist von nun an sehr leicht. Denn der Spirit eines gelungenen Großgruppenworkshops wird auf die tägliche Arbeit übergehen. Und er hält in den Unternehmen lange an. Über Abteilungsgrenzen hinweg entwickelt sich die Zusammenarbeit selbstverantwortlich und hierarchieungebunden. Kreativität fließt, Ideen vernetzen sich, Prozesse laufen synchron und alles wird endlich agil. Zudem ist eine kundenorientiertere Vorgehensweise gesichert.

Für wen Sie Ihre Touchpoints optimieren

Wer seine Touchpoints optimiert, muss sich zwangsläufig auch intensiv mit den Menschen befassen, die mit ihm gemeinsam auf eine Kundenreise gehen wollen und sollen. Dabei stellen sich zunächst folgende Fragen:

- Welche Kunden wollen wir überhaupt? Und welche nicht?
- Wer passt zu wem? Und wer passt gar nicht?
- Mit wem verdienen wir Geld? Und mit wem nicht?
- Welche Kunden wollen wir, die wir noch nicht haben?
- Wen wünschen wir den Mitbewerbern viel lieber als uns selbst?

Die letzte Frage beinhaltet auch diese Überlegung: Wie können wir uns von denen, die wir nicht mehr wollen, auf elegante Art und Weise trennen? Denn nicht jeder ist uns als Kunde recht. Und wir wollen ja gerade die wertvollste aller Ressourcen, das Engagement unserer Mitarbeiter, nicht an die Falschen verschwenden. Planen Sie deshalb einen »Beautiful Exit«, einen netten Abgang, ein. Oft trifft man sich zweimal im Leben. Und wer weiß: Vielleicht kann man unter anderen Umständen zu einem späteren Zeitpunkt wieder Freunde werden. Und wenn man einen Kunden schon nicht halten kann, dann sollte man wenigstens dafür sorgen, dass seine Mundpropaganda nicht in die rote Zone gerät.

Wenn Sie sich von Kunden trennen wollen, planen Sie einen »Beautiful Exit«.

Nun haben Marketer die merkwürdige Angewohnheit, nicht mit Individuen, sondern mit Zielgruppen zu arbeiten. Dabei handelt es sich um eine gedankliche Bündelung von Menschen nach gemeinsamen Merkmalen, Eigenschaften und Verhaltensweisen. Immer mehr stellt sich allerdings heraus, dass nicht demografische Gegebenheiten und Milieuzugehörigkeit unser Verhalten bestimmen, sondern die unterschiedlichsten Lebensentwürfe, Denkweisen und Wertemuster. Und auch der Zeitgeist. Homogene Gruppen mit ähnlichem Kaufverhalten sind einer unglaublichen Vielfalt an Lebensstilen gewichen. Deshalb passen klassische Segmentierungsansätze und übliche Zielgruppencluster heute nicht mehr.

Außerdem agieren die Menschen zunehmend in Netzwerken und Communitys. Durch solche Peer-to-Peer-Kreise (P2P), in denen Gleichrangige auf Augenhöhe miteinander kommunizieren, werden Kaufentscheidungen in weit stärkerem Maße beeinflusst als durch die Unternehmen selbst. Da wird ausführlich über Angebote berichtet, die man erhalten hat. Oder über Erfahrungen, die man anderen lieber ersparen will. Es wird zu- oder abgeraten und praktisches Wissen geteilt. Solche Netzwerke und die dort maßgeblichen Influencer und Opinionleader, also Multiplikatoren und Meinungsführer, gilt es in den Fokus zu nehmen – denn das sind die Zielgruppen von morgen. In meinem Buch *Das neue Empfehlungsmarketing* habe ich über diese Personenkreise ausführlich geschrieben.

Die Menschen in der Rushhour des Lebens

Unsere Lebenswelten haben sich in den letzten Jahren grundlegend gewandelt. Früher war der Übergang vom Jugendlichen zum Erwachsensein kurz. Mit plus minus 20 Jahren trat man ins Erwerbsleben ein und begann zügig mit der Familienplanung. Ein durchgängiger Lebenslauf, eine Festanstellung ohne allzu viele Wechsel und eine lineare Karriere waren die Norm. Mit spätestens 65 stand dann die Zwangspensionierung an und man begab sich in den »wohlverdienten« Ruhestand.

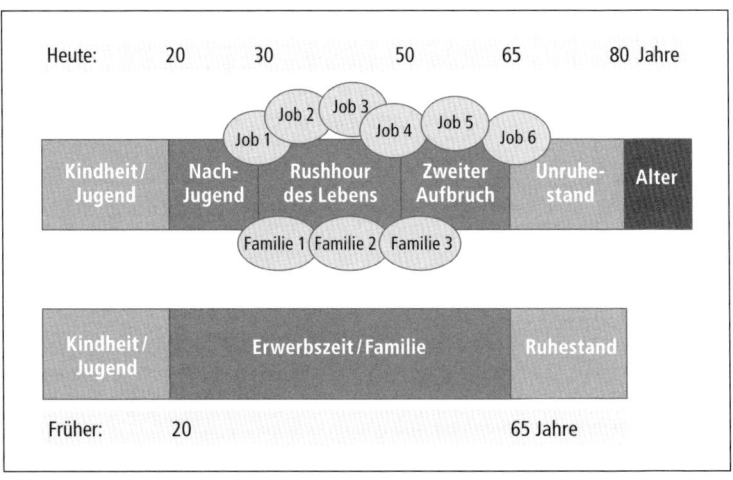

Abb. 16: Unsere Lebenswelten – früher und heute

Heute sieht das völlig anders aus. Zwischen 20 und 30 ist die Phase der Nachjugend. Man testet das Leben, reist um die Welt, hält sich mit bezahlten Praktika über Wasser, probiert sich in einem Start-up aus. Etwa 80 Prozent aller Twens leben in dieser Zeit zumindest teilweise noch bei den Eltern. Erst mit durchschnittlich 30 Jahren bekommen Frauen heute ihr erstes Kind. Die Zeit zwischen 30 und 50 wird deshalb als die Rushhour des Lebens bezeichnet. In dieser Zeit verändern sich die Lebensumstände am laufenden Band: Jobwechsel, wechselnde Partnerschaften und Patchwork-Familien gehören ebenso dazu wie längere Singlephasen.

Um die 50 beginnt vielfach eine neue Phase im Leben der Menschen, sehr oft gerade bei Frauen. »Zweiter Aufbruch« wird sie genannt. Als Existenzgründer fangen manche noch mal »ganz von vorne« an. Oder sie unterstützen die junge Gründergeneration als Business Angel. Oder sie machen sich gemeinnützig stark. Mit 65 ist heute noch niemand alt, höchstens schon ganz lange jung. Man bildet sich weiter, man will sich nützlich machen. Fleißig werden

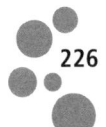

Pläne für alle möglichen semiberuflichen und privaten Aktivitäten geschmiedet und beschwingt in die Tat umgesetzt. Man hält sich fit und tut viel, um möglichst lange gesund zu bleiben. Denn alt will man so lange wie möglich nicht sein. »Darin sehe ich ja aus wie eine Oma«, hörte ich neulich eine 75-Jährige empört bei der Kleideranprobe sagen.

80 ist das neue 65 in einer immer älter werdenden Gesellschaft. Über diese hochbetagte Alterskohorte ist noch sehr viel zu lernen. Dies geht am besten, indem man sie aktiv involviert. Barbara Beskind ist die wahrscheinlich älteste Produktdesignerin der Welt. Mit 89 Jahren hat sie sich bei der renommierten Designerschmiede Ideo beworben – und wurde prompt eingestellt. Viele Produkte für ihresgleichen seien zwar gut gemeint, aber falsch konzipiert, weil ihre Schöpfer sich nicht in die Nutzer hineinversetzen könnten, sagt sie verärgert. So ist sie angetreten, dies mit Verve zu ändern.

Tappen Sie nicht in die Seniorenfalle

Eine Zielgruppe 50 plus gibt es nicht. Sie ist eine dumme Erfindung der Werbeszene. Ein 50-Jähriger ist von einem 80-Jährigen so weit entfernt wie ein 20-Jähriger von einem 50-Jährigen. Jeder von ihnen hat andere Bedürfnisse, Verhaltensweisen und Wertewolken. Selbst innerhalb von Altersklassen gibt es nur wenige übereinstimmende Merkmale. Auch das mit der hohen Kaufkraft im Alter ist eine Mär. Die Unterschiede sind, wie in jeder anderen Altersgruppe, auch hier ganz enorm. Natürlich gibt es eine hohe Zahl von älteren Vermögenden. Doch nicht umsonst ist auch Altersarmut ein Thema. Höchstens vier Dinge haben ältere Kunden gemeinsam:

○ Wer körperlich und geistig fit ist, fühlt sich deutlich jünger. Gefühlte 10 Jahre weniger sind es bei 50-Jährigen, gefühlte 15 Jahre bei 60- bis 75-Jährigen. Im Marketing nennen wir sie »Young-minded Customer«.

○ Ältere haben mehr Kauferfahrungen als Jüngere, sie sind daher kritisch und anspruchsvoll – doch bei Gefallen auch eher treu. Außerdem sind sie vertrauenswürdige Empfehlungsgeber und dankbare Empfehlungsempfänger.

○ Körperliche und geistige Funktionen verändern sich, wie weiter vorn bereits gesehen. Dies muss bei der Produktgestaltung und bei Serviceerlebnissen zwar berücksichtigt, darf aber niemals explizit angesprochen werden. Die Steigerung von Lebensqualität und Lebensfreude sollte immer im Vordergrund stehen.

○ Erfahren und weise, ja, das klingt gut. Doch alt sein will niemand. Begriffe also, die überdeutlich einen fortgeschrittenen Alterszustand aufzeigen, haben in der Kommunikation nichts verloren. Suchen Sie stattdessen nach charmanter klingenden Worten, am besten nach solchen, die noch nicht abgedroschen sind.

Eigentlich sind diese Punkte auch gar nicht so neu. Dennoch werden immer wieder gravierende Fehler gemacht. So bat ich kürzlich in einem Restaurant eine junge Bedienung um Rat: »Ich habe nur wenig Hunger. Was kann die Küche denn da für mich zaubern?« – »Nehmen Sie doch den Seniorenteller!«, war die lieblose Antwort. Dieses Lokal werde ich nie mehr betreten. Also dann, checken Sie mal Ihre Kommunikation: Egal, was sie anbieten, »altertümliche« Anreden und die Senioren-Nummer sind tabu. Auch alles – im wahrsten Sinne des Wortes – Kleingedruckte muss weg. Was wir nicht lesen können, kaufen wir nicht. Und im Handel bleibt alles, wofür ältere Menschen sich bücken müssten, in den Regalen zurück.

Eine kleine Randnotiz: Während rund um das Kinderzimmer längst alles hip und durchdigitalisiert ist, fehlt das bei Rollator & Co. nahezu völlig. Alle Produkte, die Mobilität ermöglichen und die Teilnahme am Leben erleichtern, könnten viel jugendlicher, stylisher

und vernetzter werden. Eine Riesenmarktlücke! Schauen wir uns einzelne Vertreter der Ü50-Altersgruppe nun mal ganz genau an:

○ Theresa ist eine allein lebende 72-Jährige, genannt Tess. Sie besitzt eine größere Eigentumswohnung und ein schickes Cabriolet. Nach einer Hüft-OP ist sie leicht gehbehindert, umarmt aber dennoch begeistert das Leben. Nach dem Tod ihres Mannes hat sie das Reisen für sich entdeckt und auch schon ferne Länder erkundet. Gemeinsam mit einer Freundin geht sie zudem gern shoppen und genießt das Kulturangebot in ihrer Stadt. Das Internet nutzt sie sehr extensiv, um immer auf dem Laufenden zu sein. Auch ihr Smartphone neuester Generation ist ständig im Einsatz. Und auf Facebook hat sie ihre Jugendliebe wiedergefunden.

> **Während rund um das Kinderzimmer alles hip und durchdigitalisiert ist, fehlt das bei Rollator & Co. nahezu völlig.**

○ Irmi und Herbert, 64 und 68 Jahre alt, sind beide in Rente. Seit 40 Jahren verheiratet, sind sie überaus glücklich, Opa und Oma zu sein. Sie verwöhnen ihre drei Enkel und unternehmen sehr viel mit ihnen. Sie leben in einer Reihenhaussiedlung. Ihr großes Hobby ist der eigene Garten, den sie liebevoll pflegen. Er hat einen gemütlichen Grillplatz, und da beide sehr gesellig sind, ist er zu einem beliebten Treffpunkt für Nachbarn und Freunde geworden. Sie haben mehrere Fitnesskurse belegt. Mit ihren E-Bikes erkunden sie auf ausgedehnten Touren die Gegend. Ein Tablet-Computer ist immer dabei. Im Haus gibt es auch einen PC, doch der verstaubt inzwischen im Arbeitszimmer.

○ Peter, 59, bewohnt eine preiswerte 2-Zimmer-Mietwohnung in einer Kleinstadt. Wegen gesundheitlicher Probleme ist er frühpensioniert. Seit seiner Scheidung vor fünf Jahren ist er ein wenig eigenbrötlerisch geworden. Er bewegt sich wenig

und verbringt viel Zeit vor dem Fernseher. Seine Gesundheitswerte haben sich in letzter Zeit sehr verschlechtert. Er müsste
in jeder Hinsicht mehr für sich tun. Einer der wenigen verbliebenen Freunde hat ihm jetzt ein Fitnessarmband geschenkt.
Leider kehrt auch damit die Lebensfreude nicht wirklich zurück.

○ Ach ja, und dann ist da noch Jörg, auch 59. Immer gebräunt,
Body gestählt, ein erfolgreicher Geschäftsmann aus der besten
Wohngegend Münchens. Er leitet eine Softwarefirma, fährt
einen Aston Martin und hat immer die neuesten digitalen De-
vices parat. Er geht segeln, und Golf spielt er natürlich auch.
Gerade hat er sich zusammen mit seinem Sohn für einen
Kitesurfing-Kurs angemeldet. Seine Frau hat ihn wegen seiner
Affären schon vor Jahren verlassen. Aber das macht nichts.
Er findet leicht Trost.

Dies sind ein paar Beispiele von vielen. Indem man einzelne Personen und deren Lebenssituation bildhaft und konkret beschreibt,
kann man sich diese besser vorstellen und in der Folge dann passender ansprechen. Von prototypischen Personas wird dabei gesprochen. Sie finden im Online-Marketing und in der Produktentwicklung immer mehr Anklang. Auch für das Touchpoint-Management
sind sie sehr gut geeignet.

Personas sind die neuen Zielgruppen

Personas sind fiktive Stellvertreter einer Kundengruppe, die deren
charakteristische Eigenschaften, Erwartungshaltungen und Vorgehensweisen in sich vereinen. Sie ersetzen das anonyme Zielgrup-
pengemenge durch eine menschliche Gestalt, in die man sich gut
hineinversetzen kann. Selbst wenn dies am Ende ein wenig kli-
scheehaft wirkt: Überzeichnen erhöht die Deutlichkeit. Und ohne
Empathie mangelt es an Kreativität. So helfen Personas auch den
Mitarbeitern, die nur indirekt mit Kunden zu tun haben, den Men-

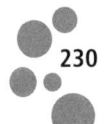

schen hinter der Bestellnummer oder dem Aktenzeichen zu sehen. Und dort, wo nur noch mit Algorithmen gearbeitet wird, werden Datenpakete lebendig.

Wenn Sie zum Beispiel ein Mailing texten: Stellen Sie sich die Person leibhaftig vor, der Sie schreiben wollen! Und wenn Ihnen diese nicht persönlich bekannt ist? Dann geben Sie dem Empfänger einen Namen und ein Gesicht. Vielleicht kennen Sie ja jemanden, der so aussieht, sich so verhält, der solche Ansichten, Einstellungen und Wünsche hat. Ihre Nachbarin? Ihr früherer Chef? Onkel Otto oder Tante Janni? Nun beginnen Sie, Onkel Otto diesen Brief zu schreiben. Sie sehen ihn förmlich vor sich, wie er seine Brille aufsetzt, die E-Mail öffnet, sich in den Inhalt vertieft, zu schmunzeln und unmerklich mit dem Kopf zu nicken beginnt: weil Ihr Angebot für ihn attraktiv ist. Und weil er sich ganz persönlich angesprochen fühlt.

Der Steckbrief einer Persona umfasst in aller Regel folgende sechs Elemente:

O *Name und Foto:* Wie sieht ein typischer Vertreter aus der betrachteten Ziel- oder Kundengruppe aus? Und wie heißt er oder sie? Bei der Fotoauswahl favorisiere ich übrigens eine gut gemachte Zeichnung. Fotos realer Menschen, die meist von Bilderbanken stammen, nageln eine Persona oft zu sehr fest.

O *Hintergrundinformationen:* Hier geht es um Alter, Geschlecht, Wohnort, Beruf, familiäre Verhältnisse, Einkommenssituation, Hobbys und andere Interessen.

O *Statements:* Zitieren Sie wörtliche Aussagen, die für diesen Kundentyp typisch sein könnten. Oder listen Sie Schlagworte auf, die seine Werte, Standpunkte, Ansichten und Einstellungen widerspiegeln. Ordnen Sie ihm typische Marken zu, durch die er ein Statement über sich machen könnte.

○ *Erwartungen / Ziele:* Was möchte diese Persona mit dem Kauf eines Produktes beziehungsweise der Inanspruchnahme einer Dienstleistung erreichen? Welche Probleme will sie lösen? Welchen Nutzen will sie erzielen? Und welche Gefühle könnten dies alles begleiten? Welche Ängste könnte sie haben? Und was könnte sie ganz besonders begeistern?

○ *Kaufprozess:* Wie kauft diese Persona ein? Welche Customer-Journey geht sie? Wie informiert sie sich? Wer hat auf sie Einfluss? Welchen Stellenwert haben Offline und Online? Was sind für sie die wichtigsten Touchpoints?

○ *Ideale Lösung:* Wie sähe eine ideale Produkt- oder Servicelösung aus dem Blickwinkel einer solchen Persona aus?

Der Steckbrief einer Persona könnte dann so aussehen wie in Abbildung 17. Um eine solche Persona zu entwickeln, befragen Sie am besten typische Vertreter aus dieser Kundengruppe. Fünf bis zehn solcher Personen reichen völlig, um das Charakteristische an ihren Einstellungen, Bedürfnissen, Anforderungen und Vorgehensweisen herauszuarbeiten. Zusätzlich lassen sich Beobachtungen, gesunder Menschenverstand und Spuren in sozialen Netzwerken nutzen, um eine treffsichere Persona zu kreieren. Auch Kollegen aus dem Kundenservice oder dem Beschwerdemanagement können wertvolle Hinweise geben. Schließlich können aktuelle Studien helfen, das Typische einer Personengruppe herauszuarbeiten.

Lassen Sie Personas aber bloß nicht von der Marketingabteilung entwerfen. Am besten geeignet sich vielmehr Mitarbeiter, die tagtäglich in Kontakt mit den Kunden sind. Ein Workshop, bei dem man sich wie die Profiler bei der Kripo mit detektivischem Gespür an das Kreieren von Personas macht, bringt über den Nutzen hinaus auch richtig viel Spaß. Deren Steckbriefe, manchmal auch »Buyer-Personas« genannt, werden idealerweise an eine Bürowand oder auf Pappfiguren gepinnt, um so mit beinahe echten Menschen zu kommunizieren. Auf diese Weise wird auch unterstützt, dass alle

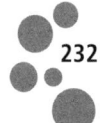

Statements	Foto	Typischer Kaufprozess
• Gerne mal die Zeit vergessen • Ehrlich und kompetent, nicht aufgesetzt • Nicht nörgelig und übellaunig • Humorvoll und unterhaltsam • Höflich • Identifikationswürdig • Wenig luxusorientiert (nur bei Essen ☺)	☺	• Zu Hause auf der Couch oder unterwegs über das Smartphone. • Outfitshopping bei meinem Lieblingsonlineshop »Bestseller«. • Die aktuellsten Trends und passende Kombinationen zur Inspiration werden meistens direkt angezeigt. • Hilfreich sind die Kennzeichnung der Größen, welche von den Models getragen werden – so weiß ich, wann ich eine Nummer größer bestellen muss; dann passt es fast immer. • Bestellte Ware in Ruhe zu Hause anprobieren. • Muss mich nicht in zu kleine Kabinen begeben. • Kein wahnsinniges Gedränge in den Läden selbst. • Outfit passt perfekt. • Kleidung, die nicht passt oder nicht gefällt, wird problemlos zurückgeschickt.
	Profil	
	• Melanie • 29 Jahre • Wohnort Hamburg • Personalreferentin • In einer Beziehung • Gut verdienend	
Erwartungen und Ziele	**Präferierte Marken**	
Ich will nicht besser oder schlechter behandelt werden als andere Kunden und nicht zu sehr »betüdelt« werden. Werde zum Beispiel beim Kleidungskauf gerne in Ruhe gelassen, lege keinen Wert auf Stilberatung oder Komplimente. Bei einem Friseurbesuch oder einer Beautybehandlung ist umfangreiche, gute und ehrliche Beratung notwendig.	Insgesamt wenig Markenidentifikation. Identifiziere mich eher mit einer Dienstleistung oder den Verkäufern bzw. mit deren Herangehen / Art. Gute Naturkosmetik statt Drogerieartikel. Kneipe statt Cocktailbar mit Schirmchen im Glas.	
Ideale Lösung		
Ich versuche das Beste aus beiden Welten (online / offline) herauszuholen. Daher sollte eine Lösung beide Wege so einfach wie möglich gestalten. Zudem unkompliziert, verlässlich und vertrauenswürdig.		

Abb. 17: Steckbrief einer Persona

dasselbe Bild von einer Zielperson vor Augen haben, wenn sie an Kundenprojekten arbeiten. Und immer kann man sich gemeinsam fragen, was die Persona wohl von einer Sache hält und wie sie sich auf ihrer Kundenreise gerade fühlt.

Sodann wird sichtbar, welche Personas zur Marke passen – und welche nicht. Ferner wird klar, bei wem die Kaufwahrscheinlichkeiten am höchsten sind. Im Onlinemarketing lassen sich Personas auch taggen, also mit Schlagworten belegen, sodass Werbung nur noch dann ausgespielt wird, wenn die entsprechenden Begriffe erscheinen. Vor allem aber lassen sich mithilfe konkret durchgespielter Kundenreisen eventuelle Knackpunkte an den Touchpoints beheben.

Sandra beispielsweise, eine junge Mutter, ist eine von vier Personas des Onlinefotoservice Pixum. Um die Onlinevermarktung seiner Fotokalender zu optimieren, hat das Unternehmen in einem Workshop die Customer-Journey von Sandra detailliert unter die Lupe genommen. Aus dem Blickwinkel der Persona spielten die Teilnehmer Schritt für Schritt durch, wie Sandra den Plan fasst, einen Weihnachtskalender für Oma und Opa zu gestalten, und bei ihrer Recherche auf die Website von Pixum stößt. Über sogenannte Heatmaps, Usability-Tests und Zufriedenheitsabfragen hatte man schon im Vorfeld mögliche kritische Touchpoints in der Customer-Journey identifiziert. Diese wurden nun während des Workshops mit Sandras Journey, ihrer Reise durch die Website, abgeglichen. So ermittelte Pixum, wo und wie für Sandra technisch nachgerüstet werden musste. Ein Schwachpunkt war zum Beispiel, dass ein noch nicht ganz fertiggestellter Fotokalender nur nach einer Registrierung abrufbar war. Kritische Punkte wie diese behob der Onlinefotoservice und konnte so, wie die *Acquisa* 10/2015 berichtet, sowohl die Absprungrate senken als auch die Konversionsrate bei der Bestellung von Fotokalendern deutlich steigern.

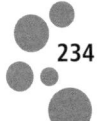

Buyer-Personas im B2B

Geht es um B2B, dann sitzt meist ein Buying-Team am Verhandlungstisch. Und der wahre Entscheider ist oft nicht mal dabei. In jedem Fall kaufen immer Menschen von Menschen. Unternehmen können keine Angebote einholen, keine Anbieter listen und keine Aufträge vergeben. Und sie können auch keine Verträge schließen. Am Ende der Prozesskette sitzt immer ein Mensch. Und diese Menschen haben, wie alle anderen auch, Emotionen, Launen, Bedürfnisse, Wünsche und Träume. Dabei haben sie aber nicht nur die Unternehmensinteressen im Kopf. Jeder verfolgt zugleich eigene Ziele. So geht es bei einer Entscheidung immer auch um Macht, Prestige, Ruhm, Ehre und zu ergatternde Boni – und um die eigene Karriere natürlich auch. »Bei uns wird im Kundeninteresse gehandelt«, höre ich oft. Das ist schlichtweg Blödsinn. Und bar jeden gesunden Menschenverstands. Eigeninteressen schlagen Kundeninteressen.

Nicht Unternehmen entscheiden, sondern Menschen – mit Eigeninteressen.

Aus all diesen Gründen ist es höchst sinnvoll, sich auch im B2B mit Buyer-Personas auseinanderzusetzen. Im Vergleich zur einfachen Persona kommt ein zusätzlicher Faktor hinzu. Folgende sieben Faktoren determinieren dann ein solches Profil:

○ *Name und Foto:* Wie sieht ein typischer Vertreter aus der betrachteten Berufsgruppe aus? Wie heißt er oder sie? Wie lautet die Berufsbezeichnung? Und welche Position bekleidet er / sie im Unternehmen?

○ *Hintergrundinformationen:* Hier geht es um Alter, Geschlecht, Wohnort und Arbeitsstelle, den beruflichen Werdegang, die familiären Verhältnisse, die Einkommenssituation, Hobbys und andere Interessen.

O *Statements:* Zitieren Sie wörtliche Aussagen, die für diesen Kundentyp typisch sein könnten. Oder listen Sie Schlagworte auf, die seine Werte, Standpunkte, Ansichten und Einstellungen widerspiegeln.

O *Stellung im Unternehmen:* Welche Projekt- oder Führungsverantwortung hat diese Persona? Wo ist sie im Organigramm verortet? Welche beruflichen Ziele verfolgt sie? Was treibt sie an? Was brächte ihre Karriere ins Straucheln? Welchen tatsächlichen Einfluss hat diese Persona im Unternehmen?

O *Erwartungen / Ziele:* Welche Anforderungen hat diese Persona an einen Geschäftspartner? Was möchte sie mit dem Kauf eines Produktes beziehungsweise mit der Entscheidung für einen Anbieter erreichen? Welche Probleme will sie lösen? Welchen Nutzen will sie erzielen? Und welche Gefühle könnten dies alles begleiten? Welche Ängste könnte sie haben? Und was könnte sie ganz besonders überzeugen?

O *Kaufprozess:* Wie entscheidet diese Persona? Welche Customer-Journey geht sie? Wie informiert sie sich? Wer hat auf sie Einfluss? Welchen Stellenwert haben Offline und Online? Was sind für sie die wichtigsten Touchpoints? Welche Fakten und Argumente werden benötigt?

O *Ideale Lösung:* Wie sähe eine ideale Produkt- oder Servicelösung aus dem Blickwinkel einer solchen Persona aus? Von welchen Interessen wird sie geleitet? Und im Rahmen welchen Emotions- und Motivsystems trifft diese Persona ihre Entscheidungen?

Vor allem bei der letzten Frage helfen die limbischen Typen, die der Neuromarketing-Profi Hans-Georg Häusel entwickelt hat, weiter. In seinem Bestseller *Brain View* schreibt er dazu: »Der Geschäftsführer prüft, ob die neue Maschine die Wettbewerbsfähigkeit des Unternehmens steigert, hier hat eindeutig das Dominanz-System

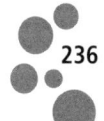

das Sagen. Der Einkaufsleiter möchte den günstigsten Preis und das beste Preis-/Leistungsverhältnis. Das ist der Bereich Disziplin/Kontrolle. Der Produktionsleiter ist am sicheren und reibungslosen Funktionieren der Maschine interessiert und wünscht sich eine gleichbleibende Qualität seiner Produkte. Hier führt das Balance-System die Regie. Der Leiter der Forschung & Entwicklung dagegen achtet auf die mit der Maschine verbundene Innovation und auf die neuen Möglichkeiten. Man ahnt: Dieser Wunsch ist vom Stimulanz-System getrieben.«[36]

Wird nun für die einzelnen Akteure im Buying-Team ein Persona-Steckbrief nach den beschriebenen sieben Schritten erstellt, kann sich jeder, der auf der Anbieterseite für diesen Kunden tätig ist, ein klares Bild von ihm machen. Und dieses geht über die Informationen, die üblicherweise in einer Datenbank gespeichert sind, weit hinaus. Denn nun tritt der Mensch hinter seiner Funktion hervor. Und dessen Motive werden dann im Verkaufsgespräch gezielt angesprochen. Ein Beispiel?

Beim dominanzgetriebenen Performer, der auf Vorsprung aus ist, klingen die Argumente so: »Das verschafft Ihnen einen uneinholbaren Wettbewerbsvorteil.« Oder so: »Ich kann Ihnen dafür ein Exklusivrecht einräumen.« Den zahlengetriebenen Controller, für den nur die Wirtschaftlichkeit zählt, überzeugen Sie so: »Das amortisiert sich in genau 3,45 Monaten.« Oder so: »Wir haben das bis ins kleinste Detail für Sie durchgerechnet, sehen Sie hier.« Und dem sicherheitsgetriebenen Balance-Typen sagen Sie: »Bei diesem Rundum-sorglos-Paket brauchen Sie sich um nichts mehr zu kümmern.« Oder: »Dieses Produkt hat sich in der Praxis bewährt. 90 Prozent unserer Kunden nutzen es inzwischen seit vielen Jahren.«

Jeder erhält also seine emotionale Lieblingsspeise. Wichtig zu wissen: Werden einem Typen die falschen Argumente zugeordnet, verpuffen diese nicht nur wirkungslos, sie können sogar ein Nein provozieren. Wenn Sie zum Beispiel einen Stimulanz-Typen mit

Kleinkram nerven, zieht sich dieser zurück. Für ihn gibt es schönere Dinge im Leben als Excel-Tabellen. Ihm halten Sie am besten den Rücken frei. Nachdem alle am Tisch typgerecht angesprochen wurden, besteht die Hauptaufgabe eines Verkäufers nun darin, einen Konsens zwischen den einzelnen Beteiligten herzustellen und wie ein Moderator vermittelnd zu agieren, um eine gemeinsame Entscheidung herbeizuführen. Und wenn der eigentliche Entscheider gar nicht zugegen ist? Dann lässt er sich mit einer zirkulären Frage virtuell an den Besprechungstisch bringen: »Nur mal angenommen, Herr XY säße mit uns zusammen. Was würde er als Geschäftsführer und als Mensch hierzu sagen?«

Buyer-Personas lassen sich in allen B2B-Bereichen gut entwickeln. Abbildung 18 zeigt ein reales Beispiel aus dem Pharmahandel.

Im Rahmen eines Großgruppenworkshops habe ich einmal eine komplette Vertriebsmannschaft Einkäufer-Personas entwickeln lassen. Und siehe da: Der Standardeinkäufer alten Schlags, der seine Lieferanten ausquetscht wie eine Zitrone, wurde von einer Vielzahl an Persönlichkeiten abgelöst. Da gab es die junge Einkäufergeneration, die ihre Vorauswahl nahezu komplett über Webrecherchen trifft. Und neben den paar wenigen ausschließlich Bonusfixierten gab es auch diejenigen, die partnerschaftlich und serviceinteressiert agierten. Ab diesem Moment hatte das typische Verkäufermantra, *alle* Einkäufer entschieden *immer nur* über den Billigpreis, seinen Zauber verloren. So konnte man sich von nun an auf solche Kunden konzentrieren, die keinen mörderischen Spurt, sondern einen Business-Marathon laufen wollten. Aus ehemals reinen Preisgesprächen wurden nun Problemlösungs-, Service- und Nutzengespräche. Und der bislang spärliche Onlinecontent für Informationssuchende wurde erheblich erweitert.

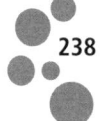

Statements	Foto	Typischer Kaufprozess
• Engagiert sich in seiner Gemeinde und ist bekannt dafür • Sponsert Sportveranstaltungen und Kinderfeste	🙂	• Führt in dritter Generation eine gut gehende Apotheke (200 m²) im Stadtzentrum, gegenüber von einem Ärztehaus. • Hat vor einigen Jahren eine zweite Apotheke in der Nähe eines exklusiven Seniorenwohnheims übernommen (ca. 130 m²), diese wird von seiner Frau geleitet.
Erwartungen und Ziele	**Profil**	
• Er möchte das Gefühl haben, dass sein Großhändler zuverlässig ist, das größte Sortiment und die besten Konditionen hat. • Er hat Angst, schlechter gestellt zu sein als seine Kollegen.	• Peter • 43 Jahre • Wohnt in Konstanz • Inhaber • Pharmazeut • Verheiratet, 2 Kinder • Spielt Golf und Tennis	**Kaufprozess / Medianutzung**
Ideale Lösung	**Positionierung**	• Führt die Vertragsverhandlungen persönlich. Legt großen Wert auf ein gutes Verhältnis zu »seinem« Außendienst. • Bei wichtigen Verhandlungsthemen besteht er auf Anwesenheit der Vertriebsleitung, da diese einen größeren Entscheidungsspielraum hat. • Der Wiederkauf wird durch seine Mitarbeiterin durchgeführt. • Diese löst die Bestellung über die neue Apothekensoftware aus, die er vor einem Jahr eingeführt hat.
Schnelle, zuverlässige, pünktliche Lieferung; freundlicher Fahrer; beste Konditionen; sympathischer, kompetenter und freundlicher Außendienst; hohe Verfügbarkeit; nachvollziehbare Rechnung; interessante Fortbildungsmöglichkeiten für sich und seine Mitarbeiter.	Setzt sich engagiert für die unabhängige und stationäre Apotheke ein; sieht sich in erster Linie als Heilberufler.	

Abb. 18: Steckbrief einer Buyer-Persona

Digital Natives und Digital Immigrants

Wie selbstverständlich nimmt die kleine Alina von nebenan, vier Jahre alt, meinen digitalen Begleiter in ihre süßen Händchen. Routiniert aktiviert sie die Sprachsteuerung. Auch ohne lesen und schreiben zu können, hat sie schon Zugang zum Wissen der Welt: »Zeig mir Bilder von Delfinen«, gibt sie in Auftrag. Mit dem Ergebnis, das sich einige Millisekunden später auf dem Display zeigt, ist sie sichtlich zufrieden. Das erste Foto, das die Welt von ihr selbst zu sehen bekam, war ein Ultraschallbild auf Facebook. Wenn sie im Mutterleib wild gestrampelt hat, hat das Kick-Bee-Bauchband der werdenden Mutter auf Twitter »I kicked Mommy«-Botschaften verschickt. Als sie geboren wurde, hatte sie schon eine eigene Website-Domain. Als Baby trug sie Söckchen, die mit den Smartphones von Papa und Mama kommunizierten, um zu melden, falls mit der Kleinen was nicht in Ordnung war. Ihre Windeln schlugen via Bluetooth Alarm, wenn sie nicht mehr ganz trocken waren. Mit zehn Monaten bekam sie ihr erstes Handy und danach jede Menge Digitalspielzeug. Den Tablet-Computer ihres Papas beherrscht sie inzwischen perfekt. 47 Prozent aller Kinder zwischen drei und fünf Jahren können das heute. Aber nur 14 Prozent können Schnürsenkel binden.[37]

Alina gehört zur Generation Z. So bezeichnet man die ab dem Jahr 2000 Geborenen. Sie sind die Nachfolger der Generation Y, die ab 1985 das Licht der Welt erblickte. Beide Generationen wurden im Internetzeitalter sozialisiert, wodurch ihr Leben eine völlig andere Prägung bekam als das der Generationen davor. Das Credo dieser Digital Natives, die man auch Millennials nennt? Autonomie und Entfaltungsraum, Kollaboration und Selbstorganisation. Und: Sein statt haben, teilen statt besitzen.

Sie sind Selbstdenker und Selbstmacher, die schon als kleine Kinder in familiäre Entscheidungen wirksam miteinbezogen wurden. Das aktive Miteinander spielt in ihrem Leben eine sehr große Rolle. Sie wollen sich einbringen, statt nur passiv berieselt zu werden. »Es

geht darum, mitzugestalten, die eigenen Fähigkeiten unter Beweis zu stellen und diese wiederum anderen zu zeigen«, sagt Christian Schuldt vom Zukunftsinstitut über seine Studie *Youth Economy*.[38] Zu allem entwickeln Millennials eine Meinung – und alles wird kommentiert. Zugleich legen sie auf den Input und das Feedback anderer sehr großen Wert. Sie sind wissbegierig und haben für alles ein offenes Ohr. Und sie sind konsensbereit, solange ein Feedback nicht belehrend, sondern erklärend ist. Doch Autoritäten kraft Amtes und hierarchischen Befehlsketten verweigern sie sich (»Können Sie das nicht selber machen?«). Der Chef als Ansager und Aufpasser? Für sie ein Auslaufmodell. »Wir wollen einen Mentor und keinen Manager, der uns sagt, wo es langgeht. Wir brauchen kein Alphatier, das sein Ego vor sich her trägt wie das Känguru seinen Beutel«, sagt die Wirtschaftsjournalistin Kerstin Bund.[39] Auch der lebenslange Arbeitsplatz ist nicht attraktiv. Vielmehr favorisieren sie wechselnde Positionen, in denen sie sich genauso intuitiv ausprobieren, wie sie es mit digitalen Anwendungen tun.

Digitale Vorreiter und Selbstinszenierer

Ihre kommunikative Spielwiese ist die virtuelle Welt. Hier erleben Millennials die für alle jungen Jahrgänge so wichtige Abgrenzung von der Elterngeneration. Ihre Identitätsfindung steuern sie im Wesentlichen über die Neuen Medien. Deshalb kommt es genau an diesem Punkt auch zu Konflikten zwischen Eltern und Kindern. Doch Jung besiegt Alt. Das ist immer nur eine Frage der Zeit. So werden die digitalfreudigen jungen Netzwerkkohorten zur maßgeblich treibenden Kraft des technologischen Wandels. Die immer neuen Applikationen erschließen sich ihnen mit Leichtigkeit. Ohne Scheu, etwas kaputt zu machen, schrauben sie daran genauso enthusiastisch herum wie frühere Generationen an ihren Autos. Dabei haben spielerische Ansätze einen sehr hohen Stellenwert. Gamification nennt man diesen Trend, der sowohl in der Konsumals auch in der Arbeitswelt immer mehr Einzug hält.

Die Millennials haben gute Selbstdarstellung im Netz gelernt. Und die Web-Reputation wird penibel gepflegt.

Gute Selbstdarstellung – das haben sie auf ihren Profilseiten in den sozialen Netzwerken gelernt. Jeder ist dort eine öffentliche Person und stellt wie auf einem Marktplatz zur Schau, was er über sich kundtun will. »Es geht nicht darum, Bilder zu zeigen, die die Realität illustrieren, sondern darum, eine Selbstbeschreibung zu wählen, mit der man bei anderen punkten kann«, erläutert Beate Großegger vom österreichischen Institut für Jugendkulturforschung in der *Wirtschaftswoche* 45/2015. Das Leben gleicht einer virtuellen Castingshow, in der sowohl konformes Verhalten als auch der individuelle Style eine Rolle spielen. Selfies werden also sorgfältig inszeniert und oft auch bearbeitet, bevor die Welt sie zu sehen bekommt. Und die »peinlichen« Bilder landen auf Snapchat, weil man sie dort nur kurzzeitig anschauen kann.

Dass Schnappschüsse vom Komasaufen nicht gut rüberkommen, das haben sie längst gelernt. Wie man digitale Spuren verwischt, natürlich auch. Dass man bei Weitem nicht alles von sich preisgibt, was man im Web archiviert, ist selbstverständlich. Die Web-Reputation wird äußerst penibel gepflegt. Wertvoll ist nicht derjenige, der ein fettes Auto fährt, sondern der, der die Community durch seine Impulse bereichert. Man positioniert sich nicht, so wie die vorherige Generation X, über die Marken, mit denen man sich umgibt, sondern über Fundstücke aus dem Web, die man weiterreicht. Wer den wertvollsten Content liefert und hierdurch Mehrwerte schafft, wird dabei am meisten geschätzt. Im Web hat derjenige Einfluss, dem viele folgen. So wird »Autorität« dort verdient und nicht von oben ernannt. Und sie wird erst dann anerkannt, wenn sie durch Taten gerechtfertigt ist.

Wie die Netzwerkkinder kommunizieren

Millennials sind es gewohnt, dass Wissen offen und jederzeit zugänglich ist. Werden Informationen benötigt, um an eine neue Aufgabe heranzugehen, dann fragen sie nicht lange rum, sondern sie starten eine Onlinerecherche. Denn wer ständig vernetzt ist, sucht auch im Web (»Das steht doch alles bei Google«). Ein paar Minuten surfen bringt ihnen mehr als jedes Gespräch mit einer mittelmäßigen Fachkraft im Handel. Und die, für die das Browsen, also das Herumstöbern im Web, ein permanenter Zeitvertreib ist, sind im Finden sehr flott. Dabei wurde ihr Gehirn auf kurz, knapp und schnell kalibriert. Sie haben verminderte Aufmerksamkeitsspannen und lieben Spaß. Ständiges Lernen ist ihnen ein wichtiges Thema. Aber sie lernen nicht auf Vorrat, sondern in Häppchen – und »just in time«. Erklärvideos und Onlinetutorials sind übrigens *die* Lern- und Aufklärungsmedien der jungen Generation.

Ihr Arbeitsstil ist fluid, das heißt, sie hüpfen gern von einer Aufgabe zur nächsten, und dann, ohne die frühere ganz beendet zu haben, schon zur übernächsten. Dabei sind Freizeit und Arbeit nicht mehr, so wie früher, kategorisch voneinander getrennt, sondern gehen fließend ineinander über. »Downtime«, also Phasen der Entspannung, finden nicht mehr nach 17 Uhr und am Wochenende statt, sondern immer dann, wenn es gerade passt. Eine sinnvolle Taktung zwischen Arbeit und Privatleben, die für unsere Urahnen selbstverständlich war und erst im Industriezeitalter zerlegt worden ist, kann wieder entstehen. Work-Life-Integrität nenne ich das. »Liquid everything« sagen andere dazu.

Die zunehmende Komplexität des real-digitalen Lebens erfordert einen hohen zeitlichen Aufwand. Anbieter, die einem die Zeit stehlen, weil bei ihnen alles so umständlich ist, kommen für Millennials nicht in Betracht. Wer mit digitalen Anwendungen groß geworden ist, akzeptiert einfach nicht, dass sich ein Unternehmen damit schwertut. Was auf eigenen Devices gut läuft, muss auch in der Firma reibungslos klappen. Punkt. Ältere Generationen gehen mit

Prozessproblemen gnädiger um, denn früher hatten sie keine andere Wahl. Sie waren den Launen der Anbieter hilflos ausgeliefert, denn die saßen am längeren Hebel. Doch diese Zeiten sind längst vorbei.

Jetzt liegt die Macht bei den Digital Natives. Mit ihren Aktionen können sie über Leben und Tod eines Anbieters entscheiden (»Schaut mal, was ich gesehen habe, vielleicht gefällt es euch auch«). Wer in ihren Augen versagt, wird nicht nur abserviert, sondern auch vorgeführt. Sie verehren ihre Lieblingsmarken mit Inbrunst und erzählen dies lautstark der Welt. Aber, so der Digital Native und Buchautor Philipp Riederle: »Wenn Ihr uns kriegen wollt, müssen wir erst Eure Fans werden können.«[40] Sind ihre Erfahrungen dann positiv, teilen sie diese oft und gern, damit andere sie ebenfalls machen können. Wen sie jedoch hassen, den möchten sie am liebsten zerstören.

»Kauft bloß nicht bei …, die haben mich voll über den Tisch gezogen«, schreien sie auf allen Kanälen. Und ihr ganzes Netzwerk folgt diesem Schlachtruf, um vor Schaden sicher zu sein. Gemeinsam schwört man sich, nie mehr dorthin zu gehen. So lieben und hassen sie das, was ihre Netzwerke lieben und hassen. Gemeinsam ziehen sie von einer Marke zur nächsten. Dabei ist es sehr einfach, sie als Kunden zu verlieren. Bloß weil ein Anbieter gerade uncool ist. Oder weil er sie ungefragt mit Werbung nervt. Oder weil seine ethische Haltung fragwürdig ist. Schluss, aus und vorbei.

Bitte kein klassisches Werbegedöns

Werbung ist bei den Digital Natives per se verpönt. »Wir können uns medial sehr gut selbst ernähren, und zwar mit Dingen, die uns wirklich interessieren«, sagt Philipp Riederle. Wenn überhaupt, dann lässt sich Werbung nicht »für« diese Zielgruppe machen, sondern höchstens mit ihr gemeinsam. Und das passiert am besten auf Mitmachplattformen wie YouTube & Co. Millennials müssen die

Möglichkeit erhalten, die Kommunikation selbst zu übernehmen. Was sie dazu brauchen, ist Konversationsmaterial, das sich leicht verbreiten lässt. Und wenn nichts dergleichen geboten wird? Geredet wird sowieso, dann nur eben völlig unkontrolliert.

Content-Marketing, das wir in Teil 3 ausführlich behandeln, spielt in diesem Kontext eine ganz entscheidende Rolle. Und mehr noch: Die Usancen aus dem Mitmach-Web schwappen ins wahre Leben hinaus. Aktiv mitmachen statt nur passiv dabei sein ist auch offline gefragt. Mitmach-Marketing heißt das Thema. Auch hierzu mehr in Teil 3.

Die Erfahrungsberichte Gleichgesinnter sind für Millennials von überaus großer Bedeutung. So spricht sich all das, was gut ist – oder auch nicht –, in Windeseile herum. »Wenn ich eine Marke nicht kenne, will ich immer zuerst wissen, was andere in meinem Netzwerk darüber denken«, erklärt mir Sofia, die gerade 18 Jahre alt wurde. Hierbei folgt sie vor allem solchen Multiplikatoren und Meinungsführern, die in ihrer Welt eine große Rolle spielen. Und diese findet sie auf YouTube, Facebook und Instagram.

Über die Loyalität der Netzwerkkinder

Im klassischen Marketing sprechen wir von drei Loyalitäten, die zu entwickeln sind:

O Loyalität zum Unternehmen und seinen Standorten
O Loyalität zu den Angeboten, Services und Marken
O Loyalität zu den Mitarbeitern und Ansprechpartnern

Wenn eine Person also zum Beispiel ihrer Automarke, ihrem Händler und ihrem persönlichen Ansprechpartner seit Jahr und Tag treu verbunden ist, ohne nach rechts und links zu schielen, und wenn sie dies dann auch noch weitererzählt, dann ist eine belastbare Loyalität erreicht. Wenn allerdings der Hersteller für ein Sondermodell eine eigene Verkaufstruppe abstellt, die zudem an einem fremden Ort residiert, hat er ohne Not gleich zwei Loyalitäten zerstört. Er zwingt dem Kunden seine eigene Denke auf und das wird nicht jede Marke vertragen. Ähnliches passiert bei der ach so beliebten ABC-Klassifizierung im B2B. Wird man nämlich plötzlich von einem Unsympathen zwangsbetreut, weil man aus Sicht des Unternehmens von B nach A gerutscht ist, und steht dieser zudem alle vier Wochen vor der Tür, weil das System dies für einen A-Kunden vorsieht, dann überlegt dieser ganz schnell, wie er sich aus solch einer misslichen Lage befreit. Denn jeder kauft lieber bei Menschen, die er auch gerne mag.

Die vierte Loyalität, die Loyalität zu den eigenen Netzwerken, ist oftmals kaufentscheidend. Neuerdings kommt nun noch eine vierte Loyalität hinzu: die Loyalität zu den eigenen Netzwerken. Überall dort, wo es eine hohe digitale Affinität gibt, ist diese zunehmend relevant. Für die Netzwerkkinder steht sie auf Nummer eins. Sie stellt die übrigen Loyalitäten in den Schatten. Denn das gemeinsame Erleben ist für Millennials elementar. Ihre Hauptloyalität gehört von daher den Peers, den Gleichrangigen in ihrem Netzwerk. Ihnen gegenüber sind sie verbundenheitssüchtig. Und alles wird mit ihnen geteilt. Die ausgedehnte Shoppingtour, die Rides in einem Vergnügungspark, das Chillen am Wochenende: Die Freunde sind virtuell immer dabei.
Dabei geht die Entwicklung hin zu kleinen, überschaubaren Kreisen. Dort kommuniziert man, abgeschirmt von den wachsamen Augen der Datenkraken, innerhalb einer intimen Gruppe von Menschen, die einem wirklich am Herzen liegen. Und dort hütet man auch seine kleinen Geheimnisse vor neugierigen Eltern. Papa und Mama haben das übrigens zu ihrer Jugendzeit genauso gemacht. Nur eben nicht virtuell.

Und schon immer haben sich Menschen in Netzwerken zusammengeschlossen: Aus Nomaden wurden Siedler, aus Siedlern

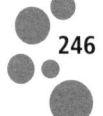

Stämme und Völker. Handwerker bildeten Zünfte, Menschen mit gleichen Interessen schlossen sich in Verbänden, Vereinen und Genossenschaften zusammen. Im Social Web organisieren wir uns nun in »Tribes« und »Kohorten«. Früher waren Loyalitäten vor allem von vertikaler Natur. Man war zum Beispiel ein eingefleischter Siemensianer – ein Mitarbeiter der Firma Siemens also – und dem Unternehmen ein Leben lang treu. Solche Loyalitäten erodieren derzeit massiv. Die bedingungslose Obrigkeitsloyalität von einst gibt es nicht mehr. Deshalb liegt die Verantwortung nicht länger in systemstrukturierten Gegebenheiten, auf die man sie abwälzen kann, sondern bei einem selbst.

Die Hierarchie als Ordnungsprinzip hat ausgedient. Soziale Netzwerke und horizontale Loyalitäten sind an ihre Stelle getreten. Hier findet die junge Generation, in der es so viele Schlüsselkinder, Patchworkkinder, wohlbehütete Einzelkinder und überstrapazierte Projektkinder gibt, ihre Wahlverwandten. Mit ihnen fühlen sie sich über gleiche Lebenseinstellungen, ähnliche Weltanschauungen und teilbare Freizeitinteressen verbunden. Hier finden sie auch die notwendige Stabilität in einer Welt des kontinuierlichen Wandels. Man hilft einander mit guten Ratschlägen und steht füreinander ein. Gruppenkonformität ist der Garant, um dazuzugehören. Ausschluss ist die größte Sorge. So werden soziale Netzwerke überall da zum Auffangbecken, wo herkömmliche Sicherheitsnetze versagen. Warum diese Entwicklung für Anbieter so gefährlich ist? Eine einzelne Person nimmt, wenn sie in ihrem Netzwerk eine wichtige Stellung hat, bei einem Wechsel mehr oder weniger das gesamte Netzwerk mit.

Generation Y / Z: die großen Transformer

Jede Generation hat ihrer Zeit einen Stempel aufgedrückt. Das war bei der Nachkriegsgeneration so, bei den 68ern und bei der statusorientierten Generation X sowieso. Doch die Transformation, die die Generationenkohorte Y / Z erlebt und bewirkt, wird die größte aller Zeiten sein. So manche von ihnen werden über einhundert Jahre alt werden können. Sie werden die Verschmelzung von Computern mit Menschen erleben. Mithilfe der fortschreitenden Digitalisierung werden sie ganz neue Gesellschafts-, Geschäfts- und Arbeitsformen entwickeln. Kulturelle und politische Grenzen verschwimmen für sie. Weltenbürger nennen sich viele schon heute. Als erste wirklich global vernetzte Generation hat sie ein tiefes Verständnis für kulturelle Unterschiede. »Dies versetzt sie eher in die Lage, sich in andere hineinzudenken und auf breiterer Basis mitmenschliche Solidarität zu entwickeln«, schreibt Lynda Gratton in einem Beitrag für die *GDI Impuls*.[41] Das schon so lang vorhergesagte globale Dorf wird endlich gebaut. Nun müssen wir es nur noch gemütlich für alle machen.

Die Chancen dafür stehen gut, denn die Generation Y / Z ist die kreativste und bestausgebildete Generation, die es je gab. Und sie ist eine May-be-Generation: Alles steht zunächst auf vielleicht. Entscheidungen werden erst in letzter Sekunde getroffen. Denn die Optionen, die sich jederzeit bieten, sind zahlreich. Und die Möglichkeiten, Spaß zu haben, lauern an jeder Ecke. Was man sich wünscht, ist per Fingerwisch erreichbar und nah. Flexibilität ist deshalb sehr wichtig. Das Sowohl-als-auch muss bis zum letzten Moment möglich sein. Dies gilt in der Freizeit wie auch bei der Arbeit.

Schon längst transformieren die Millennials auch die Unternehmenskultur. Sie sorgen dafür, dass die Businesswelt mit der sozialen Entwicklung Schritt halten kann. Dabei geht es vor allem darum, soziale Abstände zu reduzieren, Gemeinsamkeiten zu betonen und sich auf die gleiche Stufe zu stellen. Die in der Old Economy üblichen Statussymbole, gern als Krücken der Macht tituliert, interessieren sie wenig. Während in etablierten Organisationen die Oberen vor dem Fußvolk bestmöglich abgeschirmt werden und höchstens ab und zu jemandem die Gnade einer Audienz erweisen, geht es in jungen Unternehmen ganz unkompliziert zu. Jeder redet mit jedem, ohne dabei Hierarchie- oder Abteilungsgrenzen

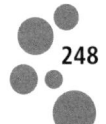

einhalten zu müssen. Der Beitrag zählt, nicht das Schild an der Tür. Und eines ist sicher: Unternehmen, in denen die Millennials ihre Wertewelt nicht leben können, kommen für sie nicht in Betracht. Es ist die Zukunft, die solche Arbeitgeber damit verlieren.

Sharing-Ökonomie: teilen statt besitzen

Zugang ist der jungen Generation wichtiger als Besitz. Das Teilen von eigenem und gefundenem Wissen sowie das »Sharen« von Erlebnissen aus ihrem Leben mit einer weltweiten Webgemeinde ist für viele längst ganz normal. Während die Generation X ihren Status über Besitztümer definierte, so tun dies die Generationen Y und Z durch das Erzählen von Geschichten. Wertigkeit, Wichtigkeit und Zuwendung drücken sich über die Likes, die Shares und die Kommentare aus, die es für coole Postings dann gibt. Und sie verstehen: Der teilende Mensch baut Sozialkapital auf. So liegen auch physische Sharing-Konzepte im Trend. Mehr als die Hälfte der Bevölkerung ist dafür offen, wie eine ECC-Umfrage ergab. Unter anderem werden Designerkleidung, Babysachen, Bücher, Werkzeuge, Gartengeräte, Möbel, Fahrräder, Haustiere, Werkstätten, Parkplätze, Gabelstapler und Lkw-Stauraum bereits geteilt. Bis zu 40 Prozent aller Autos, prognostizieren Experten, könnten durch Carsharing-Konzepte mittelfristig vom Markt verschwinden.

Der Abgesang auf den Wachstumswahn hat längst begonnen. Denn die Leute haben schon alles, wenn auch vielleicht auf Kredit. Unternehmen verkaufen in volle Bäuche, in volle Kleiderschränke und in volle Fertigungshallen. Im Durchschnitt besitzt ein deutscher Haushalt 10 000 Dinge. Damit die Wirtschaft wie gehabt wachsen kann, müssten es 12 000 Teile werden. Doch vielfach ist die Richtung nun gegenläufig. Im Web ist eine riesige Teilen-Bewegung in Gange. Dabei hat alles ganz harmlos angefangen: mit dem Teilen von Wissen in der Wikipedia, mit Tauschbörsen und mit dem Teilen-Button bei Facebook & Co.

»Ich habe eine Idee und du hast eine Idee. Wenn wir sie miteinander teilen, hat jeder von uns dann zwei.« Frei nach diesem Motto hat die Internetgeneration die Vorteile des Teilens entdeckt. Horten entspringt einer asozialen Gesinnung, es stärkt nur den Einzelnen und erzeugt Konkurrenz. Teilen hingegen stärkt die Gemeinschaft. Je mehr Marktteilnehmer Dinge miteinander teilen, desto mehr erhöht sich der Wohlstand für alle. So hat der Sharing-Hype nicht nur mit Sparen zu tun, er entspringt auch einer sozialen Gesinnung. Man will die Umwelt schonen, hautnah erfahren, wie Menschen anderswo leben, oder denen helfen, die weniger haben. Denn die Kluft zwischen Arm und Reich wird weiter wachsen. Es wird also mehr Menschen geben, die sich nicht mehr alles leisten können, was sie gern hätten. Zudem ist mit steigender Mobilität allzu viel Eigentum eine Belastung. Teilen ist in beiden Fällen eine Alternative.

Der Sharing-Hype hat nicht nur mit Sparen zu tun, er entspringt auch einer sozialen Gesinnung.

So haben auch Vermittlungsplattformen für Privatzimmer riesigen Zulauf. Die Idee selbst ist so alt wie der Stall von Bethlehem. Auch Messemuttis gibt es schon lange. Erst Brian Chelsky machte daraus ein dickes Geschäft. 2008, als er abgebrannt war und ein Designerkongress in San Francisco tagte, kam ihm die Idee, ein Zimmer in seiner Wohnung auf einer Website anzubieten, die er eigens dafür erstellt hatte. Die Nachfrage nach dem Konzept explodierte und aus Airbed and Breakfast, also Luftmatratze und Frühstück, wurde Airbnb. Das Modell an sich steht, wie viele andere der Sharing-Ökonomie auch, in der Kritik. Doch Chelsky sagt, es gehe vor allem darum, Ineffizienzen zu beseitigen. Wohnraum steht ungenutzt in Städten herum und er bringt Angebot und Nachfrage zusammen.

In Unternehmen ist das Potenzial für Sharing-Konzepte sogar noch viel größer als unter Privatpersonen. Dazu könnten auch mal bei

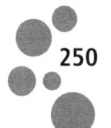

Ihnen systematisch alle Geschäftsfelder auf Sharing-Tauglichkeit gescannt werden. Die junge Generation, für die das Teilen eine Selbstverständlichkeit ist, kann dabei eine große Hilfe sein. Längst lässt sich auf internen Wissensplattformen die Weisheit der Belegschaft allen umfassend zur Verfügung stellen, statt sie in den Köpfen einzelner Mitarbeiter zu horten. Nicht nur Arbeitsmittel, auch Arbeitsplätze werden zunehmend miteinander geteilt. Nun wird sogar eine heilige Kuh unter großem Getöse geschlachtet: der eigene Firmenwagen. Dieses Statussymbol, ein riesiger Kostenblock in manchen Organisationen, steht die meiste Zeit nutzlos herum. Firmenflotten-Sharing-Konzepte werden dies ändern.

Wer teilt, kommt sich näher und schafft Verbundenheit. Vertrauen und Miteinander können entstehen. Reputationsmechanismen sorgen für Sicherheit. Denn beide Seiten, also Anbieter und Nutzer, werden öffentlich bewertet. So verlagert sich die notwendige Kontrolle in den sozialen Raum. Die Gruppendynamik sorgt dafür, dass man sich »anständig« benimmt. Und schwarze Schafe werden schnell aussortiert. »Ohne Evaluierungssystem würde Airbnb nicht funktionieren«, bestätigt Brian Chelsky.

Auch für die Hersteller ändert sich in der Share-Economy eine Menge. Produkte, die geteilt werden sollen, müssen hochwertig sein. Alles, was die üblichen Sollbruchstellen hat, die ja so gern kurz nach Ablauf der Garantie ihre vorgesehene Arbeit tun, fällt von nun an durchs Raster. Was schnell kaputtgeht, ist in einer Sharing-Gesellschaft nicht attraktiv. Insofern freut sich ganz sicher auch die Ökologie über diesen Langzeittrend. »Teilen ist der smarteste, sozialste und schnellste Weg, um Ressourcenverbrauch zu reduzieren«, resümiert Karin Frick, Research-Leiterin des Gottlieb-Duttweiler-Instituts.

»Always on« ist der Normalzustand

Während ältere Generationen »ins Internet gehen«, weil es für sie wie ein Paralleluniversum auf einer anderen Ebene liegt, ist das Web für die Jüngeren ein vollintegrierter Teil ihres Lebensraums. Sie sind quasi 24 Stunden und sieben Tage die Woche im Web unterwegs. »Mein virtuelles Ich ist im Netz, während mein physisches Ich im Bett schläft«, sagt der 13-jährige Lorenzo Tural Osorio. Er ist auf 25 Internet-Plattformen angemeldet und in 30 Facebook-Gruppen aktiv. Er frequentiert Informationsseiten wie Galileo, Faktastisch, BuzzFeed, NowThis und Spaßseiten wie Pakalu Papito. Er entwickelt eigene Marken und Internetshops, erstellt YouTube-Videos und veranstaltet Internetworkshops. »Meine Generation ist ein wichtiger Akteur der Digitalisierung«, erläutert er in einem Interview mit dem Züricher *Tagesanzeiger*. »Wenn Unternehmer mit uns reden würden, könnten sie sich schon jetzt über neue Produkte Gedanken machen, oder wenn ein Bürgermeister mit uns reden würde, könnte er die Entscheidungen für Kinder passgenau treffen.«[42] Und damit sagt er das vielleicht Wichtigste von allem: Um zu lernen, sich gegenseitig zu verstehen, muss man miteinander reden. Also dann: Lesen Sie nicht nur über diese Generation, sondern beginnen sie ein Gespräch. Unvoreingenommen. Auf Augenhöhe. Nicht belehrend, sondern offen und interessiert. Millennials erzählen nämlich gern von sich, weil das Teilen zu ihren Grundwerten gehört. Doch ebenso führen sie all die in die Irre, von denen sie sich nicht ernst genommen fühlen.

Die permanente Vernetzung ist ein grundlegender Bestandteil des Lebens dieser Generation. »Ich-Zeit« nennen sie es, wenn sie in ihren Onlinenetzwerken kommunizieren. Sie ist unverzichtbar für ihr soziales Wohlbefinden. Ohne ständigen Zugang dorthin fühlen sie sich ausgeschlossen und allein. Der Verlust ihres Handys kommt einer existenziellen Krise gleich. Always on ist für sie ein kategorisches Muss. Deshalb kommen Hotels ohne Webzugang auf dem Zimmer, am Pool und am Strand für einen Urlaub nicht in Betracht. Connectivity ist heute zwingend. Sie muss jederzeit und

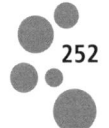

überall gesichert sein. Viele junge Leute fahren keine eigenen Autos mehr, weil sie währenddessen nicht ins Internet können. Und ein Bekannter erzählte mir neulich, dass er mit seinem Teenager-Sohn nach einem Sportunfall per Blaulicht ins Krankenhaus musste. Die erste Frage, die der junge Mann in der Notfallaufnahme stellte, war: »Gibt es hier WLAN?«

Das Medienverhalten der Internetgeneration hat sich komplett verändert. »Guckst du überhaupt noch Fernsehen?«, habe ich kürzlich die 17-jährige Hannah gefragt. »Wir schauen alle nur noch YouTube«, war ihre Antwort. Ihre Idole sind YouTube-Stars wie LeFloid alias Florian Mundt, der Angela Merkel im Sommer 2015 zum Interview bat. Über 4 Millionen Mal wurde das Video bereits angeklickt. YouTuber sind aber nicht nur Meinungsmacher, sondern auch die neuen Mentoren. So hat es Gronkh alias Erik Range, dem man beim Onlinegaming zuschauen kann, mit seinen Let's-play-Videos auf über 3,8 Millionen Abonnenten und mehr als 1,5 Milliarden Aufrufe gebracht (Stand Oktober 2015). Zum Vergleich: Die Printausgabe der *Bild-Zeitung* kommt auf rund 2,2 Millionen verkaufte Exemplare. Daran kann also kein Zweifel sein: Wer die Generation Y / Z erreichen will, muss sich auf YouTube präsentieren.

Auf YouTube macht das Jungvolk auch seine eigenen Markengeschichten. Dabei werden zum Beispiel in Haul-Videos ergatterte Schnäppchen (Haul = Fang) ausgiebig präsentiert. Wer gut darin ist, verdient an den Klicks. Auch mit Vlogs, also Videoblogs, bei denen meist gesponserte Produkte vorgestellt werden, wird teils gut verdient. Von vier- bis fünfstelligen Beträgen ist bei den Stars der Szene die Rede. Dennoch spielt Ehrlichkeit hier eine große Rolle. Denn wer Schrott in den Himmel lobt, hat bald keine Zuschauer mehr. Zudem drohen öffentliche Diskussionen im Kommentarbereich, die dem Vlogger sehr schaden können. Die Karten werden also (meistens) offen auf den Tisch gelegt: »Dieses Produkt habe ich von Unternehmen XY zum Testen bekommen, und jetzt schauen wir mal, was damit los ist.« Obwohl bezahlt, verbreiten sie keine albernen Lobeshymnen wie die Testimonials in einem Werbespot, sondern sie bringen Positives wie auch Negatives zur Sprache. Als Hersteller sollte man deshalb überzeugt davon sein, dass das als Neuheit angekündigte Produkt wirklich Neues leistet – und keine Niete ist. Ein kleiner Tipp am Rande: Beide Seiten müssen beim Product-Placement aufpassen, dass sie sich nicht der Schleichwerbung schuldig machen.

Die junge Generation pflegt einen viel ehrlicheren Umgang mit der Werbung und hat auf diese Weise ganz neue Formen der Kommunikation entwickelt. Neben YouTube stehen bei ihr Instagram, Snapchat und WhatsApp ganz hoch im Kurs. Und Periscope, ein Live-Video-Streaming-Dienst, wird gerade entdeckt. Über Nachrichten-Apps verfolgen Millennials das Weltgeschehen. Printprodukte und Nachrichtensender sind ihnen dafür zu langsam. E-Mails sind so gut wie irrelevant. Und Telefonieren ist rückläufig. »Ich muss meiner Tante nicht am Telefon erklären, dass ich ein neues, rot kariertes Hemd habe. Das Bild sende ich gleich, sodass eine Erklärung überflüssig wird«, sagt Lorenzo, den wir nun schon ein wenig kennen.

Feedback sofort – und Scheitern kein Problem

Digital Natives sind geradezu rückmeldungssüchtig. Sie können gar nicht genug davon bekommen, zu erfahren, wie andere über sie denken. Denn sie haben sich an sofortiges Feedback gewöhnt. Wurde im Web was gepostet, rauschen die Kommentare dazu im Sekundentakt rein. Und jedes »Like« ist wie ein virtuelles Schulterklopfen. Auch in Videospielen wird die Seele gestreichelt, selbst wenn man nicht immer siegreich ist. Wer die Mechanismen von Onlinegames eifrig studiert, kann eine Menge darüber lernen, wie man junge Käuferschichten für sich gewinnt. Denn diese Generation ist es gewohnt, in Spielprinzipien zu denken und zu handeln:

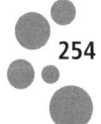

- Computerspiele belohnen vollbrachte Spielleistungen immer sofort: mit Status-Upgrades, aktiven Fortschrittsbalken, immer höheren Levels, virtuellen Abzeichen (Badges) und Auszeichnungen, Spielgeld und Bonuspunkten.

- Computerspiele belohnen auch das Miteinander-Machen. Wer Informationen mit Mitspielern teilt, kommt schneller im Spiel voran. Zudem gilt es, in renommierte Gemeinschaften und Gilden aufgenommen zu werden, um gemeinsam zu siegen.

- In Form von Quests wird der Spieler an immer neue Herausforderungen herangeführt. Tutorials helfen ihm, diese zu meistern. So wird Optimismus gestreut, das Spiel gewinnen zu können.

- Spielergebnisse sind immer transparent. Über Ranglisten können die Spieler in Echtzeit ihren eigenen Spielerfolg verfolgen und sich mit anderen vergleichen.

- Spieler helfen anderen Spielern. Starke Spieler geben schwächeren Insidertipps. Dies erhöht die Bindung untereinander und stärkt die Community.

- Gamer sind es gewohnt, Fehler zu machen und sich darüber auszutauschen. Feedback wird als Hilfe und nicht als Kritik gewertet. Wer Feedback bereitwillig annimmt, wird schneller erfolgreich. So entwickelt sich eine Fehler-Lernkultur.

- Game over? Kein Problem, nächster Versuch! Das Scheitern erhält hierdurch eine völlig neue Qualität. Jeder bekommt weitere Chancen. Und es wird gesellschaftsfähig, wenn Menschen von Pleiten, Pech und Pannen erzählen.

Spielen heißt Interaktion: suchend und findend Fortschritte machen, Reaktionen auslösen, Regeln achten, sich in einer Gemeinschaft gewähren, Schritt für Schritt besser werden, mit seinen

Emotionen in Berührung kommen, lernen und Spaß dabei haben. Tablets setzen sich gegenüber dem Laptop, der für den Ernst von Leben und Arbeiten steht, nicht zuletzt deshalb immer mehr durch, weil sie verspielter sind. Und Lego Serious Play hat das Spielen mit Bauklötzchen sogar in den Businessetagen salonfähig gemacht. »Wir hören nicht auf zu spielen, weil wir alt werden. Wir werden alt, weil wir aufhören zu spielen«, hat George Bernard Shaw einmal gesagt.

Videospiele, soziale Netzwerke und digitale Geräte sind perfekte Feedbackgeber – schon allein deshalb haben sie Suchtpotenzial.

Videospiele wie auch soziale Netzwerke und digitale Geräte sind perfekte Feedbackgeber – und schon allein aus diesem Grund haben sie Suchtpotenzial. Interaktive Bewertungssysteme sorgen dafür, dass sich die Spreu vom Weizen trennt. Nur wer sich gut benimmt, bleibt im Rennen. Reputation wird zu einer sozialen Währung und trägt dazu bei, dass das Gute gewinnt. So können auch bei der Mitfahrzentrale BlaBlaCar Fahrer wie Mitfahrer öffentlich bewertet werden. Je mehr positive Stimmen ein Mitglied erhält, desto besser ist sein Ansehen und desto mehr Vertrauen, sprich Mitfahrgelegenheiten, bekommt diese Person. »Die Durchschnittsbewertung liegt bei über viereinhalb von fünf maximal möglichen Sternen«, erläutert Olivier Bremer, Deutschland-Chef von BlaBlaCar in der *GDI Impuls* 2/2013. Gefahren wie beim Reisen per Anhalter sind damit von gestern.

»Den« Digital Native gibt es nicht

Die Digitalisierung schreitet voran. Schon längst haben sich auch die Jahrgänge vor 1985, Digital Immigrants genannt, mit den notwendigen Fertigkeiten vertraut gemacht. Nicht alle natürlich, aber es werden immer mehr. Es gibt 80-Jährige, die sehr aktiv mit iPads zugange sind, und 30-Jährige, die sich dem Web fast völlig verwei-

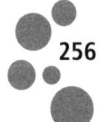

gern. Mancher 50-Jährige ist inzwischen im Umgang mit Computer & Co. fitter als ein 20-Jähriger. So lässt sich sagen: »Den« Digital Native gibt es nicht. Viel eher könnte man mit einem Kontinuum zwischen digital fit und nicht fit agieren.

Sowohl in ihren Styles als auch beim digitalen Agieren sind die Menschen heterogener als jemals zuvor. Bei der Beschreibung von Personas lassen sich dennoch generationstypische Unterschiede herausarbeiten. Zwei Beispiele dafür finden Sie in den Abbildungen 19 und 20.

Bislang gibt es noch eine Menge Erklärungsbedarf, wenn es um die Digital Natives geht. So undurchschaubar anders erscheinen sie manchmal denen, die aus analogen Zeiten kommen. Doch das wird sich schnell ändern. Demnächst werden wir wohl Abhandlungen brauchen, die den älter werdenden Internetkindern erklären, wie die verbliebenen Analog Seniors ticken und wie man in einer nicht digitalen Vergangenheit überhaupt überleben konnte.

Die Zukunft jedoch gehört den Millennials. Sie treiben die Kommunikation eines Unternehmens voran. Dazu braucht es Mitmachmöglichkeiten und guten Content. Vor allem aber braucht es Content, der sich mithilfe Dritter online und offline zu dem Zweck kräftig verbreitet, dass neue Kunden in Scharen kommen und kaufen. Wie das funktioniert, darum geht es in Teil 3.

Statements	Foto	Typischer Kaufprozess
• Es muss schnell gehen, ohne dass etwas schiefläuft. • Einfach und übersichtlich • Ansprechend und persönlich • Glaubwürdig • Angenehm anders / einzigartig	☺	Unterwegs in München. Ein Kunde ruft an und will mit mir noch am selben Tag zu Abend essen. Ich frage ihn nach einer groben Richtung. Er sagt: »Alles außer Italiener.« Mein iPhone hat bestimmt einen Tipp! Suchbegriff »die besten Restaurants in München« eingegeben, ein Fingertipp auf tripadvisor.de; eine Liste der am besten bewerteten Restaurants in München öffnet sich. Die Empfehlung für ein Steakhaus sieht gut aus. Auf den Link der Home-page, die Speisekarte als PDF-Datei aufs Handy laden und kurz überfliegen: Das passt! Fotos aus dem Restaurant aussagekräftig?
Erwartungen und Ziele	**Profil**	
Man sollte mir »offline und online zuhören«, d.h., ich muss das Gefühl haben, dass ich als Kunde wirklich im Mittelpunkt stehe. Man soll mein Leben einfacher und angenehmer machen, es darf nicht kompliziert sein, damit ich bei der Suche nach einem Produkt oder einer Dienstleistung nicht die Lust verliere.	• Marc • 47 Jahre • Wohnort Köln • Freiberufler • In einer Beziehung • Gut verdienend	
Ideale Lösung	**Präferierte Marken**	Oh ja, schick! Über den Button »Online reservieren« die gewünschte Zeit und Personenanzahl eingegeben. Nach fünf Minuten höre ich das Mail-Signal meines Smart-phones: Die Reservierung wurde bestätigt. Die leite ich sofort an den Kunden per Mail weiter. Auf Google Maps gebe ich das Ziel für heute Abend ein, um zu checken, wie lange ich dorthin brauche.
• Ich bin ein Hybrid-Konsu-ment: Ich versuche, das Beste aus beiden Welten (online / offline) heraus-zuholen. • Daher sollte die Lösung auf beiden Wegen so einfach wie möglich sein.	• Audi • G-Star • Lloyds • Strellson • Nespresso • Tissot • Apple • Ray-Ban	

Abb. 19: Steckbrief einer Persona Ende 40

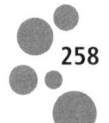

Statements	Foto	Typischer Kaufprozess
• Wir erleben unsere digitale Pubertät schon in der Grundschule. • Wir leben und verstehen die crossmediale Social-Media-Nutzung anders als die Erwachsenen. • Unsere Welt hat Cross-Device-Landschaften. • Wir Internet-Ureinwohner sind cleverer, als die meisten Erwachsenen meinen.		**Wie / wo kaufe ich ein?** • In der Cross-Everything-Landschaft: crossmedial, cross device • Online; (wenn günstiger) im Laden • Auf der Website, falls das Unternehmen bekannt ist, z. B. Nike • Geschätzt: online 70 %, offline 30 % • Eigenmarken von Supermärkten wie gut&günstig
Erwartungen und Ziele	**Profil**	**Was mache ich im Internet?**
• Mode: seit neustem keinem Schwarm mehr folgen; eigenen Style entwerfen • Bildung: die technologische und gesellschaftliche Entwicklung verstehen, Bsp. Explain-it-Videos (was in der Schule nicht vermittelt wird!)	• Christopher • 16 Jahre • Gymnasiast • Wohnort Nürnberg • Lebt bei den Eltern • Noch von den Eltern abhängig (leider!) • Internet-Ureinwohner	• Ich nutze die Social-Media-Plattformen. • Ich scanne das Netz, suche nach Trends. • Lese Bücher (E-Books), Zeitungen (online), Nachrichten, kontextbezogene Informationsseiten wie Reiseberichte. • Schaue Videos an (zuletzt alle Folgen von Narcos in Netflix).
Ideale Lösung	**Präferierte Marken**	• Spiele Cities: Skylines. • Ich bestelle Bücher, Schuhe, Klamotten u. a. • Finanzielle Transaktionen erledige ich per PayPal.
Immer wieder Learning by Doing + Trial and Error; keine Kochrezepte	• Nike • Vans • Netflix • Spotify • Vespa	

Abb. 20: Steckbrief einer Persona von 16 Jahren

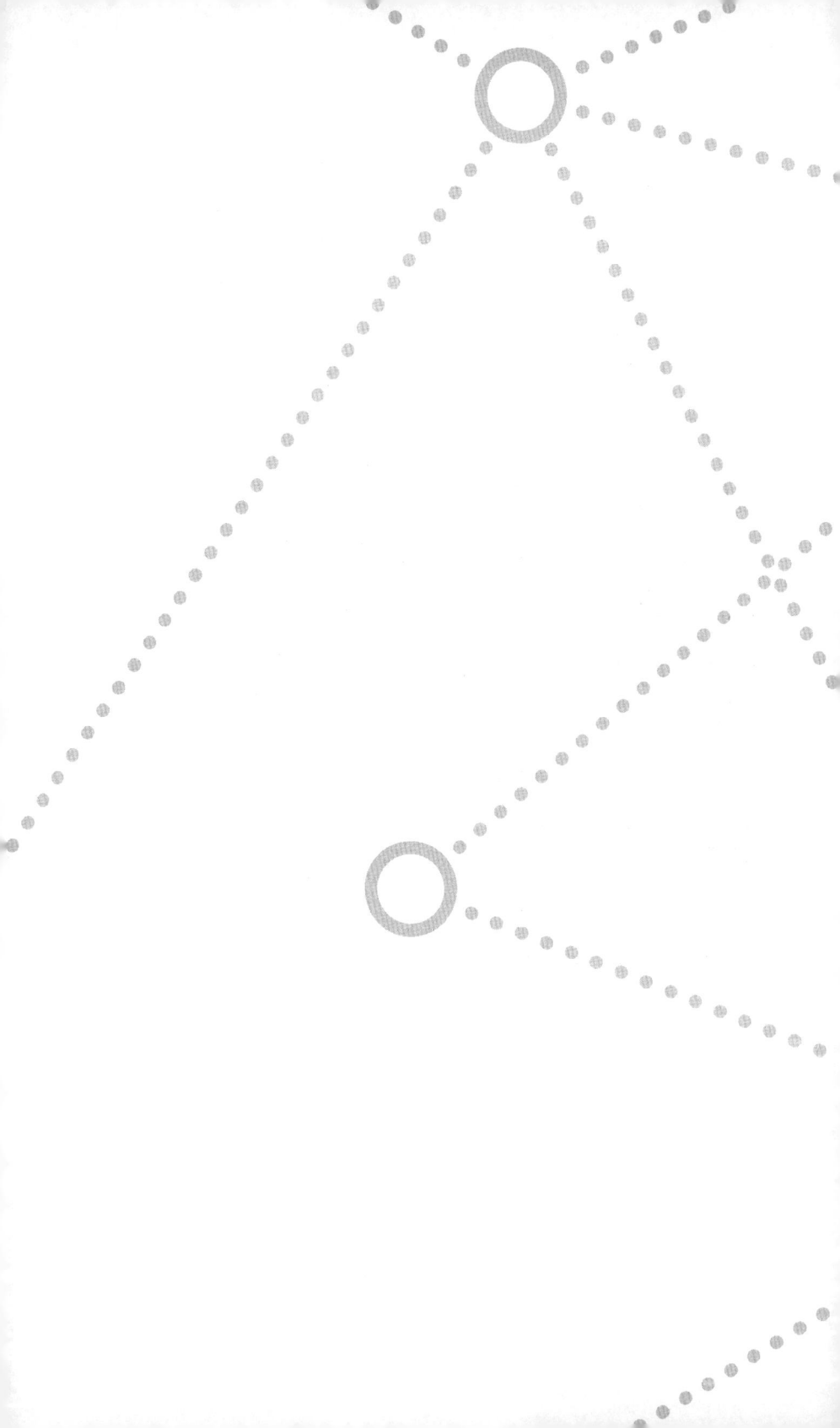

TEIL 3: SIEG

Wie Sie guten Content entwickeln und diesen mithilfe Ihrer Kunden kräftig verbreiten, damit neue Kunden in Scharen kommen und kaufen

SIEG – WIE NEUE KUNDEN KOMMEN UND KAUFEN

Viele Wege führen zum Sieg. Und so, wie die Zahl der Touchpoints weiter steigt, so gibt es auch immer zahlreichere Wege zum Ziel. Die Durchdigitalisierung aller Prozesse ist hierbei Pflicht. Und die Kür? Das ist eine zukunftsfähige Kommunikation, die so wenig werblich wie möglich ist und die Kunden als Mitgestalter aktiv involviert.

Die beste Werbung ist ja die, die ein begeisterter Kunde für einen Anbieter macht. Und Empfehlungen sind die ehrlichste Form der Kommunikation, weil Dritte für die Qualität eines Herstellers bürgen. Doch nur herausragende Leistungen erhalten großartige Mundpropaganda. Und nur wer empfehlenswert ist, wird auch weiterempfohlen. Wer aber heute nicht empfehlenswert ist, ist morgen nicht mehr kaufenswert und übermorgen tot. »Sei wirklich gut, und bring die Leute dazu, dies vehement weiterzutragen«, so lautet das neue Businessmantra. Gerade mit Blick auf die junge Generation ist das Sich-empfehlenswert-Machen genauso wie das Sich-Durchdigitalisieren in Zukunft ein Muss.

Das heißt konkret: Egal, ob B2B oder B2B2C oder B2C, alle unternehmerischen Maßnahmen müssen so gestaltet werden, dass sie ihren Beitrag nicht nur zu Kauf und Wiederkauf leisten, sondern auch Mundpropaganda und Weiterempfehlungen bewirken. Die neuen Sales- und Marketingvorgaben lauten demnach wie folgt:

1. Gewinne neue Kunden durch guten Content und durch Mundpropaganda!
2. Entwickle die Kunden, die schon da sind, bis zum Empfehler weiter!
3. Mach die, die nicht Kunde werden können oder wollen, zum Weiterverbreiter.

Bei all dem werden, wie wir gleich sehen, Online und Offline digital miteinander vernetzt. Content, Communitys und Crowdsourcing werden maßgebliche Schlagworte sein. Am Ende dieses dritten Teils stelle ich Ihnen schließlich den Customer Touchpoint Manager vor, der sich um all diese Dinge dann kümmert.

Content-Marketing: Alles außer Werbung

Mit Werbung, wie wir sie heute kennen, ist es bald vorbei. »Künftige Historiker werden das Jahr 2020 als das Jahr identifizieren, in dem die Reklame ihr Leben aushauchte«, prophezeit der branchenkritische Werbemann Thomas Koch.[43] Und warum? »Zwanzig Jahre Online-Werbung haben die ganze Zunft in Verruf gebracht – und unsere Zielgruppen zu Werbehassern gemacht.« Irgendwelche oberschlauen Anbieter haben den flüchtenden Kunden immer gemeinere Fallen gestellt. Und die Werber, völlig stumpf für die Belange der User, haben sich dafür bezahlen lassen. Unrühmliche Beispiele gefällig? Dummes Retargeting, monströse Wallpaper-Ads und ultranervige Pop-ups. Kaum sitzt man gemütlich auf der Couch und sucht was im Web, überfällt uns ungefragt so ein Dings, kreischt uns an, verfolgt uns und beleidigt unsere Sinne. Nötigung nenne ich das. Natürlich verstehen wir, dass kostenfreie Webinhalte werbefinanziert werden müssen, aber doch bitte nicht so! Würden sich in einer Zeitschrift ständig Anzeigen über redaktionelle Inhalte legen, würde das auch niemand akzeptieren.

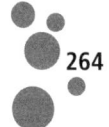

Aus reiner Notwehr haben immer mehr Leute Adblocker im Einsatz. Und schwups gibt es Programme, die Adblocker blockieren. Manche kapieren's wohl nie. Wer seinen Kunden Gewalt antut, wird kaum an deren Stimmzettel gelangen. Neue Formen der Kundenansprache müssen also entstehen. Und die Lösung ist einfach: Es sind Gespräche, die wie echte Gespräche klingen. Von Mensch zu Mensch. Auf Augenhöhe. Und diese werden nur dann geführt, wenn der andere dies auch tatsächlich will.

Wer seinen Kunden Gewalt antut, wird kaum an deren Stimmzettel gelangen.

Weil also platte Werbung nicht mehr zündet und die Menschen ihrer überdrüssig sind, ist eine längst bekannte Form der Kommunikation wieder in aller Munde: Content. Hinter diesem Anglizismus verbringt sich nichts weiter als Inhalt. Inhaltsreiche Kommunikation in Form von Content ist in einer durchdigitalisierten Welt zwangsläufig der ganz große Renner. Denn überall dort, wo die zwischenmenschliche Kommunikation zurückgeht, weil Prozesse automatisiert werden oder Gespräche sich ins Internet verlagern, ist Content ein sehr gut geeignetes Mittel der Wahl. Content bedient sowohl die Owned Media als auch die Managed Media, indem er auf eigenen Webpräsenzen platziert und in die sozialen Netzwerke eingestellt wird. Content kann zudem geteilt werden, um Dritte auf interessante Angebote aufmerksam zu machen. So kommt es zu einem Spiel über Bande, ohne für diese zusätzliche Reichweite bezahlen zu müssen. Auf diese Weise werden weitergeleitete Inhalte schließlich zu Earned Media, die die Kaufentscheidungen anderer maßgeblich beeinflussen können.

Content ist – ganz banal ausgedrückt – alles außer Werbung. Wobei auch das längst verwässert. Denn in vielen Medien wird für das Content-Platzieren anzeigenmäßig bezahlt. Native Advertising nennt man das dann. Allerdings kann es »nicht Aufgabe oder Sinn der Medien sein, ihre Nutzer hinters Licht zu führen – ihnen also Werbung als getarnte Redaktion vorzumachen«, sagt Thomas Koch. Da stimme ich voll und ganz zu. Solche Tarnkappen-Manöver machen die Leute nur sauer. Niemand lässt sich gern für dumm verkaufen. Und so blöd, wie die Werber wohl immer noch glauben, sind die User schon lange nicht mehr. Ganz im Gegenteil: Das Web macht uns ziemlich schlau.

Welche Content-Formate es gibt

Content im weitesten Sinne sind alle möglichen Inhalte, die ein Unternehmen über sich produziert, also auch Produktbeschreibungen, Gebrauchsanweisungen, Verpackungstexte, Geschäftsberichte, Stellenausschreibungen, Pressemitteilungen, Kundenmagazine, Mitarbeiterzeitungen und so weiter.

Content im engeren Sinne meint vor allem solche Inhalte, die im Internet über einen Anbieter zu finden sind. Neben Website-Texten sind das zum Beispiel:

• Reportagen über Kundenprojekte	• Fallstudien	• Infografiken
• Reportagen über interne Begebenheiten	• Erfahrungsberichte	• Podcasts
• Glossare (= Begriffserklärungen)	• Kundenreferenzen	• Bilder
• FAQs (= Frequently Asked Questions)	• Testberichte	• Webinare
• Whitepapers (= längere Abhandlungen)	• Ratgeber	• Hangouts
• Grafisch gestaltete E-Books	• Videos	• Apps
• Tutorials (= Gebrauchsanleitungen)	• Social-Media-Postings	• Blogbeiträge
• Erklärfilme	• Gewinnspiele	• Checklisten
• Umfragen	• Kalkulatoren	• Kolumnen
• Studienergebnisse	• Konfiguratoren	• Newsletter
• Trendreports	• Onlinegames	• Präsentationen
• Veranstaltungsberichte	• Landingpages	• Quiz

Bei all dem sollte es um viel mehr gehen, als der nüchterne, ja fast schon technokratische Begriff »Content« impliziert. Miriam Löffler weist in ihrem Buch *Think Content!* darauf hin, dass der Begriff sowohl im Englischen als auch auf Französisch, Italienisch und Spanisch so viel wie »zufrieden« im Sinne von froh und glücklich heißt. Und damit kommen wir der Sache schon sehr viel näher. Denn bei allem, was in die Content-Kategorie fällt, geht es einerseits um Nützliches, also um Wissen. Andererseits geht es um emotionalisierende Elemente.

Idealerweise ist Nützliches auch unterhaltsam. Von Infotainment kann man dann sprechen. Amüsant gemachte Erklärvideos und originelle Infografiken sind populäre Beispiele dafür. Insgesamt wandelt sich die vormals wummernde Werbung und staubtrocken angelegte Unternehmenskommunikation zunehmend in Richtung Storytelling. Dabei werden nicht nur eigene Geschichten erzählt. Die Kunden werden vielmehr eingeladen, selbst über ihre Erlebnisse und Erfahrungen zu berichten. Attraktiver Content ist dabei so anziehend, dass Interessenten von allein kommen und kaufen. In vielen Fällen wird allerdings auch Reichweite hinzugekauft.

Content hat also inhaltlich im Wesentlichen zwei Facetten:

Nützliches: meist in Form von Wissen wie etwa Checklisten, Anwendertipps, kostenlose E-Books und so weiter. Solcher Content wird gerne im beruflichen Umfeld weiterverbreitet. So vermeldete der Karriereblog berufebilder.de Mitte 2015, dass ein Beitrag von Toplevelcoach Roswitha van der Markt zum Thema Mitarbeitergespräche allein in den ersten drei Tagen über 11 000 Seitenaufrufe hatte, viele davon aus einer Gruppe in Xing.[44] Auf solche Weise gewinnt man zielsicher neue Kunden in den favorisierten Zielgruppen. Vorbedingung ist, dass die angebotenen Unterlagen – von berechtigten Ausnahmen abgesehen – für den User gratis sind. Kosten sind seit jeher eine Hemmschwelle im Web, sie lassen die Klickraten schnell abebben.

Achten Sie ferner darauf, dass sich Ihre Dokumente schnell aufbauen. Die Geduld im Web ist noch begrenzter als offline.

Unterhaltsames: Wenn wir etwas anregend, amüsant, witzig oder spannend finden, lassen wir Menschen, denen wir Gutes tun wollen, gerne daran teilhaben. Eine unterhaltsame Geschichte, ein lustiges Video, ein bisschen Herzschmerz, hie und da auch etwas Besinnliches: All das kommt gut an. Auch was makaber ist, erregt die Gemüter, lässt Emotionen hochkochen und ist in hohem Maße viral. Einen sensationellen Erfolg landeten so vor Jahren die gruseligen Videoclips eines Anbieters von Energydrinks auf Kaffee-Basis namens K-fee.[45] Die Clips brachten es durch Mundpropaganda auf bis zu 100 000 Viewer pro Tag und wurden im Schnitt neunmal per E-Mail weitergeleitet. Ein Spot schaffte es sogar in eine populäre amerikanische Fernsehsendung und erzeugte daraufhin eine gewaltige Nachfrage.

Die Ziele im Content-Marketing

Content unterstützt den in diesem Buch bereits vielfach geforderten Perspektivenwechsel. Selbstdarstellungen und nervige Werbung rücken nach hinten. Im Vordergrund stehen Informationen, die einen hohen Mehrwert bieten. Ziel ist es, Inhalte zu bringen, die der potenzielle Kunde sucht, braucht und will. Dabei geht es nicht um Getöse, sondern um Unwiderstehlichkeit. Im Marketingsprech würde man sagen: Content erzeugt Pull statt Push. Das Unternehmen ist zwar präsent, tritt aber nur dezent als Urheber auf. Content soll vielmehr Interesse wecken, Vertrauen aufbauen und die anvisierten Zielpersonen an den Anbieter und seine Produkte heranführen. Content-Marketing will außerdem Bestandskunden binden, eine Themenwelt besetzen, für Gesprächsstoff sorgen und Wettbewerbsvorteile erringen.

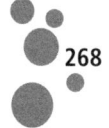

Die zumeist vorrangigen Ziele aber sind diese:

○ Aufbau von Bekanntheit und Reputation durch die Darstellung überragender Expertise in seinem Bereich. Glaubwürdigkeit ist hierbei entscheidend.
○ Conversion, also die Umwandlung in Traffic, Leads und Kaufakte, um auf diese Weise Interessenten, neue Kunden oder Folgegeschäft zu generieren.
○ Weiterverbreitung, also eine Reichweitensteigerung mithilfe von Dritten. Die sogenannte Shareability spielt dabei eine entscheidende Rolle. Denn teilen ist viel wertvoller als liken.

Somit zielt Content sowohl auf die Direktansprache bestehender und potenzieller Kunden als auch auf eine breite Öffentlichkeit. Analysen, die kontinuierlich durchleuchten, welche Themen in der Branche, unter Kunden, in der Gesellschaft und im Ökosystem Internet gerade diskutiert werden oder vor dem Durchbruch stehen, sind unverzichtbar. Und wenn die Zahl der Touchpoints steigt, dann braucht es ständig neuen, frischen Content, um diese passend zu füttern.

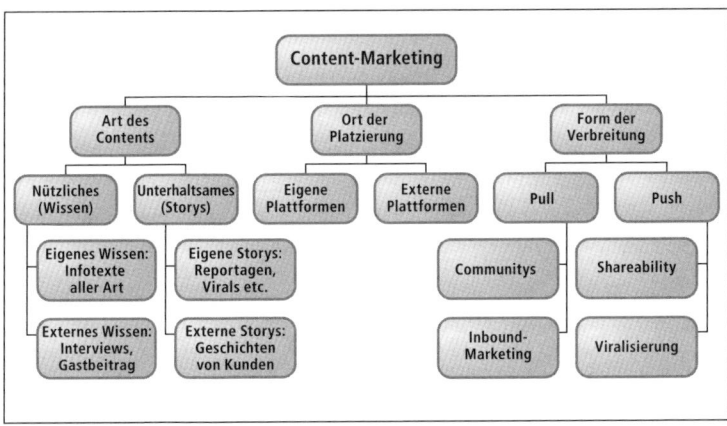

Abb. 21: Content-Arten und ihre Einsatzgebiete

So entwickeln Sie Ihre Content-Strategie

Viele Unternehmen wissen gar nicht, welche Content-Schätze sich in ihren Archiven, Schränken und Schubladen verbergen. Manches ließe man wohl auch besser dort. Viel Interessantes gelangt allerdings nur deswegen nicht an die Öffentlichkeit, weil irgendwelche Altvorderen immer noch glauben, Wissen sei Macht. Also bitte! In einer Sharing-Economy ist alles Wissen der Welt jederzeit und für jeden verfügbar. Was man nicht auf Ihrer Website findet, findet man anderswo. Und ist man erst mal dort, dann ist man erst mal fort.

Verschenken, was man weiß, verkaufen, was man kann – so lautet die Erfolgsregel heute.

Verschenken, was man weiß, verkaufen, was man kann – so lautet die Erfolgsregel heute. Natürlich geht es hierbei nicht um Betriebsgeheimnisse, Geheimrezepte und Unternehmenspatente. Doch machen wir uns nichts vor! Wer wirklich an Informationen herankommen will, findet Mittel und Wege. Wissen ist heute ein Allgemeingut. »Daher ist es in vielen Fällen empfehlenswert, dieses im Sinne der eigenen Reputation aktiv zu publizieren und mit dem eigenen Namen zu besetzen«, schreibt Kerstin Hoffmann in *Web oder stirb!*. Dann kann es auch nicht passieren, dass jemand anderes es erstmals ins Netz stellt und für sich reklamiert. Immer mehr Anbieter erkennen die Vorteile, die ein Interessentenstrom auf der Suche nach Wissen bringt, und stellen deshalb passenden Content großzügig auf eigenen und fremden Plattformen ins Web.

Denn wer nichts mehr zu sagen hat, gerät schnell in Vergessenheit. Schaffen Sie sich daher zunächst einen regelrechten Content-Fundus an, aus dem Sie planmäßig schöpfen können. Dazu wird am besten zunächst eine Bestandsaufnahme gemacht: Welchen Content setzen wir wo bereits ein? Was muss schleunigst weg? Was wird an der falschen Stelle, zu oft oder zu selten platziert? Was fehlt an welchen Touchpoints? Was ist ein Muss, und was wäre »nice to have«, also schön zu haben? Dazu erstellen Sie eine Übersicht, die die vorhandenen Inhalte und deren Performance an ihren jeweiligen Touchpoints zeigt. Eine solche Übersicht kann in der Realität sehr umfangreich werden.

Ist die quantitative Analyse erstellt, befassen Sie sich mit der Qualität solcher Inhalte, die Sie behalten oder neu einsetzen wollen. Ergeben sie gemeinsam ein stimmiges Gesamtbild, das zu Produkt, Anbieter und Marke passt? Was ist veraltet oder enthält überholte Informationen? Was muss überarbeitet werden, weil es an den eingesetzten Stellen nicht funktioniert? Was kannibalisiert sich? Was ist womöglich doppelt vorhanden? Was kann an welcher Stelle wiederverwertet werden? Was muss auf möglichst einzigartige Weise neu und hochwertig entwickelt werden, weil es für die User wichtig ist und als Unique Content auch Google gefällt? Mit welchen Inhalten lässt sich eine Vorreiterrolle oder Themenführerschaft erlangen? Wo bringen Sie bereits vorhandene oder noch zu schaffende Storys unter? Und wer im Unternehmen hat die passenden Inputs dazu?

Einsatz / Touchpoint	Web-site	Blog	Face-book	Twitter	Linked-In	Xing	Forum 1	Portal 1	E-Mail	Presse	Erzielte Ergebnisse
Fachartikel 1											
E-Book 1											
Tutorial 1											
Video 1											
Infografik 1											
Foto 1											
Ratgeber 1											
Webinar 1											
Presse-meldung 1											
Geschäfts-bericht 1											
Stellenaus-schreibung 1											

Abb. 22: An welchen Touchpoints welche Content-Arten eingesetzt werden

Klartext oder Nebelkerzen?

Sodann befassen Sie sich mit Stil und Tonalität: Sind die vorgefundenen Inhalte überhaupt nützlich? Informierend und emotionalisierend zugleich? Ist die Sprache kundenfreundlich, kurzweilig und konkret? Oder kommunizieren Sie steif und distanziert, akademisch und unfassbar kryptisch? Gerade in Texten neigen wir dazu, uns behäbig und gestelzt auszudrücken, und das am liebsten in epischer Länge. Aufgeblähter, nichtssagender, floskelhafter und fremdwortgespickter Management-Slang kommt im Business überall vor.

Doch es zeugt weder von Respekt noch von Einfühlungsvermögen, mit mysteriösen Wortungeheuern brillieren zu wollen, die Wichtigkeit heucheln und oft doch nur luftleere Worthülsen sind. Wie ein Geheimcode grenzt solches Businesssprech andere aus und degradiert sie zu Laien. Doch von Menschen, die wir kleinlaut machen, werden wir nichts Großes erwarten können. Am schlimmsten ist es dort, wo eine Truppe gelackter Unternehmensberater durchgerauscht ist. Ihr Mischmasch aus Insider-Englisch und Elite-Hochschul-Hohepriester-Kauderwelsch muss endlich weg. Warum? Damit die Manager wieder menschlich reden lernen.

Nebulöses Geschwafel entschlüsseln will niemand. Schlechte Kommunikation erzeugt allgemeine Verwirrung und Rückzug. Oder sie verursacht Missverständnisse, die zu falschen Schlüssen und schließlich zu fatalen Fehlentscheidungen führen können. »Die Sprache im Unternehmen sagt die Wahrheit über dessen Charakter«, schreibt die Autorin Gabriele Borgmann in ihrem Handbuch über *Business-Texte*. Also ist zunächst eine Sprachstil-Inventur fällig.

Entrümpeln und entstauben Sie. Und misten Sie gnadenlos aus. Alles Geschwafel kommt weg. Und Klartext kommt rein. Geben Sie Ihren Texten einen leichten, frischen, lebendigen Anstrich – und der Optik einen modernen Look. Und lassen Sie die Worte ruhig ein wenig tanzen. Entwickeln Sie einen ganz persönlichen Schreibstil, einen, der für Ihr Unternehmen typisch und im Idealfall auch wie-

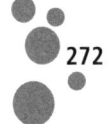

dererkennbar ist. Am besten erstellen Sie dazu ein Textmanual, das grundsätzliche Regeln für die Ausdrucks- und Schreibweisen umfasst. Auch die Festlegung auf Schriftarten und Farben sowie SEO-Richtlinien für die Suchmaschinen-Optimierung gehören da rein.

Wie guter Content entsteht

Mit Content wird in vielen Unternehmen noch immer sehr stiefmütterlich umgegangen. Wieso das? Über einen Flyer, der am Ende ungelesen im Papierkorb landet, haben in einem langwierigen Entscheidungsprozess zig Augen gewacht. Für den Content hingegen, der im Internet ewig steht, soll ein unbedarfter Praktikant sorgen? Und während in eine Anzeigenkampagne, die kein Mensch beachtet, mal schnell 50 000 oder 100 000 Euro fließen, soll die Content-Produktion möglichst kostenlos sein? Diese Logik verstehe ich nicht. Wenn Sie es besser machen wollen und Ihnen die Leute dafür fehlen: Auf Portalen wie textbroker.de und content.de finden Sie professionelle Texter.

Content-Texter sind »Verkäufer in der Online-Welt«, erläutert Miriam Löffler. »Sie müssen ein Thema, ein Produkt oder einen Artikel in einem aktiven und aktivierenden Schreibstil an die Internetnutzer bringen und mit ihnen ab dem ersten Wort in einen Verkaufsdialog einsteigen. Letztlich geht es stets darum, den User zu einer Handlung zu animieren: zum Kaufen, zum Klicken, zum Verweilen, zum Empfehlen, zum Kommentieren, zum Herunterladen, zum Teilen«, schreibt sie weiter. Gute Content-Texter beherrschen also die Sprache, das Geschichtenerzählen – und ein wenig SEO (Search Engine Optimization). Auch wenn die produzierten Inhalte natürlich vor allem dem User gefallen sollen, bedanken sich Google & Co. sowohl für Substanz als auch für Suchmaschinenfreundlichkeit mit vorderen Plätzen auf der Trefferliste.

Zudem müssen Texter wissen, was auf den verschiedenen Social-Media-Plattformen gut funktioniert. Selbst die besten Inhalte nutzen nichts, wenn niemand von ihnen erfährt. Deshalb gehört zu jeder guten Content-Strategie sowohl eine Social-Media-Strategie als auch ein Plan, welcher Content wo eingestellt wird. Jedes Medium hat nicht nur formale Anforderungen, sondern benötigt auch einen eigenen Sprach- und Schreibstil. Nur was die jeweiligen User sowohl inhaltlich als auch optisch anspricht, wird gelesen, gelikt, kommentiert und weitergeleitet – und zahlt so auf die Content-Ziele ein.

Schließlich muss sich ein Texter mit dem Leseverhalten im Web auseinandersetzen, damit er die Nutzer erreicht. In einem Buch wird der Text horizontal gelesen, auf einer Website wird er vertikal, also von oben nach unten gescannt. Untersuchungen mit Augenkameras haben gezeigt: Der Blickverlauf folgt einem F. Das heißt: Man überfliegt die Navigationszeile am oberen Rand und beschäftigt sich dann vor allem mit dem, was auf der linken Seite steht. Sie erhält 70 Prozent der Aufmerksamkeit, die rechte Seite nur 30 Prozent. Sehr interessante Impulse lassen einen aber auch immer mal wieder nach rechts ausbrechen. Acht von zehn Usern scrollen nicht weiter nach unten, sie sehen also nur das, was der Screen zeigt. Ebenfalls acht von zehn Usern lesen nur die Überschriften. Lediglich jeder fünfte beschäftigt sich intensiv mit einem Text. Ergo lautet die wichtigste gestalterische Regel: oben vor unten und links vor rechts. Die wichtigsten Schlagworte eines Textes, die Keywords, sollten demzufolge in den oberen Überschriften stehen, und dort am besten am Anfang. Die Doppelpunkt-Taktik ist dafür optimal. Ein Beispiel? Content-Marketing: Fehler, die Sie niemals machen sollten.

Wer Content erstellt, sollte sich die drei wesentlichen Fragen eines Lesers vor Augen halten:

○ Mit welcher Absicht wurde das geschrieben?
○ Was habe ich davon, wenn ich das alles jetzt lese?
○ Was soll ich nach dem Lesen dann tun?

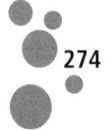

Lesen setzt immer ein Kopfkino in Gang. Also: Wie können Sie sicherstellen, dass Ihr »Film«, sprich die Botschaft in Ihrem Text, erstens verstanden wird und zweitens das gewünschte Handeln bewirkt? Der Trick: Schreiben Sie nicht, reden Sie! Am besten sagen Sie das, was Sie einem leibhaftigen Menschen Auge in Auge sagen würden, zunächst einem Diktiergerät. Danach ändern Sie nicht mehr viel. Schreiben Sie gesprochene Sprache. Dann macht es auch Spaß, Ihre Texte zu lesen. Sorgen Sie mit kurzen Sätzen und verständlichen Worten für ein gutes Gefühl. Wecken Sie mit anschaulichen Bildern und ein wenig Humor die Neugier des Lesers. Hat er das Gefühl, Sie schreiben ihm ganz persönlich? Stellen Sie sich also die Person vor, der Sie etwas sagen wollen! Hier können die Personas, die wir in Teil 2 schon kennengelernt haben, sehr gute Dienste leisten. Schreiben Sie die Texte für sie.

Texten ist ein Prozess. Er beginnt mit einem weißen Blatt beziehungsweise einem weißen Bildschirm. Nun trifft uns der göttliche Funke ja bekanntlich nicht mitten bei der Arbeit – und auch meist nicht am Schreibtisch. Suchen Sie sich also einen kreativen Ort, verschaffen Sie sich Bewegung, tanken Sie Sauerstoff. Entspannen Sie sich und trinken Sie ein wenig Wasser. Beginnen Sie mit einer Stoffsammlung von Stichworten. Schreiben Sie dann zunächst den Text ins Grobe. Verkürzen, verfeinern und verdichten Sie so lange, bis aus Sicht des Lesers betrachtet nur noch der für ihn relevante Nutzen drin steht: konkret, knapp und appetitlich aufbereitet. Nutzen Sie dazu auch Worte aus dem Sprachschatz Ihrer Zielgruppe – und der Empfänger fühlt sich verstanden.

Wo und wie Content eingesetzt wird

Die eigene Website ist der Heimathafen und das Herzstück jeder Content-Strategie. Auf ihr läuft nahezu alles zusammen. Und genau deswegen sieht es dort vielfach aus wie Kraut und Rüben. Erschreckt entdeckt man einen zusammengewürfelten Haufen von Einzelstücken, die wer auch immer dort warum auch immer eingestellt und danach nie mehr aktualisiert hat. Doch wer entscheidet darüber, was wegmuss und bleibt? Final ist es der User. Selbst die aufwendigste Website bringt gar nichts, wenn sich niemand für deren Geblubber interessiert. Was noch nie angeklickt wurde, hat null Relevanz. Damit hat es auf einer Website auch nichts verloren.

Website und Content müssen heutzutage Smartphone-optimiert sein. Kundenerfahrungen beginnen heute am Smartphone. Sie haben inzwischen eine größere Verbreitung als Laptops. Weit mehr als die Hälfte aller Suchanfragen startet inzwischen mobil. Deshalb müssen Website und Content heutzutage Smartphone-optimiert sein. Von Responsive Design wird dann gesprochen. Wer das nicht bietet, den straft Google ab. Er wird auf den Trefferlisten nach hinten verbannt. Und das bedeutet: Er wird nicht gefunden. Am PC schauen sich die meisten User nur die Treffer bis zum »Bruch«, also der Unterkante des Bildschirms an. Auf dem Smartphone sind es im Schnitt die ersten drei Treffer – oder man benutzt gleich eine App. Zudem kauft ein Drittel der Smartphone-Nutzer nach einer Onlinerecherche Produkte, die sie vorher gar nicht in Erwägung gezogen hatten. Das Smartphone-Display ist also das strategische Nadelöhr zu Ihrer Zukunft. Deshalb: Mobile first. Immer mehr Anbieter kreieren ihre Websites zunächst für die wichtigsten Smartphone-Modelle. Für den Computer wird erst im zweiten Schritt optimiert.

Und dann? Welche Tools beim Aufbau einer Content-Strategie helfen, was bei der Themenrecherche und allen weiteren Schritten eines professionellen Content-Marketings zu beachten ist? Dazu haben die Kommunikationsprofis Doris Eichmeier und Klaus Eck ein sehr fundiertes Buch geschrieben: *Die Content-Revolution in Unternehmen*. Kernfragen, die sich in diesem Zusammenhang stellen:

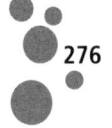

○ Redaktionsplan: Welche Inhalte sollen wen wann und wo erreichen?

○ Content-Produktion: Wer schreibt was bis wann für welchen Touchpoint?

○ Monitoring: Wie werden die Ergebnisse gemessen und dokumentiert?

○ Mittel & Kosten: Welche Ressourcen / Budgets stehen zur Verfügung?

○ Ansprechpartner: Wer ist für das gesamte Thema hauptverantwortlich?

Im Zuge dessen wird klar: Damit am Ende alles zusammenpasst und jenseits egozentrischer Abteilungsinteressen ein stimmiges Gesamtbild entsteht, braucht es eine interne koordinierende Stelle. In großen Organisationen kann das ein eigener Content-Manager und in kleineren Unternehmen der Touchpoint-Manager sein.

Neben den vom Unternehmen selbst produzierten Inhalten hat dieser zwingend auch die von den Mitarbeitern und Kunden erstellten Inhalte im Blick, die ja oft für die Reputation eines Anbieters ganz besonders maßgeblich sind. Natürlich checkt er auch die Inhalte der Mitbewerber, um sich von diesen abzugrenzen oder besser noch um diese zu toppen. Zudem nimmt er an passender Stelle Fremdinhalte auf. Das nennt sich Content-Curation. Hierbei kann es sich um Interviews, Gastbeiträge, Zitate, Beispiele sowie geteilte oder überarbeitete Beiträge handeln. Ferner muss der Verantwortliche auf tagesaktuelle Ereignisse oder plötzliche Zwischenfälle sofort reagieren. Denn Content braucht auch Aktualitätsbezug.

Storytelling: Auf der Suche nach guten Geschichten

Menschen lieben es, ihre Geschichten mit anderen Menschen zu teilen. Vor allem dann, wenn wir emotional berührt werden, erzählen wir gern. Social Sharing nennt man das in der Sprache des Web. Es dient – neben dem Teilen – auch dem Ordnen von Gefühlen. Negative Gefühle lassen sich mildern, indem wir über sie reden. Man verschafft sich hierdurch Erleichterung. Positive Gefühle hingegen können verstärkt und verlängert werden, wenn man über sie spricht. Inhalte mit geringem emotionalen Wert werden kaum mit anderen geteilt, wohingegen stark emotionalisierende Inhalte sehr oft geteilt werden. Auf diese Weise können Anbieter wie aus dem Nichts in aller Munde sein. Dies passiert vor allem dann, wenn sie Content als Geschichte erzählen.

Geschichten übersetzen Informationen in Emotion. Sie ziehen uns geradezu magisch in ihren Bann. Sie erhöhen die Glaubwürdigkeit, denn sie sind sehr viel einprägsamer als Zahlen, Daten und Fakten. Wenn meisterlich erzählt, haben sie eine unglaubliche psychologische Kraft. Sie machen neugierig und fesseln die Aufmerksamkeit. Sie lockern auf und entspannen. Sie wecken das Gefühl von Vertrautheit. Sie sprechen das Vorstellungsvermögen an und aktivieren. Sie machen sogar überaus komplizierte Zusammenhänge verständlich. Und sie steigern die Überzeugungskraft. Sie fördern das Zuhören, das Verstehen, das Behalten und das Zustimmen, ohne zu bedrängen.

Gehirnforscher glauben, dass jeder Denk- und Entscheidungsprozess von inneren Bildern begleitet wird, die unser Hirn in einem unaufhörlichen Schöpfungsprozess konstruiert. Diese Konstruktionen werden gespeist aus Wahrnehmungsbildern, die unsere Sinne den Hirnwindungen schicken, aus den Erinnerungsbildern früherer Erlebnisse und aus inneren Vorstellungsbildern. Gute Verkäufer und spannende Marken setzen mit ihren Erzählungen ein wahres Kopfkino in Gang. Marketingleute nennen das Brain Scripts. »Wir alle suchen nach unserer eigenen Geschichte. Die Brain Scripts, die

Geschichten der anderen, helfen uns dabei«, schreibt der österreichische Mediendramaturg Christian Mikunda in seinem Buch *Der verbotene Ort oder Die inszenierte Verführung.* Gute Geschichten sind solche, die wir leicht dechiffrieren können, weil sie ein uns bekanntes Muster zeigen, beispielsweise wie der Mythos von »David gegen Goliath« (Greenpeace) oder das »Aschenputtel-Syndrom« (Prinzessin Diana).

Werden Sie zum Geschichtenerzähler

Wenn das die verkopften, zahlenfixierten Manager doch nur endlich verstehen würden: Menschen lassen sich lieber durch Geschichten verführen als durch sachliche Darstellungen und nüchterne Fakten. Zwar sind PowerPoint-Präsentationen populär, doch es ist äußerst unprofessionell, andere hierüber gewinnen zu wollen. Der US-amerikanische Wissenschaftler und Nobelpreisträger Daniel Kahneman hat übrigens experimentell nachgewiesen, dass nicht derjenige die Deutungshoheit erlangt, der die besten Argumente zusammenträgt, sondern derjenige, der die stimmigste Story erzählt. Zudem machen Geschichten die Unternehmen und ihre Mitarbeiter auch menschlicher.

Storytelling ist also eine wichtige Facette des Content-Marketings. Dazu braucht es Erzählstoff. Dieser muss gesucht und gefunden werden. Vor dem Storytelling steht deshalb immer das Storylistening. Dabei geht es um:

○ Geschichten aus dem Unternehmen
○ Geschichten über dessen Mitarbeiter
○ Geschichten von und mit Kunden

Sie können zum Beispiel darüber berichten, welche Erfolge den Kunden mit Ihrer Hilfe gelangen, welche interessanten Menschen mit Ihren Produkten zu tun haben oder an welch spannenden Orten sie eingesetzt werden. Sie können Geschichten über besondere

Menschen in Ihrem Unternehmen erzählen und Episoden aus deren unternehmerischem Alltag zum Besten geben. Auch der Blick hinter die Kulissen ist von Interesse. Plaudern Sie über besondere Produktionsverfahren, seltene Rohstoffe und (hoffentlich positive) Begebenheiten aus deren Herkunftsländern. Sie können die Geschichten hinter Erfindern und ihren Innovationen offenbaren, die Zukunft Ihrer Branche bildreich skizzieren oder Kurioses aus den Anfangszeiten des Unternehmens zusammentragen.

Bei Innocent, dem Europa-Marktführer von Smoothie-Fruchtsäften, klingt das so: »Unsere Geschichte begann 1998, als unsere Gründer Richard, Jon und Adam auf die Idee kamen, Smoothies zu machen. Sie kauften für 500 britische Pfund Obst, mixten daraus Smoothies und boten sie auf einem Jazz-Festival in London an. Vor ihrem Stand hing ein Schild mit der Frage: ›Sollen wir unsere Jobs aufgeben, um weiter Smoothies zu machen?‹ Darunter hatten sie zwei Mülleimer aufgestellt, auf einem stand ›Ja‹, auf dem anderen ›Nein‹. Sonntagabend war der ›Ja‹-Eimer voll mit leeren Flaschen. Montag gingen sie zur Arbeit und kündigten ihre Jobs, um Innocent zu gründen.«

Walter Isaacson lässt in seiner Biografie über Steve Jobs den Gründungsmythos von Apple Gestalt annehmen. Wir schreiben das Jahr 1976. Die junge Firma braucht dringend einen Namen. Zunächst fallen den Gründern alle möglichen technisch klingenden Begriffe ein. Jobs hat gerade eine Obstdiät hinter sich und ist von einer Apfelplantage zurückgekehrt. So schlägt er schließlich den Namen Apple vor. Der klingt für ihn freundlich und schwungvoll und nimmt der Computerwelt Kühle und Schärfe. Zudem würden sie damit vor Atari im Telefonbuch stehen. Er erklärt seinem Partner Steve Wozniak, er wolle bei Apple bleiben, wenn ihnen bis zum nächsten Tag, an dem der Gründungsantrag zu stellen war, nichts Besseres einfiele. Und so kam es dann auch.

Gute Geschichten sind anders als der übliche Kram, sie überraschen und docken an Emotionen an. Sie werden am besten im Prä-

sens oder im Wechsel von Vergangenheit und Gegenwart erzählt. Sie sind im wahrsten Sinne des Wortes merkwürdig und sie sind vor allem – wahr. Geschichten, die nicht stimmen oder geschönt sind, werden früher oder später entlarvt, wofür immer öfter auch die entrüsteten Mitarbeiter sorgen. Falsche Loyalität, bei der die Belegschaft wissentlich das unethische Verhalten der Oberen deckt, gibt es nicht mehr. Und das ist auch gut.

Die besten Geschichten sind natürlich die Ihrer Kunden. Und am wirkungsvollsten ist es, wenn Kunden höchstpersönlich über ihre Erlebnisse berichten. Machen Sie also die Kunden zu einem aktiven Teil ihrer Storys. Deren Erfahrungsberichte und Referenzen sind weit glaubwürdiger als Begebenheiten, die Sie selbst in Umlauf bringen. Reden Sie mit Ihren Kunden, um passende Geschichten in Erfahrung zu bringen. Sammeln und dokumentieren Sie diese und geben Sie Passendes zwecks Weiterverbreitung zügig in Umlauf. Auch die einschlägige Presse kann hierfür ein dankbarer Abnehmer sein.

Die besten Geschichten sind die Ihrer Kunden.

Ermitteln Sie auch: Welche Geschichten werden bei Ihnen auf den Gängen und über den digitalen Flurfunk erzählt? Und was sagen sie über die Stimmung im Unternehmen? Ist der Kunde darin Held oder Horrorgestalt? Was wird von Praktikanten ausgeplaudert und von Außendienstlern unters Volk gebracht? Wie reden Servicemitarbeiter beim Kunden über Internes? Und welche Storys werden von Lieferanten und Partnern über Sie weiterverbreitet? Was erzählen die Führungskräfte hinter vorgehaltener Hand? Und was der Pförtner, wenn man ihn fragt? Welche Anekdoten haben Mitarbeiter, die bereits im Ruhestand sind, aus früheren Zeiten parat? Was erzählen sich die Azubis? Und was verbreiten Ehemalige auf Arbeitgeber-Bewertungsportalen?

Warum Geschichten so überaus nützlich sind

Das Bild, das Ihre Leute zeichnen, ist das Bild, das man von Ihnen haben wird. Erzählen Sie also *die* Geschichten, die man über Sie erzählen *soll*! Reden Sie über Resultate und nicht über Probleme! Von einem positiven Image werden alle wie magisch angezogen: die (potenziellen) Mitarbeiter *und* die (potenziellen) Kunden. Erzählen Sie deshalb Erfolgsgeschichten: bei jeder Begegnung, auf allen Meetings, selbst in der Raucherecke. Erfolgsgeschichten machen stolz und beflügeln. »So gut sind wir (schon)«, wollen sie zeigen und ermuntern zum Besserwerden. »Stellt euch nur vor, wenn wir jetzt noch …«, säuseln sie und kreieren Begehren.

Am besten halten Sie dazu, wenn Sie der Chef sind, beim nächsten größeren Mitarbeiteranlass eine flammende Rede. Ziehen Sie Ihr Jackett aus, lockern Sie Ihre Krawatte, treten sie vom Rednerpult weg und direkt vor Ihre Leute. Dann erzählen Sie, ohne einen Namen zu nennen (!), die Geschichte eines Mitarbeiters, der sich für die Firma besonders ins Zeug gelegt hat. Und am Ende sagen Sie in freier Rede in etwa dies: »Dies ist jetzt nur *eine* Geschichte, die mir kürzlich zu Ohren gekommen ist. Das macht mich so stolz auf unsere Mitarbeiter. Und ich bin sicher, es gibt noch viele solcher Geschichten. Wir, unsere Firma, wir brauchen viele solcher Geschichten. Lassen Sie uns diese Geschichten sammeln und rege weitererzählen, drinnen und draußen. Die anderen, unsere Wettbewerber, sollen ihre Lästergeschichten unter die Leute bringen, *wir* tun das nicht. Kein Sportler würde seine Negativgeschichten hervorkramen, wenn er zum nächsten Sieg eilen will. Er führt sich vielmehr seine größten Erfolge vor Augen. Das können wir auch! Wir wollen eine Firma sein, die es krachen lässt. Und dazu brauche ich euch. Ich brauche *jeden* von euch.« Sie müssen dabei nicht unbedingt so verrückt auf der Bühne herumhüpfen wie einst Steve Ballmer von Microsoft bei seiner berühmten Rede »I love this Company«.[46] Wenn aber ein wenig authentische Emotion dabei durchschimmern könnte, wäre das schon gut. Und dann erklären Sie noch, wo Sie solche Geschichten von nun an sammeln wollen.

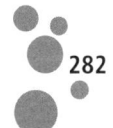

Und was passiert dabei im Gehirn Ihrer Leute? Die Siegerspirale kommt in Gang. Dopamin-, Testosteron- und Serotoninspiegel steigen. Dieser Mix sorgt für Selbstbewusstsein, Leistungsbereitschaft und den Glauben an weitere Siege. Erfolgsgeschichten spornen uns an, sie beflügeln und setzen eine Menge Energien frei. Sie werden gut behalten und gerne weitererzählt. Suchen und finden Sie also systematisch positives Konversationsmaterial. Durchforsten Sie vor allem auch die sozialen Medien zu diesem Zweck. Veranstalten Sie einen Geschichten-Erzählwettbewerb. Oder laden Sie dazu ein, Ihnen erlebte Geschichten zuzusenden.

So wurde zum Abschied des Volkswagen Kombi nach besonderen Geschichten gesucht, die die Menschen mit ihm erlebt hatten: Woodstock, eine Reise um die Welt, die Geburt eines Kindes … Welche Rolle der Kombi dabei spielte, wird von einer sehr besonderen weiblichen Stimme nacherzählt. Und alle Protagonisten erhielten ein ganz spezielles Abschiedsgeschenk. Schließlich hatte das Auto selbst einen letzten Wunsch. Unter dem Titel »Volkswagen Kombi Last Wishes« ist daraus ein berührender kleiner Film geworden.[47]

Holen Sie sich bei Bedarf einen Geschichten-Goldgräber ins Haus. Externe mit einem unverstellten Blick finden oft prächtige Story-Nuggets, die bei einem betriebsblinden Internen niemals aufblitzen würden. Auch das Erzählen solcher Geschichten ist eine Kunst. Sie sollen sich ja weiterverbreiten. So machen erfahrene Wirtschaftsjournalisten aus den drögesten Anwenderberichten professionelle Erfolgsreportagen. Ein großes Plus: Weil sie nicht vom Unternehmen selbst, sondern von einem neutralen Dritten geschrieben wurden, fehlt in solchen Arbeiten die übliche Selbstbeweihräucherung, es kommt zu einer sprachlichen Schärfung, die Außensicht wird besser rübergebracht und die Geschichte erscheint weniger werblich. Und was löst das bei demjenigen aus, der diese Geschichte dann liest? Einen »Das hätte ich auch gern«-Reflex.

Wie gute Geschichten aufgebaut werden

Gut gemachte Geschichten werden aus der Perspektive des Helden erzählt. Das ist in aller Regel der Kunde. Der Beginn ist dabei essenziell, denn da fragen wir uns: Hat das was mit mir zu tun? Ist die Antwort »Ja« und das Ganze für uns relevant, hören wir weiter zu. Ist es für uns ohne Bedeutung, schaltet unser Hirn einfach ab. Menschen lieben Helden vor allem dann, wenn sie ein hehres Ziel verfolgen und dafür über sich hinauswachsen. Idealerweise folgt der Erzählstrang also einer sogenannten Heldenreise. Diese führt entlang eines Spannungsbogens von einer suboptimalen Ausgangslange über Hindernisse und Blockaden, Irrungen und Wirrungen oder Qualen und Beinaheabstürzen zu einem glorreichen Ende. Unternehmen, Produkte und Mitarbeiter fungieren dabei als Helfer, treue Gefährten oder nützliche Geister, die zwar im Hintergrund bleiben, ohne die die Transformation allerdings nicht gelingt.

Beim Aufbau können Sie sich an Märchen orientieren. Sie haben folgendes Muster:

○ Was war am Anfang (= das Problem, der Zweifel)?
○ Wer (= der Held) tat was (= die gute Tat) mit wessen Hilfe (= die gute Fee)?
○ Wo lauerten Gefahren (= das Abenteuer, das Hindernis, der Gegenspieler)?
○ Wie ging das Ganze aus (= der Sieg, das Happy End)?

Das Grundmodell einer typischen Heldenreise, das der amerikanische Mythenforscher Joseph Campbell entwickelt hat, umfasst zwölf Etappen in zwei Akten:

○ *Der erste Akt: die alte Welt.* Eine Situation, die suboptimal ist. Die Ahnung, dass es da draußen etwas Besseres gibt. Schwellenhüter versuchen, den Aufbruch zu verhindern. Begegnung mit einem Mentor, der Mut macht und Wege aufzeigt. Überschreiten der Schwelle ins Neuland.

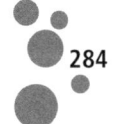

o *Der zweite Akt: die neue Welt.* Prüfungen, Gegenspieler und Verbündete tauchen auf. Der Tag des Showdowns rückt näher. Der Entscheidungskampf findet statt. Der Sieg wird errungen. Der Rückweg wird angetreten. Die Verwandlung zeigt erste Früchte. Das Ziel ist erreicht.

Moderne Geschichten werden inzwischen transmedial, also über verschiedene Medien hinweg erzählt. Zuhörer und Zuschauer sind dabei nicht länger auf die Funktion des passiven Konsumenten beschränkt, sie können sich vielmehr aktiv und schöpferisch einbringen: indem sie den Fortlauf einer Geschichte mitgestalten, sich angebotenes Hintergrundmaterial beschaffen oder zumindest kommentieren und voten. »Wenn es demnach Werbung und PR gelingt, die Zielgruppe für eine transmediale Story zu begeistern, so wird dies durch eine gesteigerte Verweildauer, höhere Loyalität gegenüber der Marke sowie durch eine höhere Weiterempfehlungsrate belohnt«, schreibt Petra Sammer in ihrem Buch *Storytelling*. Erzählende Bilder und Videoclips spielen in diesem Kontext eine zunehmend wichtige Rolle. Von Visual Storytelling spricht man in diesem Fall.

Zudem sind die ausgewählten Geschichten mediengerecht aufzubereiten: Auf der eigenen Website wird die Langversion der Story erzählt. Auf Facebook wird sie verkürzt oder in Häppchen verteilt. Auf Instagram wird sie reichlich mit Bildern garniert. Und als Bewegtbild kommt sie bei YouTube & Co. zum Beispiel wie ein rasanter Thriller daher. Schließlich sollten je nach Zielgruppe unterschiedliche Facetten einer Geschichte hervorgehoben werden: Der Einkäufer einer Maschine braucht eine andere Geschichte als der Fertigungsleiter. Ein Junggeselle interessiert sich für andere Details als ein stolzer Familienvater. Und einen Kenner faszinieren andere Finessen als einen Neuling.

Geschichten weiterverbreiten – drinnen und draußen

Egal, wie Sie Ihre Geschichten stricken, sie haben immer zwei Zielrichtungen: eine interne (die Mitarbeiter) und eine externe (Interessenten, Kunden, Exkunden, Partner, Lieferanten, Banken, Investoren, Bewerber, Multiplikatoren, die Öffentlichkeit).

Intern können Beispiele und Anekdoten gezielt eingesetzt werden, um zu verdeutlichen, wie die Unternehmensphilosophie konkret gelebt werden soll. Erzählen Sie zum Beispiel, wie sich eine pfiffige Mitarbeiteridee in der Praxis bewährte und was die Kunden davon hatten. Berichten Sie über die Meilensteine zu einem großen Sieg über den schärfsten Mitbewerber. Oder feiern Sie ein gelungenes (digitales) Projekt in all seinen Facetten. Entwickeln Sie richtige Geschichtenserien mit »Fortsetzung folgt«. Oder erzählen Sie eine Geschichte aus dem Blickwinkel unterschiedlicher Protagonisten. Und: Füttern Sie die Medien mit Geschichten anstatt mit Geld.

Nutzen Sie alle bestehenden Kommunikationsmittel und Touchpoints, um dort Geschichten (statt öde Fakten) zu platzieren:

- Stellenanzeigen
- Intranet
- Eigene Social-Media-Präsenzen
- Newsletter
- Prospektmaterial
- Geschäftsbericht
- Referenzmappen
- Präsentationen
- Jahrestagungen
- Messestand
- Reportagen
- Employer-Branding-Broschüren
- Internet
- Fremde Social-Media-Präsenzen
- Mailings
- Imagebroschüren
- Kundenzeitschriften
- Imagefilme
- Vorträge
- Ausstellungen
- Events
- Bücher

Außerdem empfehle ich, an den Anfang eines jeden Meetings eine kundenbezogene Erfolgsgeschichte zu setzen. Unter der Überschrift

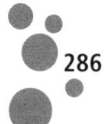

»Der Kunde spricht« erhält dieser den besten Platz: Tagesordnungspunkt Nummer eins auf der Agenda. Reihum berichtet jeweils ein
Teilnehmer über eine Kundenbegeisterungsstory, die das Unternehmen hervorgebracht hat. Dabei sollte es um Wir-Geschichten
gehen, also um solche, an denen mehrere Bereiche beteiligt waren.
Dies fördert den Gemeinschaftsgeist und das Wir-Gefühl. Zudem
geht es darum, die heimlichen Kundenbegeisterungshelden der
Firma ausfindig zu machen, die Leisen also, denen das grelle Licht
der Öffentlichkeit gar nicht behagt. Die haben oft die besten Geschichten parat.

Shareability: Wie sich Content weiterverbreitet

Niemand wird eine Botschaft weiterverbreiten, wenn sie nichtssagend ist, missfällt oder langweilt. Denn immer steht auch der
eigene gute Ruf auf dem Spiel. Und keiner will sich blamieren. Mit
erstklassigem Content hingegen kann man sich schmücken sowie
Prestige und Selbstwertgefühl steigern. Man kann sich als Vorreiter
präsentieren und Dinge mitgestalten. Man kann Menschen beeinflussen und damit in gewisser Weise auch Macht ausüben. Oder
man kann anderen Gutes tun. So lassen sich vertrauensvolle Beziehungen aufbauen und Freundschaften festigen. Nur wenn Sie
Content bieten, über den es sich zu reden lohnt, mit dem man
also bei Dritten punkten oder ihnen helfen kann, werden die Leute
weiterverbreitend aktiv. Inhalte und Geschichten müssen also so
aufbereitet werden, dass sie nicht nur funktional, sondern auch
inhaltlich »shareable« sind.

Die Grundmotivationen der Menschen fürs Weiterverbreiten sind
diese:

○ Hilfsbereitschaft und Altruismus: Man will sich nützlich
  machen und anderen mit den weitergeleiteten Inhalten helfen
  oder sie vor Schaden bewahren.

- Profilierung und Statusaufbau: Man will zeigen, zu welch hochwertigen Inhalten man Zugang hat, und hierdurch auch sein Selbst- und Fremdbild nähren.
- Kontaktpflege und Zugehörigkeit: Man leitet Inhalte weiter, um Kontakte nicht abreißen zu lassen oder Diskussionen in eigenen Netzwerken anzuregen.
- Gestaltungswille und Sinnhaftigkeit: Man möchte mit seinem Tun die Dinge, die einem am Herzen liegen, mitgestalten, verändern oder verbessern.

> **Jeder Mensch hat eine Grundveranlagung, Inhalte zu teilen. Und je emotionaler, desto viraler.**

Untersuchungen des Wissenschaftlers Matthew Lieberman von der University of California (UCLA) liefern zur Frage nach der Motivation interessante Ergebnisse: Ob etwas geteilt wird oder auch nicht, hängt von seinem »Belohnungswert« ab. Zwei maßgebliche Kriterien gibt es dabei: Ist es erstens wertvoll für mich? Und könnte es zweitens wertvoll für andere sein? Sich also Dritten gegenüber als Übermittler neuer, reizvoller oder nützlicher Inhalte zu präsentieren, ist für viele Menschen eine Form der Belohnung. Dies bietet auch die Möglichkeit, Sozialkapital aufzubauen. Jeder Mensch hat somit eine Grundveranlagung, Inhalte zu teilen. Inwieweit er das dann tatsächlich tut, hat auch mit seiner Intro- oder Extravertiertheit zu tun. Und je mehr Emotionen ein Inhalt hervorruft, desto schneller verbreitet er sich.

Auf einen Nenner gebracht: Menschen wollen nicht nur Geld oder Spaß, sie wollen sich auch als »wichtig« erleben. Sie wollen Sinnhaftes tun. Und Spuren hinterlassen. Wer ihnen dazu verhilft, dem wird dies mit freudigem Sharen vergolten. Und oft genug auch mit einem Kauf. Denn Content soll sich ja nicht nur weiterverbreiten, er soll auch den physischen Abverkauf unterstützen und im Onlinegeschäft Conversions erzielen.

Doch Contentstücke einfach nur auf der eigenen Website »aus-zusetzen« – in der Hoffnung, dass sie von den richtigen Leuten gefunden werden –, ist wenig sinnvoll. Vielmehr sollten die User animiert werden, die Botschaft aktiv zu verbreiten. Denn Content, der nur von wenigen gesehen wird, kann nicht von vielen geteilt werden. Zudem ist die 90-9-1-Regel von Usability-Berater Jakob Nielsen zu beachten. Demnach sind nur ein Prozent der Menschen in den Web-Communitys Superaktive, neun Prozent sind punk-tuell Beitragende und 90 Prozent folgen dem digitalen Austausch ganz und gar passiv. Ferner gibt es da auch noch die MOFs. Das sind Menschen ohne Freunde. Die können nichts weiterleiten und teilen.

Wie Sie Content aktiv in Umlauf bringen

Sobald Sie Ihr Contentmaterial beisammenhaben: Beginnen Sie zügig mit dem Weiterverbreiten, zum Beispiel an folgenden Stellen:

O Platzieren Sie passenden Content in Ihrem Newsletter und anderen unternehmenseigenen Kommunikationsmitteln.
O Teilen Sie Ihren Content auf allen geeigneten Social-Media-Präsenzen und bestücken Sie Facebook & Co.
O Berichten Sie in den Eingabefeldern von Xing und LinkedIn sowie in externen Foren oder Gruppen darüber.
O Suchen Sie nach Portalen wie SlideShare, die Competence Site oder die Marketingbörse, in die man Content selbstständig einstellen kann.
O Bieten Sie Portalbetreibern und reichweitenstarken Bloggern passende Inhalte aktiv und exklusiv an.
O Auch die Medien sind dankbare Abnehmer für qualifizierten Content. Suchen Sie nach Fachzeitschriften, die sich dafür gut eignen.

Halten Sie sich bei alldem mit Eigenwerbung so weit wie möglich zurück. Glänzen Sie lieber durch Fachkompetenz. Positionieren Sie sich als »der« Experte oder »die« Expertin in ihrem Bereich. So werden Sie auch für die Presse als Zitategeber und Interviewpartner interessant.

Installieren Sie außerdem rechtskonforme Social-Media-Plug-ins, also Share- und Like-Klickfelder direkt beim jeweiligen Content, damit es für Dritte so einfach wie möglich ist, passende Inhalte mit deren Netzwerk zu teilen. Solche Plug-ins verbinden Ihre Webseite, Ihren Blog oder Ihre App mit sozialen Netzwerken wie Facebook, Xing, Twitter und LinkedIn. Mit ihnen können neue Interessenten gewonnen und Website-Besucher oder App-Nutzer generiert werden. Allerdings wird damit indirekt auch für das jeweilige Netzwerk Werbung gemacht. Andererseits hat der Berliner Analytics-Anbieter Searchmetrics festgestellt, dass Social Signals wie Likes, Shares und Google-Plus-Ones mit besseren Rankings korrelieren.

Content, der gerne geteilt wird

Bei all dem stellt sich eine weitere Frage: Ist auch die Art des Contents für den Sharing-Erfolg wichtig? Und ob! Im Web führen Fotos die Rangliste der beliebtesten Weiterverbreitungsinhalte an, wie verschiedene Untersuchungen zeigen. Denn Bilder sind schnell zu erfassen. Sie brennen sich ein. Sie funktionieren zudem ohne Worte, also auch international. Und sie lösen Emotionen aus – vor allem dann, wenn sie als Bildstrecke eine Geschichte erzählen. Videos stehen an zweiter, in der YouTube-Generation sogar oft schon an erster Stelle.

Doch wie ist es mit Texten? Im Gegensatz zu Bildern sind Texte für unser Hirn zunächst Schwerstarbeit. Aus diesem Grund ist eine gut formulierte Überschrift so wichtig. Sie macht neugierig auf mehr. Ein pfiffiges Bild, passend zum Text und am besten im Querformat, ist quasi unverzichtbar. Zwischenüberschriften ermöglichen eine schnelle Orientierung. Sie sind Wegweiser für unsere Wahrnehmung und helfen dem Hirn beim Scannen und Filtern.

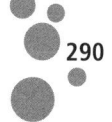

Außerdem funktionieren bei der Verbreitung von schriftlichem Content (Check-)Listen sehr gut. »Das verwundert kaum, da sie sich leichter konsumieren und erfassen lassen als reine Texte, schreibt Social-Media-Experte Torsten Panzer. »Aufhänger wie ›Die zehn besten Abnehmtipps‹ oder ›Die häufigsten Fehler im Marketing‹ oder ›Die größten Mythen über das Internet‹ wecken in jedem Themenbereich Interesse und machen Hunger auf mehr. Auch für denjenigen, der Inhalte teilt, sind sie sehr nützlich: Man kann anderen damit sehr gut zeigen, dass man etwas Interessantes, Spannendes oder Wertvolles entdeckt hat – und sich damit selbst als Experte ins rechte Licht rücken. Wenn diese Kriterien erfüllt sind, werden Artikel zum Beispiel auch weitergereicht, ohne überhaupt gelesen worden zu sein.«

Sie wollen zusätzliche Anreize schaffen und die Multiplikatoren für ihre Arbeit belohnen? Dann wählen Sie weise! Gutscheine und Prämien sind zwar attraktive Köder, doch sie laden auch zum Missbrauch ein. Geld konterkariert eine gute Sache sehr oft. Und mit Klickbetrug werden Millionen gemacht. Deshalb gibt es Anbieter, die fürs Teilen stattdessen Karmapunkte verleihen. Sie können auch eine »Hall of Fame« für Ihre fleißigsten Weiterverbreiter ins Leben rufen. Entwickeln Sie dafür Sterne oder Abzeichen und verschenken Sie ab einem bestimmten Level Supercontent.

Seeding: Wie man Content professionell viralisiert

Mancher Content ist so stark, dass Interessierte dafür von sich aus die jeweiligen Anbieterplattformen aufsuchen. Der pullt, könnte man sagen. Er zieht also an. Andere Content-Perlen schlummern einen ewigen Dornröschenschlaf, weil kein Prinz sie findet und küsst. Viele Inhalte müssen deshalb aktiv vermarktet und werblich gepusht werden, damit sie eine notwendige Reichweite erlangen. Von Viralisierung wird dann gesprochen. Nach dem eigentlichen Anstoß kann allerdings kaum noch Einfluss darauf genommen werden, welchen Weg das Kampagnengut letztlich geht. Ferner kann meist nicht sicher vorhergesagt werden, ob die Botschaft eine positive oder eine negative Richtung nimmt. Die Effekte, die durch das Weiterverbreiten ausgelöst werden, entwickeln eine hohe Eigendynamik. Sie sind weder planbar noch steuerfähig – und auch nicht zu mehr stoppen. Das macht die Sache spannend, zugleich aber unkalkulierbar und bisweilen gefährlich. Denn wie bei einem echten Virus kann es durch Manipulationen zu Verfälschungen und unkontrollierten Mutationen kommen, die das ursprüngliche Ziel einer Kampagne ins Gegenteil kehren.

Viralität kann man also nicht »machen«, sondern nur die Voraussetzungen dafür schaffen. Eine ist die: Je emotionaler, desto viraler. Weiter entscheidend für den Erfolg sind die organische Weiterverbreitung, das schnelle Erreichen einer kritischen Masse und die Überwindung des sogenannten Tipping-Points, ab dem eine Aktion zum Selbstläufer wird. Dazu sollen möglichst viele Menschen die Botschaft an mehr als eine Person weiterverbreiten. Um dies zu steuern, ist eine strategische Erstplatzierung überaus wichtig. Dieser Prozess wird als Seeding bezeichnet. Dazu gibt es zwei Varianten:

○ Beim Targeted Seeding werden gut vernetzte Personen gezielt angesteuert. Hierzu können sowohl eigene Adressen (Presse, Partner, Mitarbeiter, Kunden usw.) genutzt als auch webaffine Multiplikatoren und Meinungsführer, sogenannte Influencer, angesprochen werden. Die Erstüberträger sollten Glaubwürdigkeit, Einfluss und vor allem gute Kontakte in der anvisierten Zielgruppe besitzen.

○ Beim Touchpoint-Seeding nutzt man sowohl eigene als auch fremde Online-Touchpoints (Website, Blogs, Social-Media-Plattformen etc.), damit sich das Content-Stück weiterverbreitet. Wird eine solche Content-Kampagne von den Medien aufgegriffen und begleitet, kann sie schnell Berühmtheit und damit auch eine hohe Werbewirkung erlangen.

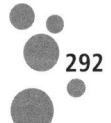

Beispiel Reproduktionsrate (R) Erstinformierte Personen	A R = 2 50	B R = 0,5 50
Welle 1	100	25,0
Welle 2	200	12,5
Welle 3	400	6,2
Welle 4	800	3,1
Welle 5	1.600	1,6
Welle 6	3.200	0,8
Welle 7	6.400	0,4
Erreichte Personen	12.750	100,0

Abb. 23: Eine gelungene virale Weiterverbreitung (A) und ein Rohrkrepierer (B)

Gut gemachte Kampagnen mit einem breiten Seeding können schnell Millionen von Menschen erreichen. So gibt es inzwischen eine Fülle von Techniken und Tools, um bei Bedarf die Erfolgsaussichten einer Content-Kampagne zu erhöhen. Sponsored Posts beziehungsweise Anzeigen auf Facebook und Twitter gehören dazu. Passender Content kann auch über professionelle Weiterverbreiter, verprovisionierte Partnerprogramme oder Affiliate-Systembetreiber in fremde Newsletter eingebunden und auf fremden Portalen präsentiert werden. Auch bezahlte Empfehlungsprogramme sind im Web allgegenwärtig.

Vor allem Videoclips, oft inzwischen »Virals« genannt, werden längst nicht mehr nur um ihrer selbst willen gemacht. Sie stützen vielmehr komplexe Kommunikationsstrategien. Und die Budgets, um sie erfolgreich in Umlauf zu bringen, sind ziemlich hoch. Zum Beispiel hat der Supergeil-Spot von Edeka, ein Mittelding zwischen Content und Werbung, inklusive Verbreitung circa 220 000 Euro gekostet, wie die *Frankfurter Allgemeine Zeitung* berichtet. Doch diese Summe ist zigfach wieder zurückgeflossen. Über 15 Millionen

Views allein auf YouTube (Stand Dezember 2015), jede Menge Presseberichte, Sympathiepunkte bei den Konsumenten, Umsatzzuwächse in den Läden und eine Reihe von Marken-Awards waren der Lohn. Gewaltig getoppt wurde dieser Spot übrigens vom Edeka-Weihnachtsclip #heimkommen, der kaum drei Wochen nach Erscheinen bereits über 40 Millionen Views erreichte.[48]

Communitys: So schaffen Sie gemeinsamen Content

Die Vorstufe zur Community ist ein Content-Bereich auf der eigenen Website. Dort können Sie Ihren Content, also Fachartikel, Fallstudien, E-Books, Infografiken, Tutorials, Ratgeber, Bilder, Checklisten, Präsentationen, Videos und so weiter, übersichtlich und geordnet präsentieren. Zudem können Sie dort auch fremden Content, also Interviews, Gastbeiträge, Erfahrungsberichte, Studienergebnisse, Umfragen, neueste Branchenmeldungen und so weiter, unterbringen. So werden Sie zu einem Kompetenzzentrum Ihrer Branche. Dies verbessert nicht nur das Google-Ranking, es bringt auch mehr Traffic.

Denn Menschen suchen selten konkret nach einem Produkt. Sie haben vielmehr Recherchebedarf, spezifische Fragen oder ein akutes Problem. Hierzu geben sie Schlagworte in eine Suchmaschine ein. Auf Ihrer Webpräsenz finden sie dann die passenden Antworten. Zudem zeigen Suchmaschinen diese weit oben auf den Trefferlisten an, weil sie hochwertigen Content den minderwertigen Inhalten (thin content) vorziehen. Und: Wer sich erst einmal auf Ihrer Seite aufhält, weil er dort viele nützliche Dinge findet, der kauft dann auch dort. Oder er initiiert zumindest einen ersten Kontakt.

Bislang gibt es allerdings erst wenige Anbieter, die ihre Website komplett auf ein Content-Format umgestellt haben. Ein viel beachtetes Beispiel hierfür ist schwarzkopf.de. Die zum Henkel-Konzern

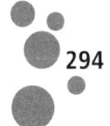

gehörende Marke hatte im Vorfeld 16 Millionen Suchanfragen zum Thema Haare analysiert und dabei festgestellt, dass nur ein Bruchteil der eingegebenen Suchtexte einen Markennamen enthielt. Dies war der quantitative Beweis, dass die Zielgruppe nach Lösungen und nicht nach Produkten sucht. Daraufhin entwickelte Schwarzkopf eine Content-Strategie für den Internetauftritt und erreichte so eine Verzehnfachung des ursprünglichen Website-Traffics. Die Website ist nun im Stil eines Lifestyle-Magazins aufgebaut und behandelt die Haarpracht in allen Nuancen: Trendlooks, Haarstyling, Haarfarbe, Haarpflege, Haarhilfe, so heißen die wesentlichen Navigationspunkte. Dies sind – und das ist auch für SEO sehr wichtig – genau *die* Begriffe, die man als User bei einer Suchanfrage eingeben würde. Schwarzkopf spricht also quasi die Sprache der Kunden. Zudem gibt es eine Reihe von How-to-Videos. Der Service wird durch einen virtuellen Produktberater komplettiert, der die Bedürfnisse der User erfragt und so den Bogen zu passenden Produkten spannt. In lockerer Aufbereitung wird auf diese Weise fundierte Haarkompetenz bewiesen und damit auch das Werbeversprechen »Professional HairCare for you« zielgenau eingelöst.

Communitys gibt es in verschiedenen Formen

Was Communitys in unserem Sinne überhaupt sind? Fragen wir mal Wikipedia. »Eine Online-Community (englisch für Internet-Gemeinschaft) ist eine organisierte Gruppe von Menschen, die im Internet miteinander kommunizieren und teilweise im virtuellen Raum interagieren.« Und was ist eine Community-Plattform? »Eine Community-Plattform im Internet stellt grundlegende Werkzeuge wie E-Mail, Forum, Chatsystem, Instant Messaging, Schwarzes Brett oder Tauschbörse bereit, um den Austausch zwischen ihren Mitgliedern zu ermöglichen und zu organisieren. Vorbedingung zur Nutzung ist fast immer eine Registrierung als Mitglied.«

Communitys gibt es in verschiedenen Varianten. Uns interessieren vor allem die Brand-Communitys und die Themen-Communitys.

○ Brand-Communitys wollen das Lebensgefühl der jeweiligen Marke zelebrieren. Hier treffen sich Menschen, die eine Affinität zu dieser Marke beziehungsweise zu dem dahinterstehenden Produkt haben. Hauptziel ist es, die Mitglieder an die Marke zu binden und sie zu Markenbotschaftern zu machen.

○ Themen-Communitys sind Interessengemeinschaften Gleichgesinnter, die den Austausch zu beruflichen Themen, zu Hobbys oder zu Problemen des Lebens pflegen. Hierbei steht der Nutzen im Vordergrund. Solche Portale haben meist Ratgeberfunktion und / oder bieten Möglichkeiten zur Produktoptimierung.

Dabei gibt es wiederum zwei Möglichkeiten:

○ Für Sie interessante Communitys, Fachforen und Themenportale existieren bereits, sodass Sie sich in diese einklinken können.
○ Eine Community zu den von Ihnen favorisierten Themen existiert noch nicht. Hier besteht die Möglichkeit einer Neugründung.

Themenforen gibt es in vielen Branchen und für viele Fachgebiete. Dort suchen und finden Menschen Informationen oder diskutieren die unterschiedlichsten Fragestellungen untereinander, ohne den direkten Kontakt zu einem Unternehmen zu suchen. Anbieter gehen hier am besten auf Horchstation. So können sie mehr über die Anliegen potenzieller Kunden erfahren und wertvolle Erkenntnisse für Serviceverbesserungen oder Produkteinführungen gewinnen. Nivea beispielsweise hatte über Unterhaltungen im Web immer wieder von Problemen mit Schwitzflecken auf weißer und schwarzer Kleidung im Achselbereich gehört. Daraufhin wurde das Deo Nivea Invisible for Black & White entwickelt. Es ist die erfolgreichste Produktneueinführung des Körperpflegeherstellers.

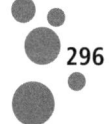

Wie Sie eine eigene Community aufbauen

Der Neuaufbau einer Community ist eine zunehmend interessante Option. Dazu wird eine Plattform bereitgestellt, auf der sich Interessierte virtuell treffen können. Der Forumbetreiber hat hierbei in erster Linie die Aufgabe, den Austausch der Mitglieder zu organisieren und zu moderieren. Unternehmen müssen dazu vor allem lernen, dass ihre Rolle primär im Beantworten von Fragen liegt und nicht in einem egozentrischen Sendungsbewusstsein. Mit Ego-Postings hält man sich also in Foren und Communitys weitestgehend zurück. Sonst sind nämlich die Mitglieder schnell wieder weg.

Mit dem richtigen Management hingegen reduziert eine Community Serviceanfragen, sie ermöglicht eine kundenorientiertere Produktgestaltung, sie unterstützt Zusatzverkäufe und Kundenloyalität und sie führt zu mehr Mundpropaganda. Auf dem internationalen Beauty-Portal Sephora ordern dem Plattform-Betreiber Lithium zufolge aktive Community-Mitglieder zweieinhalbmal so viel wie Nichtmitglieder. Zudem stieg die Conversion-Rate um bis zu 25 und der Web-Traffic um bis zu 40 Prozent.[49]

Der Kunden-helfen-Kunden-Effekt stellt sich bei entsprechender Community-Größe quasi ganz von selbst ein. So lässt sich der Serviceaufwand für Unternehmen enorm reduzieren. Österreichs größter Telekommunikationsanbieter, die A1, hat errechnet, dass durch die Einführung der Support-Community 25 Prozent der Supportkosten eingespart werden konnten. Andere Branchenvertreter und auch die Hard- und Softwarehersteller haben ähnlich positive Erfahrungen gemacht. Allerdings braucht es eine kritische Masse, um die Nutzer dann aktiv einbinden zu können.

Eine Support-Community spart den Unternehmen Supportkosten.

Durch kleine Wettbewerbe können die Community-Mitglieder angefeuert werden, sich rege zu engagieren, ihre Tipps und Tricks preiszugeben und Verbesserungsideen einzureichen. So lässt sich über sachverständiges Posten in großem Stil Reputation aufbauen. Ist ein vorgegebener Level erreicht, erhält der aktive User einen sichtbaren Sonderstatus, der auch verschiedene Privilegien umfasst. Die Hauptmotivatoren sind auch hier nicht monetärer Natur, sondern haben mit Ruhm und Ehre zu tun. Oder mit der Möglichkeit, durch eigenes Wissen zu glänzen. Oder mit dem Empfinden, gebraucht zu werden und das Leben anderer Menschen besser zu machen. All die Manager, die immer noch glauben, Menschen ließen sich nur durch Geld zu erwünschtem Tun motivieren, können hier eine Menge lernen. In Wahrheit geht es hauptsächlich um Heimatgefühle, um Anerkennung, um Wertschätzung und um Gemeinschaftssinn. Zudem geht es darum, sich die Zeit zu vertreiben, Spaß zu haben, eine für gut befundene Sache zu unterstützen – und hie und da auch mal was Feines zu gewinnen.

Auf dem Weltwirtschaftsforum in Davos wurde Mark Zuckerberg von einem Verleger gefragt, wie sein großer Verlag es denn schaffen könne, eine ebenso starke Community zu gründen wie Facebook. Zuckerbergs Antwort: Das könne der Verleger niemals schaffen. Niemand könne das schaffen. Denn Communitys könnten nicht gebildet werden. Communitys gebe es schon. Der einzig ausschlaggebende Erfolgsfaktor von Facebook sei es, einer bestehenden Community die Möglichkeiten zu einer besseren Organisation zu geben. Nun ja, das klingt passiv. Natürlich unterstützt Facebook die Austauschmöglichkeiten seiner User zur Stärkung des Netzwerkeffekts höchst aktiv: zum Beispiel über den Zukauf des Messengerdienstes WhatsApp. Andere suchen nach Orten, an denen viele Menschen zum Austausch zusammenkommen. Oder nach »toten« Zeiten, die wir aus Sicht der Plattformbetreiber bislang mehr oder weniger inaktiv verbringen – und zum Beispiel zum Shoppen nutzen könnten. Unter anderem aufgrund solcher Überlegungen entstehen dann autonom fahrende Apple-Autos und Google-Cars.

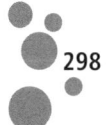

Community-Anbieter leben vom Netzwerkeffekt: Wo viele sind, wollen viele sein. Deshalb sind sie ständig auf der Suche nach Möglichkeiten, die Menschen intensiver miteinander zu verbinden. So hat die Kultmarke Nike, die ihren Namen von der griechischen Göttin des Sieges bekam, mit Nike+ eine Plattform geschaffen, auf der sich Gleichgesinnte weltweit über ihre sportlichen Interessen austauschen können. Zudem kann man sich dort virtuell messen und regelrechte Wettkämpfe austragen. Damit die verschiedenen Sportarten untereinander vergleichbar werden, entwickelte Nike sogar eine eigene Währung: Nike Fuel – auf gut deutsch: Sprit! Dabei werden sportliche Leistungen in Punkte umgerechnet und als Fuel auf dem Onlineprofil der User sichtbar. Durch diese und viele weitere Aktionen hat sich Nike digitalisiert. Dieser Schritt hat die Marke nach vorne katapultiert. So hat sich Nike von einem ehemals reinen Sportartikelhersteller zu einem Lifestylekonzern weiterentwickelt.

Ein weiteres Paradebeispiel ist die österreichische Marke Red Bull. Der Hersteller des Energydrinks, der den Körper beleben und den Geist beflügeln soll, verknüpft wie kaum ein anderer Content mit seiner Community. Zahlreiche redaktionelle Plattformen hat Red Bull Media House in den letzten Jahren entwickelt: Zeitschriften wie *Red Bulletin* und *Seitenblicke*, den TV-Sender Servus TV das Plattenlabel Red Bull Records und so weiter. Hinzu kommen Sportspektakel wie das Red Bull Air Race, die Red Bull X-Fighters, die Mountainbike-Trials, der Stratosphärensprung von Felix Baumgartner sowie jede Menge Events, an denen sich jedwedes Publikum beteiligen kann. So ist Red Bull – trotz der ethisch bedenklichen Unterstützung von Stunts, bei denen es schon mehrfach Todesfälle gab – mit Blick auf den Plattformgedanken das vielleicht beste europäische Unternehmen.

Communitys jenseits der eigenen Website

Manche Unternehmen haben sich entschieden, ihre Community-Plattform losgelöst von der eigenen Website zu betreiben. Dazu gehört auch Bosch. Unter dem Schlagwort »Einer weiß immer, wie es geht« hat der Hersteller von Elektrowerkzeug das Portal 1-2-do.com geschaffen, auf dem sich Heimwerker austauschen können. Das übergeordnete Ziel? Do-it-yourself-Freunden eine digitale Heimat zu geben. Diese können hier an Wettbewerben teilnehmen, Projekte einstellen, ihr Wissen kundtun, Empfehlungen aussprechen, Tipps und Tricks mit Gleichgesinnten austauschen sowie Erlebnisse mit anderen teilen. Content über Bosch-Werkzeuge gibt es dort natürlich auch, doch er wird recht elegant verpackt; die Werbung hält sich auf angenehme Weise zurück.

»25 Produkttester gesucht«, steht da zum Beispiel. Und weiter: »Hallo liebe Community, auch im September könnt Ihr wieder ein Produkt testen, das eigentlich in keinem Heimwerker-Haushalt fehlen darf. Denn der kompakte digitale Laser-/Entfernungsmesser Zamo macht Messen einfach einfach! ☺ Der Zamo überzeugt durch seine Performance und seine einfache, intuitive Ein-Knopf-Bedienung. Dank der Lasertechnologie ermöglicht der Zamo das präzise Messen von Strecken und Abständen. Dabei misst er Abstände bis zu 20 m ab Hinterkante der Ausgangsposition. Mithilfe der ›Hold-Funktion‹ kann der letzte Messwert sowie auch der aktuelle gespeichert werden, um das Arbeiten zusätzlich zu erleichtern. Durch den Soft Grip am Gehäuse liegt der Zamo sicher und bequem in der Hand. Ihr wollt umziehen, umbauen, renovieren oder habt ein anderes tolles Testprojekt für den cleveren Zamo? Dann geht bis zum 26. September über diesen Link auf die Bewerbungsseite und füllt das Formular aus. Viel Spaß und viel Erfolg wünscht euch Susanne.« Susanne ist Mitglied der Community und gehört gleichzeitig zu den Moderatoren der Plattform.

Auf diesen Post gibt es 86 Kommentare, darunter schreibt das Mitglied Kindergetümmel: »Ich habe den ›Bruder‹ PLR15, ein tolles

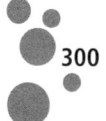

und sehr handliches Teil. Ich kann das Messgerät wärmstens empfehlen!« Solche Kommunikation ist viel glaubwürdiger als selbstgefälliges Unternehmensgetröte, das wurde in diesem Buch schon mehrfach erwähnt. Foren und Communitys ebnen den Weg zu unabhängigen Empfehlern. Aus ihrer Mitte lassen sich kinderleicht engagierte Mitglieder rekrutieren, die neue Produkte auf Herz und Nieren prüfen. Das klingt dann so: »Bosch möchte gerne von Euch wissen, was an neuen Produkten gut ist, aber auch, woran weiter gearbeitet und was verbessert werden muss. Die Bosch-Produktentwicklung profitiert also direkt von den Erfahrungen und Beobachtungen unserer Tester.« Damit rund um den Test alles in geordneten Bahnen verläuft, erklärt Bosch in einem Wissensartikel, wie ein Testvorgang Schritt für Schritt ablaufen soll.

Wenn das Produkt ein Volltreffer ist, können die Worte begeisterter Tester genutzt werden, um eine authentische Kommunikation aufzubauen. Aber was passiert, wenn ein Produkt floppt und im Forum oder anderswo heftig kritisiert wird? Solche Fehlschläge können den Anbietern helfen, etwaige Fehler in einem sehr frühen Stadium zu eliminieren. Und Unbrauchbares kann gestoppt werden, bevor es größeren Schaden anrichtet.

Inbound-Marketing: Von Kunden gefunden werden

Im Outbound-Marketing gehen die Unternehmen von sich aus auf die Kunden zu. Dies ist schon allein aus Datenschutzgründen in den letzten Jahren zunehmend schwierig geworden. Außerdem wehren sich immer mehr Kunden heftig, wenn sie ungefragt mit Werbung überfallen werden. Und das mit Recht!

Inbound-Marketing (inbound = ankommend) basiert darauf, von potenziellen Käufern gefunden zu werden. Dabei geht es um eine vordefinierte Abfolge meist automatisierter Prozesse. Mithilfe einer ausgeklügelten Software wird der potenzielle Kunde zunächst zum Website-Besucher, dann zum Interessenten (Lead), dann zum Kunden und schließlich zum Weiterverbreiter entwickelt. Für jede Phase gibt es dazu passendes Content-Material.

Um die nächstfolgende Phase zu erreichen, kommt jeweils ein »Call to Action« (CTA) zum Einsatz. Dabei wird der User – meist mithilfe einer Schaltfläche oder eines Links – dazu aufgefordert, etwas Bestimmtes zu tun, wie zum Beispiel eine App zu benutzen, zur Kasse zu gehen oder etwas auf Twitter zu posten. »Conversion« bedeutet, dass die gewünschte Aktion erfolgreich abgeschlossen wurde. Die jeweilige Conversion-Rate misst dann das Ergebnis.

Passender Content dient in den einzelnen Phasen als Lockvogel. Um ihn zu erlangen, müssen Interessierte ihre Kontaktdaten angeben. Die dazu notwendigen Eingaben sollten sich zunächst auf ein Minimum beschränken. Zusätzliche Informationen holt man sich erst in nachgelagerten Schritten. Denn wer schon gleich beim Start zu viele oder für diesen Schritt unnötige Felder ausfüllen muss, dem ist das zu mühsam. Oder er wird misstrauisch und bricht den Vorgang dann ab.

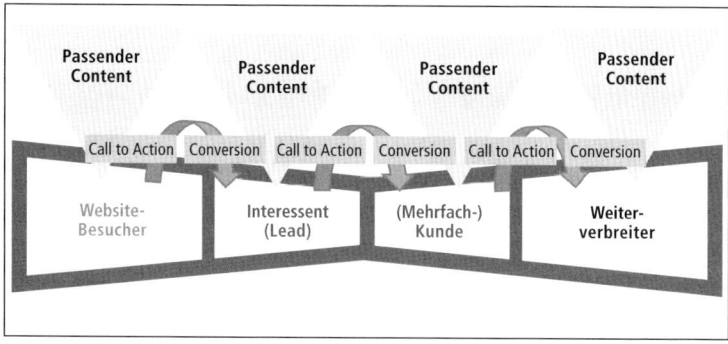

Abb. 24: Der Inbound-Marketing-Prozess in vier Schritten

Den Zugriff auf den gewünschten Inhalt erhält man in aller Regel nach einem Double-Opt-In. Wenn vorhanden, wird man eingeladen, einen Newsletter zu abonnieren. Auf diese Weise ist es relativ einfach und kostengünstig möglich, an Adressen zu kommen und in der Folge passendes Material an sie auszuliefern. Diese werden bewertet (Lead-Scoring) und zur Nachqualifizierung oft antelefoniert. Dabei handelt es sich im ersten Schritt meist um einen Wertschätzungsanruf. Dann kann zum Beispiel die Einladung zu einem Webinar folgen. Aktive Verkaufsversuche macht man erst in nachgelagerten Schritten. Im alten Verkauf nannte man das eine Ja-Straße. Man holte sich mehrere kleine Zwischen-Jas, um dann zum Abschlussgespräch anzusetzen.

Mit dem ersten Ja zum angebotenen Content-Material bekommt man den Fuß in die Tür. Aber nur diejenigen, für die das spannend klingt, werden ihre Daten freiwillig hergeben. Andererseits kann das Vorgehen Interessenten auch abschrecken, weil sie in der Folge Spam befürchten. Das Vertrauen in die Verlässlichkeit einer Content-Quelle spielt also eine wichtige Rolle. Leider ist der empfangene Inhalt bisweilen enttäuschend. Oder er überlistet uns als verkappter Flyer wie ein trojanisches Pferd. Doch ein hierdurch verstimmter Interessent will ganz sicher weder Kunde noch Fürsprecher werden. Die Leute haben einfach keine Lust mehr, betrogen zu werden.

Ist alles gut verlaufen, bleibt noch die Frage, wie der Erfolg schließlich zu messen ist. Denn auch Content-Marketing darf am Ende nicht nur kosten, es muss auch etwas einbringen. Dazu greift man auf viele aus dem Online-Marketing bekannte Kennzahlen zurück. Diese werden mithilfe von Webanalyse-Tools oder über die Statistiken aus sozialen Netzwerken erhoben. Doch wie ich eingangs schon sagte: Viele Messzahlen sind theoretische Konstrukte und messen das wahre Geschehen nur unvollständig. Auch die Reise eines Kunden durch die Content-Welt eines Anbieters kann nur bruchstückhaft nachvollzogen werden. Am Ende war eben nicht das Webinar der Auslöser für ein endgültiges Ja, sondern der weise Rat eines guten Freundes.

Und wie kommt man an User-generated Content?

Zu den Inhalten, die von den Unternehmen offiziell produziert und verbreitet werden, gesellt sich User-generated Content (UGC), Inhalte also, die durch Webnutzer erstellt worden sind. Man findet ihn auf öffentlichen Meinungsportalen sowie in Foren und sozialen Netzwerken. Dabei handelt es sich um aus eigenem Antrieb heraus entstandene schöpferische Unikate, die der Allgemeinheit zur Verfügung gestellt werden. Die User können aber auch auf den vom Unternehmen ausgesetzten Content reagieren, zum Beispiel mit einem Blogbeitrag, einem Video, einem Foto, einem Designentwurf, einer Produktrezension, einer Bewertung oder mit einem Kommentar.

Chance und Risiko beim UGC liegen in der unkontrollierbaren Viralisierung. Und das tun sie je nach Situation mit erheblichem Sprachwitz und erstaunlicher Expertise. Im Web steht allerdings auch sehr viel Blödsinn. Und manches ist schlichtweg falsch. Chance und Risiko liegen in der unkontrollierbaren Viralisierung, die solcher Content erzielen kann. Zwischen einem umsatzförderlichen Lovestorm und einem zerstörerischen Shitstorm ist alles drin.

Den Unternehmen stellen sich in diesem Kontext vier Kernaufgaben:

O den produzierten User-Content im Blick zu behalten,
O wenn sinnvoll, auf User-Content zu reagieren,
O User-Content zu initiieren und zu moderieren,
O existierenden passenden Content weiterzuverbreiten.

Erst zuhören, dann reden! Diese Regel gilt vor allem im Social Web. Das bedeutet zunächst, die von Nutzern produzierten Inhalte im Auge zu haben, den Gesprächen im Cyberspace intensiv zu lau-

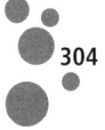

schen und deren Stimmung schnellstmöglich einzufangen. Danach geht es dann darum, sich mit passenden, nichtwerblichen Inhalten, mit journalistischem Gespür und mit viel Menschlichkeit in laufende Gespräche einzuklinken. Alles Positive sollte dabei ermutigt und hoffnungsvoll unterstützt werden. Um etwaige Fragen der User und insbesondere um problematische Inhalte sollte man sich schnell und individuell kümmern. Hierbei wird eine Reaktion innerhalb von ein bis zwei Stunden erwartet. Und mit dem, was man sagt, sollte man sich richtig viel Mühe geben, denn alle Konversationen sind im Web öffentlich sichtbar.

Sodann sollen Bestandskunden angeregt werden, über ihre (hoffentlich positiven) Erfahrungen zu berichten, online und offline. Schließlich sollen passende Statements, die man im Web über sich und seine Produkte aktiv sucht und dann findet, systematisch weiterverbreitet werden. So macht man seine Fans zu Beratern für neue Kunden.

So geht Content-Monitoring im Web

Web-Monitoring ist die beste Echtzeit-Marktforschung aller Zeiten. Endlich können wir den Menschen zuhören, wenn sie sich über uns unterhalten. Und wir können mitlesen, was sie so über uns schreiben. Mehr noch: Wir können sofort darauf reagieren. So gibt es die Geschichte des unzufriedenen Twitterers, der schrieb: »Der Empfang hat mir das mieseste Zimmer im ganzen Hotel gegeben.« Der Concierge las das, meldete sich unverzüglich bei dem Gast und quartierte ihn sofort in ein besseres Zimmer ein. Ein Onlinelob war ihm sicher.

Selbst für Unternehmen, die aus welchen Gründen auch immer kein aktives Social-Media-Marketing betreiben: Online-Monitoring ist Pflicht! Beauftragen Sie dazu einen Mitarbeiter mit der Aufgabe, permanent das Web zu beobachten. Und machen Sie es sich als Chef zum täglichen Ritual, die wesentlichen Ergebnisse daraus

genauso sorgfältig zu studieren wie Ihre Geschäfts-
korrespondenz und die Umsatzzahlen.

**Automatisieren
Sie das Web-
Monitoring für
Firmen-, Produkt-
und Personen-
namen.**

Legen Sie zunächst eine Beobachtungsliste
an. Hierfür schreiben Sie die Begriffe auf, die
Sie im Cyberspace aufspüren wollen. Dazu
gehören Ihr Firmenname, Ihre Produktna-
men, Ihre Marken, die Namen der Unter-
nehmensleitung sowie wichtige Content-Be-
griffe, die Sie verfolgen wollen. Über Google
Alerts, Talkwalker Alerts, TweetBeep und viele
andere Applikationen werden einem Online-
Erwähnungen, die in Zusammenhang mit den
gewählten Suchbegriffen stehen, täglich kostenlos
zugespielt. Besser noch, man automatisiert das Zuhören. Dazu gibt es eine Reihe von Gratis-Tools wie Hootsuite,
Socialmention oder Addictomatic. So haben Sie mit dem geringst-
möglichen Zeitaufwand eine größtmögliche Anzahl von Websites
im Blick. Und es entgeht Ihnen kaum mehr eine Erwähnung.

Profis verwenden dafür spezielle Monitoring-Software, die das Internet mit »Crawlern« durchsuchen und relevante Informationen
herausfiltern. Ein sogenanntes Dashboard verdichtet dann die Fülle der Daten und stellt sie in Form von Diagrammen, Grafiken und
Übersichten zur Verfügung. Dabei wird die Zahl der Beiträge und
Erwähnungen (Mentions) ermittelt sowie der Weiterleitungsfak-
tor bestimmt. Ferner wird eine Stimmungsklassifizierung (positiv,
negativ, neutral) betrieben. Dabei können auch die Quellen der
Onlineäußerungen identifiziert und angesteuert werden. Zudem
wird dokumentiert, ob diese Quellen eine Multiplikatorenrolle haben, also im positiven Fall nützlich sind oder im negativen Fall
gefährlich sein können. Bei der qualitativen Interpretation wird
ermittelt, in welchen Lifestylekontexten der beobachtete Content
vorkommt. Ferner werden aus sich abzeichnenden Trends Prognosen erstellt. Zudem werden konkrete Probleme oder Verbesse-
rungshinweise, die die User in ihren Postings ansprechen, erfasst.

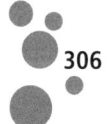

Analysieren Sie alle gefundenen Inhalte genau. Überlegen Sie, was Sie daraus lernen können und wie Sie das an den einzelnen Touchpoints weiterbringt. Fragen Sie sich daher:

○ Was sagen die Nutzer über unser Unternehmen, unsere Produkte, Services und Marken genau?
○ Wie verändern sich diese Aussagen im Laufe der Zeit?
○ Gibt es geschlechtsspezifische, altersbedingte, jahreszeitliche, regionale oder nationale Unterschiede?
○ Welche Ereignisse rufen welche Reaktionen hervor? Und was findet den größten Zuspruch dabei?
○ Wo gibt es Optimierungsbedarf? Und wie können uns die Hinweise aus dem Web dabei helfen?
○ Gibt es konkrete Verbesserungsideen? Und wie lassen sich diese umsetzen?
○ Was können wir aus dem, wie die Menschen unsere Mitbewerber bewerten, für uns selbst lernen?

Erstellen Sie auf dieser Basis ein übersichtliches Reporting mit den wichtigsten Ergebnissen im Überblick. Bedanken Sie sich bei denen, die Sie loben. Vor allem aber: Melden Sie sich bei denen, die Beschwerden hatten – und schaffen Sie deren Ärger schnellstmöglich aus der Welt! Gehen Sie dabei so individuell wie möglich vor. Denn Textbausteine und 08/15-Antworten werden sofort als solche enttarnt. Und egal, wie schmählich die Kritik auch klingt: Bleiben Sie ruhig und sachlich, polemisieren Sie *nicht*. Außerdem gilt: nichts vernebeln, nichts vertuschen, die Wahrheit zählt!

Gehen Sie sachlich und höflich auf die wie auch immer geartete Kritik ein. Können Sie die Person nicht ausfindig machen, dann schreiben Sie da, wo dies möglich ist, einen passenden Kommentar. Doch reagieren Sie besonnen! Also: keine Eskalation, keine wilden Drohungen, kein Rechtsanwalt! Und, wenn es irgendwie geht, keine Onlinedementis. Je mehr Text zu einer Sache im Netz steht, desto interessanter ist das für die Suchmaschinen. Und desto weiter vorn findet sich dann das Problem. Verbreiten Sie stattdessen viel Positives, das verdrängt Negativschlagzeilen von den oberen Plätzen.

Soll man denn auf ausnahmslos jeden User-Content reagieren? Nein, natürlich nicht. Manchmal ist es sinnvoller, die Sache einfach auf sich beruhen zu lassen. Vor allem chronische Störenfriede, man nennt sie auch Trolle, ignorieren Sie besser. Die Regel lautet: Don't feed the troll. Wenn sich die Beute nicht wehrt, verlieren viele die Jagdlust sehr schnell. Mit etwas Glück springen auch wackere Fans für Sie in die Bresche und vertreiben die bösen Geister.

Müssen Sie negative Onlineäußerungen überhaupt hinnehmen? Aber hallo! Im Web herrscht Meinungsfreiheit. Stellungnahmen, die eine persönliche Ansicht widerspiegeln, und Schmähkritik, die sich auf Produkteigenschaften oder eine erbrachte Dienstleistung bezieht, sind grundsätzlich zulässig, selbst dann, wenn dies anonym erfolgt. Anders verhält es sich bei unwahren Tatsachenbehauptungen oder der Diffamierung einer konkreten Person. Gegen grobe Verleumdungen können Sie juristisch vorgehen, denn sie sind ein Strafrechtsbestand. Zudem besteht ein Anspruch auf Unterlassung und damit auf Löschung des Beitrags. Wobei Letzteres nur bedingt erfolgversprechend ist, weil sich vieles in der Zwischenzeit schon weiterverbreitet hat. Zudem gibt es Wayback-Maschinen. Das sind Webarchive, die alles erhalten und nachprüfbar machen.

Wie Sie Menschen für die Content-Produktion gewinnen

Wie Sie am besten an guten User-generated Content gelangen? Ganz einfach: Laden Sie Ihr Zielpublikum ein, solchen zu produzieren. Das können Foto-, Video- oder Geschichtenwettbewerbe sein. Je verrückter das Thema, desto besser. So hat ein Wartungsanbieter für Drucker aus Massachusetts einmal dazu aufgerufen, Videos einzusenden, die zeigen sollten, wie sich ein Drucker auf möglichst kreative Weise zerstören ließ. So hat er nicht nur eine Menge sehr verrückter Filmchen bekommen, sondern auch eine

ganze Reihe neuer Wartungsverträge abschließen können. Denn durch die Aktion kam er in der ganzen Region ins Gespräch – ohne teure Werbung.

Sie haben einen Blog? Das ist ein sehr schöner Ort, an dem Ihre Kunden selbst erzählen können, was sie mit Ihren Produkten alles erleben. So berichten im Blog des Outdoor-Spezialisten Patagonia dessen Kunden über ihre Abenteuer mit der Ausrüstung an den aufregendsten Orten der Welt. Wenn es um das Sammeln von Fachcontent geht, können Sie eine Blogparade starten. Dabei laden Sie interessante Personen oder die breite Öffentlichkeit dazu ein, zu einem bestimmten Thema einen Beitrag zu verfassen, den Sie dann in Ihren Blog einstellen oder mit Ihrem Blog verlinken. Aus den besten Abhandlungen lässt sich im Anschluss ein ansprechendes E-Book erstellen, das man wiederum der Webgemeinde kostenlos anbieten kann.

Ferner können Sie um die Teilnahme an einer Umfrage bitten. Doch Achtung! Schnell kann man dabei ins Fettnäpfchen treten. Legendär ist ein Vorfall, der sich auf der Facebook-Seite von Samsung in den USA abgespielt hat. Man hatte den Fans eine scheinbar harmlose Frage gestellt, und die klang so: »Wenn du nur ein einziges elektronisches Gerät auf die einsame Insel mitnehmen dürftest, welches wäre das dann?« So gut wie alle der über 19 000 Antwortgeber haben sich für das Konkurrenzprodukt iPhone entschieden. Fast 2500 Shares und über 46 000 Likes sorgten dann noch für ein umfassendes Weiterverbreiten. Was zeigt, dass das Werkeln im Web immer auch Risiken birgt. Allerdings muss man diese ins Verhältnis zu den Chancen setzen. Und Letztere überwiegen bei Weitem. Um für den Fall der Fälle gewappnet zu sein, sollte man Notfallpläne griffbereit in der Schublade haben.

Wenn Sie User-generated Content initiieren, müssen Sie diesen auch moderieren. Sonst kann es schnell passieren, dass Sie unqualifizierte Inhalte erhalten. Nicht nur negative, sondern auch minderwertige Beiträge, die keinerlei Mehrwert bieten, werfen ein schlechtes Licht auf Ihre Arbeit. Mit folgendem Vorgehen schaffen Sie Abhilfe:

○ Sorgen Sie grundsätzlich für qualitativ hochwertige Inhalte, das zieht hochwertiges Publikum an und schreckt Primitivlinge ab. Jeder möchte sich gern profilieren, doch niemand will sich blamieren.

○ Posten Sie eine Netiquette an sichtbarer Stelle, die die Benimmregeln in Ihrem Contentbereich definiert. Drohen Sie die Löschung unpassender oder rein werblicher Inhalte an und ziehen Sie das auch konsequent durch.

○ Kluge Fragen sind ein wichtiges Stilmittel, um in die richtige Richtung zu gelangen. Wenn Sie also zur Content-Produktion aufrufen, sollten Sie konkrete Fragen stellen, anhand derer der User seinen Beitrag strukturieren kann.

○ Lassen Sie den abgegebenen Content von anderen Usern durch ein Sternesystem bewerten. Machen Sie Verlosungen unter dem am besten bewerteten Input. Listen Sie die top bewerteten Beiträge in einem Ranking und prämieren Sie diese. Oder verteilen Sie Statuspunkte und Badges. Für Ruhm und Ehre tun manche sehr viel.

Sorgen Sie bei all dem auch für Spaß. Und für Sinn. Vielen Menschen sind Beiträge wichtig, die sie in eine Gemeinschaft einbinden, die anderen helfen und / oder die Welt ein bisschen besser machen. Stellen Sie solche Aspekte gebührend heraus.

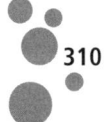

Warum Customer-Reviews zunehmend wertvoll sind

Ein wichtiges Ziel im Content-Marketing ist es, Conversions zu erzielen und hierdurch Umsätze zu generieren. Dies gelingt am direktesten mithilfe von Rezensionen, Kommentaren und Erfahrungsberichten, also den Reviews begeisterter Kunden. Warum? Weil in diesem Fall ein Anbieter nicht selbst über sich spricht, sondern Dritte etwas über ihn sagen. Unternehmen sollten also ganz gezielt so viele Erfahrungsberichte wie möglich von ihren Kunden gewinnen, diese auf den eigenen Internetpräsenzen präsentieren und in ihren Netzwerken streuen. Alle Untersuchungen zeigen, dass Dinge eher im Warenkorb landen, wenn sie von anderen Konsumenten gute Bewertungen erhalten haben.

Nach einer Nielsen-Studie aus dem Jahr 2015 vertrauen die Deutschen in erster Linie auf persönliche Empfehlungen, nämlich zu 78 Prozent. Den zweiten Platz belegen Konsumentenmeinungen im Web mit 62 Prozent. Auf Platz drei steht mit 61 Prozent das Vertrauen in Presseartikel. Die Inhalte von Websites liegen mit 50 Prozent erst auf Platz vier. Alle anderen Formen der Werbung liegen noch weiter darunter.[50] Hier die Zahlen im weltweiten Vergleich und je nach Altersgruppe:

Es vertrauen auf:	In Deutschland	In Europa	Weltweit	21–34 J. weltweit	35–49 J. weltweit	50–64 J. weltweit
persönliche Empfehlungen	78 %	78 %	83 %	85 %	83 %	80 %
Meinungen im Web	62 %	60 %	66 %	70 %	69 %	58 %
Presseartikel	61 %	52 %	66 %	68 %	66 %	60 %
Anbieter-Websites	50 %	54 %	70 %	75 %	70 %	59 %

Abb. 25: Vertrauenswürdige Werbeformen – eine Untersuchung der Nielsen Company

Eine Studie von Big Social Media, Bosch und Siemens Hausgeräte (BSH) und dem Lehrstuhl für Internationale BWL und E-Commerce der HTW Aalen aus dem Jahr 2014 hat ermittelt, wie stark Produktbewertungen das Kaufverhalten beeinflussen[51]:

O 72 Prozent der Befragten vertrauen den Bewertungen der Onlinecommunity.
O 75 Prozent informieren sich online, bevor sie ein Produkt im Laden kaufen.
O Produkte mit einem positiven Rating verkaufen sich doppelt so gut wie Produkte ohne Rating.
O Positive Bewertungen führen zu einem durchschnittlichen Umsatzanstieg von 30 Prozent.
O Ein Produkt mit mehr als 50 Bewertungen wird um 63 Prozent häufiger verkauft.
O Produkte mit 4,5 Sternen verkaufen sich dreimal besser als solche, die ausschließlich 5-Sterne-Bewertungen haben.

Der Grund für den letzten Punkt: Knapp ein Drittel der potenziellen Käufer geht davon aus, dass es sich um gefälschte Bewertungen handeln muss, wenn kein einziger Kunde etwas auszusetzen hat. Gut zwei Drittel der Befragten vertrauen auf Bewertungen deshalb eher, wenn es neben den positiven auch ein paar negative Äußerungen gibt. Außerdem raten die Studienautoren dringend dazu, auf Bewertungen zeitnah zu reagieren. Die Kaufwahrscheinlichkeit erhöht sich hierdurch um bis zu 186 Prozent.

Wer seine Kunden gezielt um Erfahrungsberichte bittet, profitiert auf fünffache Weise:

O Das Wohlwollen der Kunden steigt, denn Menschen werden gerne nach ihrer Meinung gefragt. Hierdurch entsteht auch Verbundenheit.
O Man erhält Meinungen unmittelbar. So lassen sich Mängel schnell aufdecken – und dann schnell abstellen. Kritiker können so zum Retter werden.

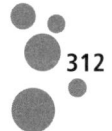

O Der Umsatz steigt. Produkte, zu denen es gute Bewertungen gibt, werden deutlich öfter gekauft. Produkte ohne Bewertungen werden gar nicht gekauft.

O Kunden werden zu Testern und entwickeln dabei oft kostenlos neue gute Ideen. Kluge Firmen machen sich dies schon lange zunutze.

O Und schließlich: Das im Netz geäußerte Lob kann als O-Ton in Ihrer Werbung und auf Ihrer Webseite eingesetzt werden. Der Kunde wird Advokat und Kaufauslöser.

Mithilfe spezialisierter Dienstleister haben pfiffige Anbieter längst damit begonnen, aussagekräftige Unterhaltungen über ihre Produkte, die sich im Social Web finden lassen, systematisch auf die eigene Website zu ziehen und in Galerien abzubilden. Passende Statements können auch direkt in die Onlineshops eingebunden und dem entsprechenden Produkt beigestellt werden.

»Die Conversion-Rate bei Produkten mit Reviews ist höher, weil Konsumenten über die Reviews Informationen erhalten sowie das gute Gefühl, einen sicheren Kauf zu tätigen«, bestätigt Patricia Delhomme, E-Marketing-Manager bei Castorama, einer französischen Baumarktkette. So war zum Beispiel von Januar 2011 bis Januar 2012 die Konversionsrate von Review-Lesern um 233 Prozent höher als bei denjenigen, die keine Rezensionen angesehen hatten. Castorama bietet verschiedene Anreize an, um Kunden zum Erstellen von Reviews zu motivieren. Und wenn ein Kunde ein Produkt auf der Castorama-Facebook-Seite bespricht, erscheint dies automatisch auch auf der E-Commerce-Seite der Kette.[52]

Die Gefahr gefälschter Bewertungen steigt

Oberste Regel: keine selbst verfassten und keine gekauften Bewertungen!

Dass bei Bewertungen ausschließlich echte Erfahrungsberichte zum Zug kommen sollen, versteht sich von selbst. Stellen Sie also niemals selbst verfasste Lobeshymnen über Ihre Angebote ein – und auch keine gekauften. Entwickeln Sie lieber Mechanismen, die belegen, dass ein bewertetes Produkt tatsächlich gekauft worden ist. Amazon spricht zum Beispiel von einem verifizierten Kauf. Bei einem Autohersteller mussten zum Beweis die Fahrgestellnummern angegeben werden. Bieten Sie auch kein Geld für Reviews an, dies lädt zu Mauscheleien geradezu ein. Selbst Gewinnspielen stehe ich in diesem Fall kritisch gegenüber, denn viele Konsumenten glauben, dass man nur mit guten Bewertungen in den Verlosungstopf kommt.

Leider hat sich in letzter Zeit eine florierende Branche entwickelt, mit deren Hilfe man Fans, Sterne und Bewertungen kaufen kann. Vieles passiert in voller Absicht, manches auch aus Not. Da ist der Produktmanager, dem unrealistische Vorgaben im Nacken sitzen. Oder der Chef, der mit hohen Fanzahlen protzen will. Oder das Hotel, dem ein Mitbewerber mit erfundenen Negativerfahrungen die Bewertungsstatistik versaut. Doch getürkte Bewertungen fliegen früher oder später meist auf – und der Traum wird zum Albtraum. Denn spezialisierten Anbietern und guten Bewertungsplattformen gelingt es inzwischen, diese mithilfe von Algorithmen und zusätzlicher Handarbeit aufzuspüren. So werden beim Verbraucherportal Yelp Bewertungen, die offensichtlich gefälscht oder bezahlt worden sind, per »Consumer Alert« öffentlich gemacht. Andere Portale gehen gegen Organisationen, für die gefälschte Bewertungen ein Geschäftsmodell sind, und gegen Schreiberlinge, die gefälschte Bewertungen ins Netz gestellt haben, juristisch vor.

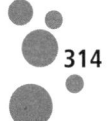

Statt ihre Energien auf Manipulationen zu verschwenden, sollten Unternehmen besser alles tun, um sich empfehlenswert zu machen. Denn wachsamen Konsumenten fallen Fakes sowieso auf, weil deren Aussagen irgendwie »anders« klingen. Oder weil Erfahrungen nicht konkret beschrieben werden. Oder weil Texte wortwörtlich mit Werbeprospekten übereinstimmen. Zudem ist in den Medien regelmäßig von Betrugsfällen zu lesen. Dabei werden Ross und Reiter genüsslich genannt. Und schon längst spricht sich herum, dass es Betreiber gibt, die ihre Produkte massenweise verschenken, um an Gefälligkeitsbewertungen zu gelangen. Doch mit Jubelmeldungen, die nur aus einem mageren Halbsatz bestehen (»Schmeckt lecker«), ist Interessenten wenig geholfen.

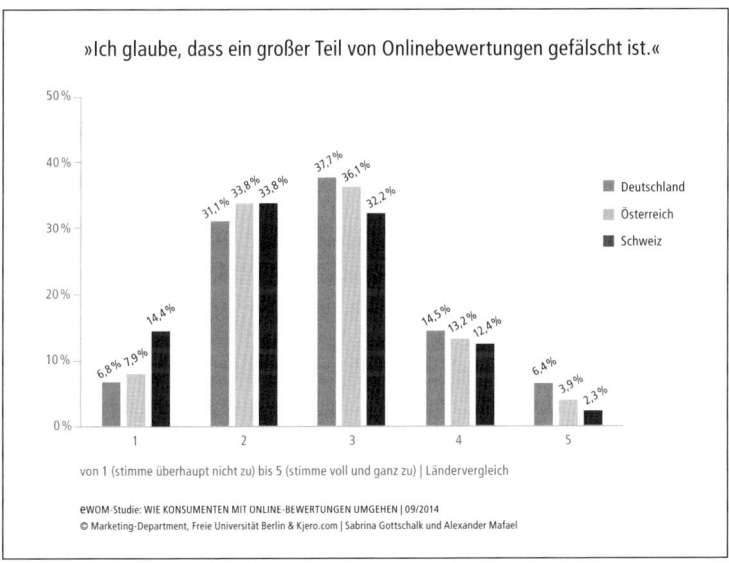

Abb. 26: Über das Vertrauen in Onlinebewertungen

»Wenn sich Bewertungen immer mehr in Richtung Gefälligkeit drehen, werden sie für Konsumenten irgendwann irrelevant und die Nutzer werden sich noch stärker an den Offline-Empfehlungen ihrer Freunde beim Kauf orientieren«, pflichtet mir der Mund-propaganda-Experte Mark Leinemann, der sich selbst Mr. WOM nennt, vehement bei. Außerdem sind ja ein paar negative neben vielen positiven Stimmen durchaus gut. Überlegen Sie selbst: Sie planen eine Reise und haben am Zielort zwei interessante Hotels gefunden. Das eine hat neun positive Bewertungen und eine schlechte. Über das andere liegen keine Erfahrungsberichte vor. Welches würden Sie buchen?« Viele Konsumenten suchen nach negativen Bewertungen nicht, um einen Kauf zu vermeiden, sondern um sich vor der Kaufentscheidung abzusichern und vorhandene positive Bewertungen besser einzuordnen«, ergänzt Leinemann. Als Faustregel gilt: Zehn Prozent ablehnende Aussagen sind tolerabel und fallen meist nicht ins Gewicht.

Ungeachtet dessen wird sich die Flut gekaufter positiver Bewertungen kaum stoppen lassen. So besteht durch das Treiben der schwarzen Schafe konkret die Gefahr, dass das an sich überaus wertvolle System von Ratings & Reviews in Verruf gerät und damit den Bach runtergeht. Seriöse Plattformbetreiber haben also die große Aufgabe vor sich, hier stärkere Sicherheitsmechanismen einzubauen. Am wirkungsvollsten allerdings wäre ein Google-Update, das gefälschte Bewertungen systematisch abstraft.

Warum auch negativer Content wertvoll sein kann

Onlinebewertungen sind kostenlose Unternehmensberatung. Entweder bekommt man eine Bestätigung, auf dem richtigen Weg zu sein. Oder es gibt einen wertvollen Lerngewinn: eine Gelegenheit, Schwachstellen aufzudecken, Fehler abzustellen, Verbesserungsprozesse einzuleiten, Innovationen anzustoßen, einen zaudernden Kunden zurückzuholen, negative Mundpropaganda zu vermeiden, Kundenverlusten vorzubeugen und seinen guten Ruf zu retten. Denn was *einen* Kunden ärgert, das stört womöglich andere auch. So betrachten Profis kritische Hinweise im Web als Chance, sich zu verbessern. Nur für schlechte Anbieter sind sie ein Ärgernis.

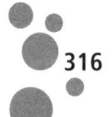

Als bei Castorama das Duschset Equinox von vielen Kunden kritisiert wurde, hat der zuständige Manager mit dem Hersteller an einer neuen Version des Produkts gearbeitet. Dieses wurde dann kostenlos an Kunden geschickt, die sich beschwert hatten. Die meisten von ihnen antworteten auf diesen Service mit einer positiven Bewertung des neuen Produkts – was wiederum signifikante Auswirkungen auf die Verkaufszahlen hatte.[53]

Das Modeunternehmen Ulla Popken fand im Web Hinweise über Probleme mit einem Knopf bei einem bestimmten Hosenmodell. Nachdem ein neuer Knopf eingenäht wurde, hat es nur noch positive Kommentare gegeben. Als ein Produkt des Konfitürenherstellers Darbo im Web negativ bewertet wurde, passte Darbo es entsprechend den Vorschlägen der Nutzer an und hatte damit dann Erfolg: Das durch die Konsumenten verbesserte Produkt bekam die Auszeichnung »Bestes Produkt des Jahres« von cash.at.

So haben also auch negative Bewertungen am Ende ihr Gutes. Deshalb gilt zumindest für die Betreiber von Onlineshops: Installieren Sie dort ein Bewertungssystem. Abgesehen vom Lerngewinn bei negativen und vom Umsatzzuwachs bei positiven Stimmen tun Sie damit noch was für Ihr Suchmaschinen-Ranking. Suchmaschinen belohnen nämlich genau das, was User-generated Content bietet: Aktualität und Einzigartigkeit. Jeder neue Erfahrungsbericht sorgt dafür, dass Ihre Seite in deren Index aktualisiert wird.

Machen Sie es den Kunden zudem so einfach wie möglich, jedes Produkt zu bewerten. Platzieren Sie ein Sternesystem und den Link zu einem Textfeld direkt beim Produkt. Geben Sie dem Kunden Tipps für das Schreiben einer qualifizierten Bewertung. Und erinnern Sie ihn daran, eine Bewertung abzugeben. Dies erfolgt am besten automatisiert nach etwa

> **Machen Sie es den Kunden so einfach wie möglich, jedes Produkt zu bewerten.**

zwei Wochen, denn dann hat der Kunde erste Erfahrungen mit der bestellten Ware gemacht. Ein kleiner Tipp: Wenn Sie Ihre User einladen, ihre Meinung abzugeben, dann schreiben Sie auf den entsprechenden Button »Jetzt Empfehlung abgeben« statt »Jetzt Bewertung abgeben«. Ersteres klingt positiver und dürfte dann auch positivere Ergebnisse bringen. Zudem empfiehlt es sich, auf eine telefonische Hotline hinzuweisen, damit frustrierte Kunden ihren Ärger dort loswerden, statt ihn im Rahmen einer Bewertung öffentlich zu machen.

Und ganz unabhängig von einem Onlineshop hier ein weiterer Tipp: Negative Erfahrungsberichte lassen sich verhindern und positive gewinnen, indem man folgenden Hinweis platziert: »Lieber Kunde, wir wollen, dass Sie glücklich sind. Wenn wir Sie also in irgendeiner Weise enttäuscht haben sollten, dann sagen Sie es bitte gleich uns. Wir kümmern uns drum. Und wenn Sie begeistert waren, dann sagen Sie das bitte den Bewertungsportalen.«

Auch um den User-generated Content kann sich ein Content-Manager kümmern. Gerade die zuströmenden Digital Natives erwarten, dass die Unternehmen im Web professionell agieren. Kreativität, Kommunikationstalent, Fingerspitzengefühl und auch Schnelligkeit sind dabei gefragt. Denn das Tempo im Internet ist sehr hoch. Guter wie auch schlechter Content verbreiten sich dort wie ein Lauffeuer. Und man weiß nie so genau, wie der Ball, den man abspielt, im digitalen Raum aufgenommen und weitergedribbelt wird. Diese Konstellation macht es praktisch unmöglich, Dienstwege einzuhalten, in langwierige Abstimmungsprozesse zu gehen und auf Entscheidungen von oben zu warten. Deshalb braucht ein Content-Manager uneingeschränkten Sofortzugang zu allen internen Bereichen – und Freiraum zum Handeln.

Die Mitarbeiter als (inoffizielle) Content-Produzenten

»Im Kundendienst arbeiten bei uns nur die Nieten.« »Der letzte Hackerangriff hat einen Großteil unserer Daten vernichtet.« »Die oben haben sowieso nur ihre Tantiemen im Sinn.« »Wenn das so weitergeht, stehen wir kurz vor der Pleite.« Im Großraumwagen der Bahn hat jeder Firmenangehörige eine öffentliche Stimme. Und nicht nur dort. Wer dies will, für den ist es so leicht wie niemals zuvor, ein breites Publikum anzusprechen. Hierzu kann er auf digitale Kommunikationsmittel von unglaublicher Reichweite zurückgreifen, wodurch sich positives wie auch negatives Gerede explosionsartig verbreitet. Und je mehr Digital Natives den Unternehmen zuströmen, desto stärker ist der Effekt. Dies ist Fluch und Segen zugleich.

Früher gab es in den meisten Firmen eine One-Voice-Policy. Dabei oblag es dem Unternehmenssprecher, über Interna Auskunft zu geben. Und emsige Presseabteilungen wachten akribisch darüber, dass jedes einzelne Wort abgestimmt war. Heute kann jeder Mitarbeiter zum »Pressesprecher« mutieren, wenn er im Web über das Innenleben seines Arbeitgebers berichtet. Ein Externer kann nun so ziemlich alles erfahren, was hinter den Mauern eines Firmengebäudes tatsächlich passiert. Dazu studiert er ganz einfach die Kommentare auf Arbeitgeber-Bewertungsportalen. Oder er folgt den Spuren derjenigen, die sich zum Beispiel auf wiwitreff.de fragend an die Onlinegemeinde wenden: »Wie gehen die Führungskräfte bei euch mit den Leuten um?« Oder: »Welche Erfahrungen habt ihr bei der Einarbeitung gemacht?« Höchstwahrscheinlich wird sich ein Interner oder Ehemaliger finden, der die passenden Antworten gibt. Und die Unternehmen haben keinerlei Kontrolle darüber, was die Beschäftigten dem Cyberspace alles anvertrauen.

Deshalb muss das vorhin beschriebene Web-Monitoring unbedingt auch auf den mitarbeitergenerierten Content (Employee-generated

Content) ausgeweitet werden. Das Mitverfolgen ihrer Gespräche im Social Web, in Diskussionsforen und auf Meinungsplattformen zeigt der Führung, welche Informationen hinter vorgehaltener Hand kursieren, was von besonderem Interesse ist, wo es Glanzpunkte gibt und um welche Schwachstellen man sich ganz schnell kümmern sollte. Selbst YouTube ist voll von Clips, die frustrierte Mitarbeiter heimlich im Büro gedreht oder nachgestellt haben, um Missstände und Fehlverhalten offenzulegen.

Dehnen Sie das Web-Monitoring auch auf den mitarbeitergenerierten Content aus.

Im Positiven kann jeder Beschäftigte zu einem Botschafter und Meinungsmacher für die unternehmerische Sache werden. Als »Corporate Evangelist« kann er die Arbeitgebermarke stärken, wo es nur geht. Und dies mit einer Glaubwürdigkeit, die jede offizielle Verlautbarung übersteigt. Mitarbeiter, die das bereits von sich aus tun, lassen sich durch eine Webrecherche identifizieren. Sie werden viel eher bereit sein, das Content-Marketing zu unterstützen, als solche Mitarbeiter, die man dazu verdonnert.

Wie man Mitarbeiter im Content-Marketing aktiv involviert

Auf modernen Webseiten reden nicht nur die Unternehmen und die Kunden, die eigenen Mitarbeiter reden ebenfalls mit. Sie können Fachartikel, Anwendergeschichten und Blogbeiträge verfassen oder bei Fragen Rede und Antwort stehen. Auf der Homepage geht es gleich los: Die Mitarbeiter erzählen selbst, wie sie mit spezifischen Wünschen der Kunden umgehen. Neuen Bewerbern erklärt nicht die Personalabteilung, sondern ein Mitarbeiter an seinem jeweiligen Arbeitsplatz, was es mit der ausgeschriebenen Stelle auf sich hat. Kein Website-Texter, sondern eine Fachkraft aus dem Versand erläutert den Verpackungsprozess und die lückenlose Lie-

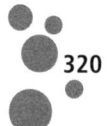

ferkette. Nicht durch die Presseabteilung, sondern über einen eingebundenen Azubi-Blog wird Interessantes aus dem Betriebsalltag nach draußen getragen.

Hat jemand in sozialen Netzwerken Fragen zur Funktion einer Maschine, kann einer aus dem Konstruktionsteam im Kommentarfeld die passende Auskunft geben. Geht es um den Fertigungsprozess, erläutert ein Arbeiter direkt vom Montageband aus per Video die einzelnen Schritte. Ein anderer erklärt, wie der Einsatz der Industrieroboter ganz genau funktioniert. Und will jemand etwas über die chemische Zusammensetzung eines Produktes erfahren, dann kommt die Laborantin zu Wort. Keine Sorge dabei! Die Fähigkeit, sich in einer netzwerküblichen Sprache zu äußern, bringen die Jüngeren schon von Haus aus mit. Und den anderen, die mitmachen wollen, bringt der Content-Manager die notwendigen Kenntnisse bei. Auch ein kleines A–Z-Manual mit Tipps für gutes Texten oder ein entsprechendes Erklärvideo können sehr hilfreich sein.

Das direkte Einbinden der Mitarbeiter hat sehr viele Vorteile. Es führt sie zu einem Plus an Wertschätzung, an Motivation, an Engagement, an Leidenschaft und Loyalität – auch bei den Kollegen, die selbst nicht aktiv sind. Wer »offiziell« für seine Firma sprechen darf, wird sie nicht hinterrücks sabotieren. Sicht- und hörbare Mitarbeiter geben dem Unternehmen Persönlichkeit. Und Frische. Und Authentizität. In jeder Organisation gibt es zudem Originale, die uns zum Schmunzeln und zum Staunen bringen. Sie sagen mehr über den Spirit eines Anbieters als jede Werbebroschüre. Sie lassen ein Unternehmen offener, freundlicher, menschlicher, vertrauensvoller und glaubwürdiger erscheinen. Dies stärkt nicht nur die Reputation in der Öffentlichkeit und bei potenziellen Kunden, sondern auch den Wert einer Arbeitgebermarke (Employer Brand). Die ganze Welt kann nun erkennen: Ein anonymes Unternehmenskonstrukt mit seinen sterilen Verlautbarungen hat sich in ein lebendiges Gebilde waschechter Menschen verwandelt, mit denen man klasse reden kann. Und das ist auch gut so. Denn Menschen kaufen von Menschen – und nicht von Unternehmen.

Wie man sich vor unliebsamem Mitarbeitergerede schützt

Unternehmen haben ein berechtigtes Interesse daran, dass ihre Mitarbeiter sich in der Öffentlichkeit und insbesondere auch im Web korrekt verhalten. Social-Media-Guidelines sind daher unerlässlich. Sie werden meist im Zuge einer Social-Media-Policy erstellt. Guidelines sind Verhaltensregeln, Leitplanken sozusagen, die Hinweise darauf geben, wie sich Mitarbeiter und Manager in ihrer Eigenschaft als Unternehmensrepräsentanten im Web bewegen sollen.

Wie solche Richtlinien zustande kommen – wenn es sie überhaupt gibt? Meistens top-down. Irgendwo wird weltfremd und praxisfern was ausgeheckt oder abgekupfert und dann den Mitarbeitern als fertiges Ergebnis rübergemailt. So ist ein Scheitern vorprogrammiert. Denn Social-Media-Guidelines sollten so individuell sein wie das Unternehmen selbst. Wie man es also besser macht? Am besten lässt man sie von den Mitarbeitern gemeinsam entwickeln. Keine Sorge: Die Leute kommen zu Ergebnissen, die definitiv im Firmeninteresse sind. Aber das Ganze wird viel kreativer umgesetzt. Und die Akzeptanz im Kreis der Kollegen ist am Ende auch größer.

Weniger ist mehr, das gilt auch für Social-Media-Guidelines. Jede Eventualität abzudecken, ist einfach unmöglich. Die simpelste Regel, die ich kenne, sagt eigentlich alles. Sie heißt: »Don't be stupid!« Und ein gängiger Dreisatz geht so: »Interne Kritik ist erlaubt, bleibt aber intern. Geheimnisse bleiben geheim. Und private Meinungen bleiben privat.« Ist Geheimnisverrat zu befürchten, gilt dies: »Über alles, was wir extern veröffentlicht haben, kann auch in den sozialen Medien gesprochen werden.« Eine weitere nützliche Regel: »Konflikte werden *nicht* im Netz gelöst.«

Immer ganz wichtig: Social-Media-Guidelines sollen sich nicht nur mit Verboten und den negativen Auswirkungen von Äußerungen im Web befassen. Das meiste, was dem digitalen Raum anvertraut

wird, ist ja im Gegensatz zur landläufigen Meinung positiv. Warum das so ist? Das Web hat – fast wie ein realer Dorfplatz – viel mit »Sehen und Gesehenwerden« zu tun. Da will man sich von seiner besten Seite zeigen. Und bei Menschen, die man kaum oder gar nicht kennt, will man, wie im wahren Leben auch, einen guten Eindruck machen. Wer möchte draußen schon gern als Miesepeter und ewiger Nörgler gelten?

Na ja, für manche ist das Web ein öffentlicher Beichtstuhl geworden. Besser wäre es allemal, sich von seiner Schokoladenseite zu zeigen. Wenn das Positive überwiegt, dann sollte man sich dies auch auf der Mitarbeiterseite zunutze machen. Wenn Sie also wollen, dass Ihre Mitarbeiter als Botschafter agieren, dann schreiben Sie ganz konkret: »Das Unternehmen begrüßt es ausdrücklich, wenn Sie sich im Social Web als Markenbotschafter engagieren.« Wichtig ist dabei, dass der Mitarbeiter kenntlich macht, wann er im Namen der Firma und wann er im eigenen Namen agiert.

Ihre Kommunikation: Gewinner- oder Verlierersprache?

Haben Sie auch solche Horrorkunden, die sich unmöglich benehmen und allen das Leben zur Hölle machen? Haben Sie nichts als Pfeifen im Vertrieb und Tag für Tag Zickenkrieg im Großraumbüro? Welche »lustigen« Sprüche über ätzende Kunden und Basta-Bosse hängen bei Ihnen an den Pinnwänden rum? Manche Kundendienste reden nur noch von Psychos. Bei Behörden heißen wir Antragsteller. Im Krankenhaus operiert man »Leber« und »Nieren«. Für die Bahn sind wir ein »Beförderungsfall«, für Energieversorger ein »Zählpunkt« und für Versicherungen ein »Langlebensrisiko«. Bei Airlines heißen wir PAXE. In Hotels und Restaurants ist man als Gast eine Nummer. »An Tisch 13 ein Schweinebraten und zwei Wiener Schnitzel«, heißt es dort. »Wer ist das Schwein?«, fragt der Ober, wenn er das Essen bringt. Und dann meldet sich auch noch einer. »Urnenöffnung« sagen Servicekräfte im Ausflugslokal, wenn ein Bus mit älteren Herrschaften kommt. Bei einem Baumaschinen-Hersteller nennt man die Mitarbeiter des Technischen Hilfswerks THW »tausend hilflose Wichtel«.

Ich habe in einem Unternehmen gearbeitet, da wurden unliebsame Mitarbeiter »zum Abschuss freigegeben«. Bei einem Caterer nannten die Führungskräfte ihre Aushilfen »Söldner« – und wunderten sich über deren Mangel an Engagement. Ein Abteilungsleiter erzählte mir, dass sein Chef die versammelten Führungskräfte im Meeting schon mal gern als »augenlose Würmer« bezeichnet. In einem Unternehmen nannte man die Säule, an der Fotos von Führungskräften hingen, die Leitbildsprüche von sich gaben, Lügenbaum. Niederlassungen nennen ihre Zentrale Todesstern. In vielen Firmen heißen die Beschäftigten immer noch »Untergebene«. Doch wer will heute noch freiwillig »unten« und »ergeben« sein? Wer seine Mitarbeiter Leistungsträger nennt, entmenschlicht sie. Bei der Gelegenheit gehört das Unwort »Vorgesetzter« auch endlich weg. Und der menschenverachtende Begriff »Humankapital« obendrein. Zudem unterstütze ich den Vorschlag, die Abteilung Human Resources in Human Relations umzubenennen. Denn Mitarbeiter sind keine Mittel zum Zweck, sondern Menschen, mit denen man Beziehungen aufnimmt, entwickelt und pflegt.

Bei Ihnen geht es auch eher hemdsärmelig zu? Da sind die Sitten rau, die Späße derb? Dann betreiben Sie dringend Sprachhygiene! Denn wie die Menschen drinnen im Unternehmen miteinander umgehen, genauso werden sie es draußen mit den Kunden tun. Ein kommunikationsfreundliches Klima zu schaffen heißt auch, mit Sprache achtsam umzugehen. Ob es den Mitarbeitern überhaupt möglich ist, das Positive in einer Kundenbeziehung zu sehen, hat maßgeblich mit dem Sprachstil zu tun, der im Unternehmen gepflegt wird. Macht das Management immerzu den schwachen Markt, die Nachfrageverschiebungen, die Tücken der Konkurrenz oder die miese Performance anderer Abteilungen für Misserfolge

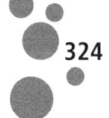

verantwortlich, so werden die Mitarbeiter schnell das Gleiche tun. Und hört der Mitarbeiter ständig Negativgeschichten über »schwierige« Kunden, Nörgler und Querulanten, dann wird dies seine eigene Einstellung färben. So entwickelt sich schließlich ein »Feindbild Kunde«. Als ich in einem Workshop die Teilnehmer mal Kunden malen ließ, kamen dabei monsterartige Gebilde heraus.

Ja, Sprache entlarvt Denke – und prägt Verhalten. Wer seine Kunden wie auch immer benennt, wird genau solche Kunden bekommen. Denn die eigene Haltung wird dies bewirken. Durchforsten Sie deshalb systematisch die Sprachqualität in Ihrer gesamten Organisation, vor allem auf den Gängen, in der Raucherecke und in der Kaffeeküche. Und entmüllen Sie alles, wovon einem übel wird. Ein Controller kontrolliert – doch Kontrolle fühlt sich per se nicht besonders angenehm an. Produktmanager kümmern sich um Produkte. Sachbearbeiter um Sachen. Im Vertrieb wird man vertrieben. An einer Rezeption wird man empfangen, an einer Anmeldung hingegen wie ein Bittsteller behandelt. »Sie dürfen diesen Antrag schon mal ausfüllen«, heißt es dann. Oder: »Sie dürfen dann schon mal Platz nehmen.« »Dürfen« ist in diesem Kontext ein erniedrigendes Wort. Und: Ein Kunde, der darf oder muss, kommt sicher nicht wieder.

Sprache entlarvt Denke – und prägt das Verhalten.

Schöne Worte sind wie Edelsteine

Wo Unkraut ist, können keine schönen Pflanzen wachsen. Genauso ist das bei verwilderten Worten. Nachdem Sie also drinnen im Unternehmen kräftig gejätet haben, ist die Außenkommunikation an der Reihe. Arbeiten Sie gemeinsam mit Ihren Leuten an folgenden Punkten:

○ Wo stecken negative oder für den Kunden unverständliche Worte in unserer mündlichen Kommunikation, also am Telefon und vor Ort? Und wie können wir diese in eine positive, verständliche und kundenfreundliche Sprache verwandeln?

○ Wo stecken negative oder für den Kunden unverständliche Worte in unserer schriftlichen Kommunikation, also zum Beispiel in Briefen, E-Mails, Angeboten, Produktbeilagen und Werbetexten? Und wie können wir diese in eine positive, einfache, verständliche und kundenfreundliche Sprache verwandeln?

Viele Texte, die die Unternehmen ihren Kunden zumuten, tun den Augen richtig weh. Sie strapazieren unsere Geduld. Oder sie sind völlig verworren. Denken wir nur mal an die üblichen Verdächtigen, die schon ewig am Pranger stehen: Gebrauchsanweisungen, Beipackzettel, Kleingedrucktes auf Verpackungen, Formularterror, Erklärversuchsbriefe. Das muss alles verständlicher werden. Denn was wir nicht verstehen, das kaufen wir nicht. Weg auch mit dem üblichen Bürokratendeutsch. Das wirkt hölzern und steif. Wenn etwas hingegen locker und heiter klingt, dann geht uns nicht nur das Herz, sondern auch der Geldbeutel auf. Pflegen Sie also Gewinnersprache.

In dem Buch *Spielend verkaufen* des Schweizer Sales-Coaches Virgil Schmid habe ich dazu zwei sehr schöne Beispiele gefunden. Der Hersteller Freitag, der Umhängetaschen aus alten Lkw-Planen produziert, schreibt nach einer Bestellung: »Wir werden alle Hebel in Bewegung setzen, dass schon in Kürze ein attraktiver Kurier an deiner Haustüre klingelt, um dir dein Stück FREITAG persönlich überreichen zu können. Wir werden jetzt noch bis in die späten Abendstunden deinen Einkauf bei uns feiern und mindestens 17 Mal auf dich und deine Wahl anstoßen …«

Eine defekte Kaffeemaschine, die in den »Ruhestand« geht, schreibt ihrem Besitzer: »Es fällt mir schwer, Ihnen diesen Brief

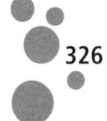

zu schreiben. Erstens, weil ich keine Hände habe, und zweitens, weil wir schon so lange erfolgreich zusammenarbeiten. Seit Jahren mache ich mit Liebe den Kaffee, den Sie und die anderen so gerne genießen. Heute ist jedoch der Tag gekommen, an dem ich gerne in Pension gehen möchte. Bitte verstehen Sie mich nicht falsch: Ich lebe für meinen Job, aber ich fühle einfach, dass meine Aufgaben hier beendet sind. Doch in jedem Ende steckt auch ein neuer Anfang. Darum habe ich bezüglich meiner Nachfolge einen besonders attraktiven Deal für Sie ausgehandelt …«

Auch im Web finden sich viele positive Beispiele für eine gelungene Kommunikation. Auf der Facebook-Seite der Bahn hatte sich eine junge Frau aus Brandenburg ihren Frust von der Seele geschrieben, und zwar in Form eines Abschiedsbriefs, und der ging so: »Meine liebste Deutsche Bahn, seit vielen Jahren führen wir nun eine abenteuerliche Beziehung. Wir haben Tiefen überstanden, in denen du sehr einengend und besitzergreifend warst und mich manchmal überraschend mehrere Stunden festgehalten hast, weil es dir nicht gut ging. Dass du mich jetzt bei klirrender Kälte fast 45 Minuten warten lässt, ohne Bescheid zu sagen, und dann gar nicht auftauchst, das geht nun wirklich zu weit. […] Ich brauche jemanden an meiner Seite, der zuverlässig ist, nicht nur mein Geld will und auch bereit ist, auf meine Bedürfnisse einzugehen. Und ich habe jemanden kennengelernt. Er nennt sich Opel und ist immer für mich da.« Daraufhin gibt die Bahn den reumütigen Verehrer. Bereits wenige Minuten später reagiert Maik, ein Mitarbeiter des dortigen Facebook-Teams: »Hallo, meine liebste Franzi Do, es tut mir so leid. Ich weiß, dass ich in der Vergangenheit viele Fehler gemacht habe und nicht immer pünktlich bei unseren Treffen war. Dafür möchte ich mich in aller Form bei dir entschuldigen. […] Vielleicht gibst du mir aber noch einmal die Möglichkeit, dir zu zeigen, wie viel du mir bedeutest.« Auch Opel schaltete sich in die Konversation ein. Tausende Likes sowie Hunderte von Kommentaren folgten. Und die Deutsche Bahn hat damit sicher einige Pluspunkte gesammelt.

Die Wahl der richtigen Worte kann selbst in der Buchhaltung kleine Wunder vollbringen. Die erste Mahnung klingt im Hotel Schindlerhof zum Beispiel so: »Psst! Bisher weiß es noch keiner außer mir. Ich habe in meiner Datenbank einen Vermerk entdeckt, dass Sie noch eine offene Rechnung haben. Sollte ich innerhalb von zehn Tagen keinen Zahlungseingang verbuchen, bin ich leider verpflichtet, Sie an unsere Buchhalterin zu verpetzen. Und das möchten Sie doch sicher vermeiden. Ihr Buchhaltungscomputer aus dem Schindlerhof.«

Jedes Wort hat eine emotionale Qualität – nutzen Sie sie.

Jedes Wort hat eine emotionale Qualität, und das sollten wir uns in der Kommunikation auch zunutze machen. Buchstaben- und Zahlensalat hingegen ist nicht in der Lage, Emotionen zu schüren. In deutscher Ingenieurstradition heißen Kaffeemaschinen von Siemens zum Beispiel so: EQ.5, EQ.6; EQ.7, EQ.8 und EQ.9. Das klingt eher nach Motor als nach Kaffee. Bei Saeco hingegen heißt ein Vollautomat Granbaristo Avanti, und bei De'Longhi nennt man ihn Primadonna. Da geht doch gleich das Kopfkino ab.

Ein Beispiel dafür, wie edel gut gewählte Worte sind und was sie bewirken, zeigt sich auch in einem Video des britischen Content-Spezialisten Purplefeather. Ein Bettler sitzt an der Straße, neben sich ein Schild: Ich bin blind, bitte helfen Sie. Man wirft ihm nur wenige Münzen zu. Dann kommt eine junge Frau vorbei, dreht das Schild um und schreibt etwas darauf. Die Blechdose ist schon bald übervoll. Als die Frau später am Tag noch mal bei dem Blinden stehen bleibt, fragt er sie: »Was haben Sie mit meinem Schild gemacht?« Sie antwortet ihm: »Ich habe das Gleiche geschrieben, nur in anderen Worten.« Die Kamera schwenkt zum Schild herüber, und auf diesem steht: Es ist so ein schöner Tag und ich kann es nicht sehen.[54]

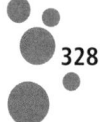

Ja, der wahre Profi wickelt seine Botschaften in Sprachbilder, gut gewählte Beispiele, bunte Anekdoten und kluge Metaphern ein, weil diese unser Hirn erfreuen. Deshalb nenne ich Verlierervokabular auch die Sprache des Hais. Und Gewinnersprache ist die des Delfins. Erstere ist uninspiriert und zerstörerisch, die zweite intelligent, fruchtbar und kreativ. Wenn auch nicht alles stimmt, was man über den Hai so fabuliert, es ist die Wirkung, die zählt. Ich bin schon mit Haien und mit Delfinen getaucht, und ich kann jedem versichern: Bei den Delfinen war es deutlich angenehmer.

So geht permanentes Sprachstil-Coaching

Worte sind wie Pfeile: Erst einmal abgeschossen, kann man sie nicht mehr zurückholen. Sie treffen voll ins Schwarze, manchmal aber auch grob daneben. Und sie können verletzend sein wie ein Schlag ins Gesicht. Die Reaktion unserer Mitmenschen ist dann nicht selten: Selbstverteidigung, Gegenangriff, Rückzug oder Distanz.

Verbotsschilder haben oft eine ähnliche Wirkung. Manchmal braucht es aber nur ein paar Nuancen, um den Eindruck komplett umzudrehen. Was finden Sie eleganter? »Machen Sie Ihre Handys während der Veranstaltung aus.« Oder: »Bitte schalten Sie Ihre Handys erst nach der Veranstaltung wieder ein.« Die Steigerung von »Parken verboten« las ich kürzlich in einem Touristenort: »Bei Nichteinhaltung erfolgt Besitzstandsklage.« Gastfreundschaft sollte anders klingen. Das schnöde »Rasen betreten verboten« kann man auch so formulieren: »Pssst, hier schlafen Blumenzwiebeln. Bitte nicht auf uns treten.« Statt einen dringenden Servicebesuch anzumahnen, stand im Brief einer Werkstatt: »Ihr Auto hat gefragt, wann es wieder zu uns darf.« So lässt sich mit Worten ein Schmunzeln erschreiben. Und manchmal sogar ein umsatzfreudiges Staunen.

»Die Sprache ist die Kleidung der Gedanken«, sagt der englische Schriftsteller Samuel Johnson. Überprüfen und optimieren Sie

Ihren Sprachstil also beständig. Identifizieren Sie unbrauchbare Begriffe und überlegen Sie sich gemeinsam im Meeting bessere Varianten. Dies sollte allen ein Anliegen sein. Ersetzen Sie negative systematisch durch positive Begriffe. So heißen Boxen für Verbesserungsideen in etablierten Unternehmen oft »Kummerkasten«. Und »Betriebskantinen« gibt es auch noch vielerorts. Beides kann man konstruktiver sagen. Denn Pessimismus lähmt. Und Optimismus beflügelt. Unser Oberstübchen präferiert eben die angenehmen Dinge des Lebens.

Über Kommunikationsengel und Kommunikationsbengel

Jeder von uns kann Geschichten darüber erzählen, wie man ihm mit schlecht gewählten Worten die Laune verdarb. Ich selbst habe jedenfalls viele parat. Eine geht so: Ich will einen Taschenkalender kaufen. Und es ist schon Januar. Sagt der Verkäufer vorwurfsvoll: »Sie sind aber spät dran. Da ist sicher nichts Passendes mehr da.« Mit einem einzigen Griff hat er dann doch einen Kalender in genau der richtigen Größe gefunden. Anstatt sich nun für mich zu freuen, betont er noch einmal: »Ich habe nur noch den einen. Sie sind einfach zu spät dran.«

Es geht natürlich auch anders. Da ist die Geschichte von Johnny. Er ist Einpacker in einem amerikanischen Supermarkt. Und er hat das Downsyndrom. Als sich alle dort mit Begeisterungsideen für ihre Kunden beschäftigen, hat Johnny eine Idee: Er sucht nach schönen Sinnsprüchen im Internet, druckt diese aus und unterschreibt sie mit seinem Namen. Die Zettel legt er den Leuten, ohne ein Wort zu sagen, unten in die Einkaufstüte. Schon am zweiten Tag wurde die Schlange an Johnnys Kasse länger und länger. Und Menschen, die sonst nur selten kamen, kamen und kauften jetzt jeden Tag.

An deutschen Kassen geht es bei Weitem nicht so freundlich zu. Als ich bei mir um die Ecke mal besonders spät dran bin, sagt die

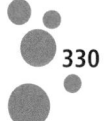

Kassiererin: »So, Sie sind meine letzte Schandtat für heute.« Ein andermal – ich habe über 100 Euro dagelassen – ermutige ich sie, ruhig mal zu Danke sagen. Und was bekomme ich zur Antwort: »Danke? Das steht bei uns auf dem Kassenzettel. Hier: Wir danken für Ihren Einkauf.«

Damit es nicht zu Patzern im Überfluss kommt, verordnen sich manche Firmen Mystery-Shopping. Dabei wird die Einhaltung von Servicestandards durch Fremdfirmen per Testkauf überwacht. Solches Vorgehen will allerdings gut überlegt sein, denn man sät Misstrauen und erntet Argwohn. »Wissen Sie, wir müssen hier freundlich sein, wir werden nämlich heimlich kontrolliert!«, sagte mir mal eine Verkäuferin. Jeder Kunde könnte ja ein Schnüffler sein, und so wird er dann auch behandelt: mit aufgesetzter Freundlichkeit und Angst in den Augen. In einem Fall machte man die Kunden gleich zum Aufpasser: »Zahlen Sie nur den auf dem Kassenbon ausgedruckten Betrag!«, stand da auf einem Zettel in großer Schrift. So, nun wissen es alle: Hier wird man von Dieben bedient!

Manchmal hocken Engel und Bengel in einer Firma. Auf dem Rückflug aus einem Weihnachtsurlaub, voll besetzter Flieger, wählt unser Purser mal nicht den langweiligen Standardtext, sondern sagt: »Ich begrüße Sie herzlich an Bord und freue mich, dass Sie so zahlreich erschienen sind.« Als er uns zum Landeanflug weckt, sagt er dies: »Schön, dass Sie alle noch bei uns sind.« Ich finde, das ist ein Lob wert, und will das der Firma schreiben. Auf deren Website gibt es alle möglichen Kontaktformulare, natürlich auch eins für Beschwerden. Für Lob aber keins (schade, daraus könnte man so viel machen). Ich schreibe also an die allgemeine Mailadresse. Keine Reaktion. Also fülle ich ein Reklamationsformular aus und schreibe, dass ich auf meine Mail keine Antwort erhalten habe. Wieder Funkstille. Als ich den Fall an meiner Facebook-Wall erörtere, meldet sich endlich der Marketingleiter: Jemand hätte das gelesen und den CEO informiert.

Andere Airline, diesmal geht es um meine Vielfliegerkarte. Sie ist nämlich irgendwie weg. Per Anruf geht gar nix. »Gehen Sie auf unsere Website und füllen Sie da das Serviceformular aus«, heißt es nur lapidar. Was will man machen, das tat ich dann auch. Nach mehr als vier Wochen (!) kriege ich von dort elektronische Post. Als ich auf die Mail antworten will, kommt folgende Autoreply-Reaktion: Auf diesem Weg können wir Ihre Anfrage leider nicht beantworten. Daher bitten wir Sie, unser Feedback-Formular unter … > Hilfe & Kontakt > Kontakt per E-Mail > E-Mail zu nutzen. Das ging dann dreimal so hin und her. Leute, mal ganz abgesehen von der Wartezeit und dem Rattenschwanz, der danach noch kam: Das ist Bürokratie aus dem letzten Jahrhundert.

Doch solche Vorkommnisse sind beileibe kein Einzelfall. Die Zeitschrift *Teletalk* ließ dazu unlängst eine Untersuchung machen und hat Post an verschiedene Dienstleister verschickt. Darin interessierten sich potenzielle Neukunden für ein spezifisches Angebot und formulierten deutliche Kaufsignale. Insgesamt sieben der 50 getesteten Unternehmen haben darauf innerhalb einer Woche reagiert. Weitere elf Anbieter antworteten in der Woche darauf. Zwei Wochen nach Testbeginn lagen somit erst 18 Antworten vor. In Zeiten, in denen uns Onlineversender innerhalb eines Tages beliefern – und manche bereits Same-Day-Delivery testen –, ist ein solches Ergebnis erschütternd. Bei einer Mail-Anfrage an die gleichen 50 Dienstleister kamen innerhalb von zwei Wochen 45 Antworten zurück. Die durchschnittliche Reaktionszeit lag bei 29 Stunden. Das ist auch nicht gut genug.

In einem zweiten Test ließ die *Teletalk* nach dem gleichen Muster Post an 50 Anbieter aus der Touristikindustrie (Reiseveranstalter, Reisebüros, Mietwagenanbieter, Hotels) versenden. 18 Unternehmen haben innerhalb von 14 Tagen geantwortet, weitere vier in der Woche danach. Bei den restlichen 28 kam nie etwas retour. Per Mail antworteten 43 der 50 Angeschriebenen innerhalb von zwei Wochen, sieben antworteten gar nicht. Wenn man nun noch weiß, wie in der Branche gejammert wird – mir fehlen die Worte.

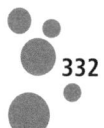

Es geht aber auch anders. In Zusammenhang mit der Recherche zu diesem Buch hatte ich eine Frage an Capgemini. Die habe ich über deren Onlineformular eingereicht. Kaum zwei Stunden später kommt schon die Antwort. »Wow, so schnell, und das an einem Samstag«, habe ich geschrieben. »Die Frage kam ja auch am Samstag«, schrieb mir Achim Schreiber, Head of Communications, postwendend zurück. Bingo! So geht Service in der Always-on-Economy.

Über gute und schlechte Servicekommunikation

Leider sind Kontaktvermeidungsstrategien in vielen Unternehmen sehr beliebt. Dort verfolgen Selfservice-Angebote im Web und Automatisierung im Schriftverkehr nur einen Zweck: Kosten sparen. Dabei ist gerade in gesättigten Märkten nichts wertvoller als der persönliche Kundenkontakt. Natürlich ist Selfservice (online buchen, Lieferstatus abfragen, Verträge kündigen usw.) klasse, aber nur dann, wenn dies dem Kunden das Leben erleichtert – und alles sicher und einfach ist. Wer nicht so erreichbar ist, wie der Kunde das will, ist schnell auf der Abschussliste. Alle zeitgemäßen Kommunikationswege müssen deshalb angeboten und auch beherrscht werden. Selbst das gute alte Fax (Jan, 16, fragt gerade Siri: »Was ist ein Fax?«) spielt im Businessbetrieb noch eine Rolle. Es zeigt seinen Nutzen vor allem auch dann, wenn die Post mal wieder streikt. Nur das Telex, ein System zur Übermittlung von Textnachrichten, kann wohl endgültig aussortiert werden, wohingegen das gute alte Telegramm bereits als Telegram Messenger wiedergeboren wurde.

Nicht Kontaktvermeidung, sondern unsinnige Mehrfachkontakte vermeiden heißt, richtig verstanden, das Ziel. Im Idealfall laufen alle Prozesse und Anwendungen derart rund, dass problembasierte Knackpunkte nurmehr die Ausnahme sind. Zum Beispiel: Die Menüführung für einen Bestellvorgang ist intuitiv unkompliziert. Oder: Das Produkt wird mit einer aus Kundensicht verständlichen Bedienungsanleitung geliefert. Usability ist das Schlagwort dafür.

Um sich solch lohnenswerten Zuständen zu nähern, können gerade die Mitarbeiter aus dem Servicebereich eine wertvolle Hilfe sein. Sie haben ja täglich mit den Anliegen hilfesuchender Kunden zu tun. Sie sind der Seismograf, der vor einem drohenden Erdbeben warnen kann, bevor es zu spät ist. »Was hatten unsere Kunden denn heute auf dem Herzen – und worum haben sie schon öfter gebeten?«, sollte eine regelmäßige Frage an das Callcenter sein. So können Missstände zügig aufgedeckt und schnellstmöglich abgestellt werden.

Doch wer hat schon daran Interesse? Die Entwicklung kann und will einfach nicht glauben, dass ihr neues Produkt eine einzige Katastrophe ist. Und es ist ihr egal, dass Mitarbeiter, die gerade mal Mindestlohn beziehen, dafür von verärgerten Kunden angeschrien werden. Der Vertrieb, dem die Quartalsziele im Nacken sitzen, zuckt nur mit den Schultern, wenn der Unmut über falsche Versprechen im Servicecenter aufschlägt. Den Letzten beißen eben die Hunde. Die IT ist sowieso überlastet, da will sie nicht auch noch von den Funktionsfehlern in einem läppischen Onlineformular wissen. Frühestens in drei Monaten ginge da was. Und der einzig verbliebene Mitarbeiter im Marketing, ein Praktikant, könnte das fehlerhafte Angebot auf der Website nicht einmal dann korrigieren, wenn er es wollte. Er weiß nämlich nicht, wie das geht. Und niemand hat Zeit, es ihm zu erklären.

Eine steigende Beschwerdezahl ist das Ergebnis. Längere Bearbeitungszeiten sind die Folge. Der Frust der Servicemitarbeiter steigt, die Stimmung sinkt. Die ersten Krankheitsausfälle. Noch mehr bleibt liegen. Der Groll der Kunden verlagert sich in die Social Media. Die Missstände werden öffentlich. Die Umsätze brechen ein. Ein Teufelskreis. Und dennoch in vielen Unternehmen der ganz normale Wahnsinn. Anstatt aber das Übel bei der Wurzel zu packen, wird jetzt an der Kostenschraube gedreht. Beim Vertrieb kann man nicht sparen, die sollen gefälligst ackern! Aber im Service, da ginge noch was. Die sind sowieso viel zu teuer. Und der Callcenter-Leiter kriegt's nicht auf die Reihe. Dessen Kennzahlen

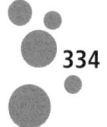

sollten sich nämlich verbessern – und jetzt sind sie schlechter! Halali, ein Sündenbock wurde gefunden. Sein Ursachenreport? Uninteressant! Ergebnis: Entlassen. Dessen Rechtsanwalt scharrt schon mit den Hufen.

Zudem werden oft Leute von außen angeheuert, um nach Schwachstellen zu suchen. Wenn die für teures Geld in die Unternehmen kommen, um Dinge zu verändern, dann starten sie in aller Regel mit ausgiebigen Mitarbeiterbefragungen. Das können Sie auch! Doch wie oft habe ich schon vor Managern gestanden, die glauben wollten, an den Rändern ihrer Organisation gäbe es kein intelligentes Leben. Das Gegenteil ist der Fall. Das wertvollste Wissen steckt genau dort. Allerdings geben die Mitarbeiter ihre Gedanken nur dann gerne preis, wenn sie dafür Wertschätzung erfahren. Ein Touchpoint-Großgruppenworkshop kann hier die Erleuchtung bringen.

> **Mitarbeiter geben ihre Gedanken nur preis, wenn sie dafür Wertschätzung erfahren.**

So soll es sein: Anliegen, die im Servicecenter landen, sollten gleich beim ersten Mal vollständig gelöst werden können. Fallabschließende Bearbeitung wird das genannt. Hin- und herfliegende Mails sind dazu wenig geeignet. Viel besser läuft es, wenn man miteinander redet. Dafür bieten sich der digitale Live-Chat oder die klassische Hotline an. Videoberatung und Co-Browsing kommen hinzu. Bei bereichsübergreifenden Themen sind Dreier-Chats wirkungsvoller als das sture Weiterverbinden nach Buchbinder-Wanninger-Art.[55] Wenn aber dann »einfache Servicethemen aus dem täglichen Kundenkontakt verschwinden und die Ausnahmen am Telefon zur Regel werden«, so Sales-Direktor Julius Appel von SNT Deutschland in der Fachzeitschrift *Intre*, »wird von den Kundenbetreuern eine deutlich höhere Problemlösungskompetenz erwartet«. Dies verlangt nach neuen Rahmenbedingungen, nach einer Vernetzung aller internen Bereiche und einem Spielfeld des Dürfens. Und es verlangt nach fachlich, inhaltlich *und* kommunikativ sehr gut ausgebildeten Mitarbeitern, die ihren Job wirklich lieben. Solche Mitarbeiter sind ein Genuss. Sie reden menschlich mit uns, statt einen computergeführten Standardgesprächsleitfaden runterzubeten. Sie schmeißen uns nicht nach vier Minuten aus der Leitung. Und sie helfen uns derart, dass es keinen zweiten Anlauf mehr braucht. Von solchem Vorgehen sind wir (endlich!) begeistert.

Wie Sie gute Gefühle bewirken

Damit bei den Kunden nicht das Gefühl aufkommt, dass es *immer nur* ums Verkaufen geht, bekommen sie von Zeit zu Zeit ein pures Dankeschön. Das klingt dann zum Beispiel so: »Lieber Kunde, heute ist unser Danke-Tag. Deshalb wollen wir Danke sagen dafür, dass Sie nun schon seit … unser Kunde sind. Unsere Freude darüber ist groß, und daher haben wir uns für Sie etwas einfallen lassen …«

Oder: Sie richten eine Gratulationsabteilung ein. Sie feiert »Hochzeitstag« mit den Kunden, wenn die Geschäftsbeziehung genau ein Jahr alt ist. Sie schickt dem Auto eine Geburtstagskarte und der neuen Küche einen Weihnachtsgruß. Oder sie verschickt ein »Wir sind traurig«-Taschentuch mit aufgestickter Träne, sollte ein Kunde das Unternehmen tatsächlich verlassen.

Vielleicht rufen Sie gleich heute Ihre drei wichtigsten Stammkunden an, bedanken sich für die angenehme Zusammenarbeit und sagen, dass Ihnen das sehr am Herzen liegt. Oder: Sie schreiben Ihren drei wichtigsten Lieferanten einen Brief. Darin sagen Sie, was so herausragend an deren Leistung ist und was dies für Ihren Geschäftserfolg wirklich bedeutet. Die Effekte einer solchen Anerkennungskultur können sehr überraschend sein. Und: Für ein Danke braucht es kein Budget.

Betreiben Sie statt ständigem Mehrverkauf, Upselling genannt, auch einmal Downselling. Sagen Sie einem Kunden ganz klar,

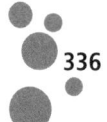

wenn er eine Sache *nicht* braucht. So hat der Outdoorausrüster Patagonia vor einiger Zeit Anzeigen geschaltet, auf denen stand: »Don't buy this jacket.« Die Produktion jeder Jacke koste Energie und belaste die Umwelt. Man solle sich also gut überlegen, ob man wirklich eine neue Jacke braucht. Dem Umsatz tat dies keinen Abbruch, weil die Kampagne eine starke positive öffentliche Resonanz erzeugte und sehr viele Sympathiepunkte einsammeln konnte.

Downselling kann auch ein für den Kunden unerwarteter Preisnachlass sein. Bei Malerdeck aus Karlsruhe geht das so: »Bei der Nachkalkulation eines Auftrags freut man sich natürlich sehr über ein hoffentlich gutes wirtschaftliches Ergebnis. Zwar biete ich immer einen Pauschalfestpreis an, und es gäbe deshalb überhaupt keinen Grund, den Festpreis nachträglich zu mindern. Nach erfolgter Ausführung kommt es aber manchmal vor, dass es besser lief, als ich kalkuliert habe. Obwohl vertraglich ein Festpreis vereinbart ist, gebe ich diesen Vorteil an den Kunden weiter. Welcher Handwerker macht das? Da fällt man ganz schön positiv auf! Jetzt passiert Folgendes (schon mehrfach erlebt): Der Kunde ist ausgesprochen positiv überrascht. Eine Handwerkerrechnung, die billiger wird? Das hat er noch nie erlebt. Sonst werden Handwerkerrechnungen doch immer teurer. Nicht so bei uns! Fazit: Ehrlich und fair sein lohnt sich auch in einem solchen Fall. Der Kunde dankt es mit zusätzlicher Mundpropaganda.« Hinweis: Der Nachlass erscheint nicht nur einfach so auf der Rechnung, er wird regelrecht zelebriert.

Auch Claims sind Kommunikation

Ein Claim, manchmal auch Slogan genannt, ist eine kurze, prägnante Zusammenfassung der zentralen Botschaft einer Marke. Er soll die Marke mit Emotionen aufladen, in Erinnerung bleiben, das Wiedererkennen erleichtern und Kauflust wecken. Er soll also gleichsam eine Losung sein. Manche Claims kommen geradezu wie ein Schlachtruf daher. Doch die meisten sind nichtssagend und austauschbar, sie könnten für alles und jeden stehen. Berüchtigt sind Parodien, die man auf englischsprachige Claims gerne macht. Doch auch deutsche Claims kommen nicht immer gut weg. Nehmen wir als Beispiel den der Deutschen Bank: Leistung aus Leidenschaft. Angesichts der nicht enden wollenden Skandale hat das *Handelsblatt* dies mal flott umformuliert: Leistung, die Leiden schafft. AuchYouTube-Parodien gibt es zuhauf. Das Ganze aussitzen? Oder wegwerfen? Geht beides nicht.

Jeder Claim ist immer auch ein Versprechen. Leider produzieren Werbeagenturen oft vollmundige Werbeaussagen und knackige Claims, ohne zu überlegen, wie sich diese im wahren Leben einlösen lassen. Die Interaktion an den einzelnen Touchpoints, wenn es also in den »Momenten der Wahrheit« zu einer »Berührung« zwischen Kunde und Marke kommt, findet ja in vielen Fällen über die Beschäftigten statt. Sie verkörpern die Marke und geben ihr Stimme und Gesicht.

Als Rewe noch den Slogan »Jeden Tag ein bisschen besser« hatte, habe ich eine Mitarbeiterin mal gefragt: »Was haben Sie denn heute besser gemacht als gestern?« Die Dame hatte keine Ahnung, was ich wollte. Ja, so ist das eben: Bei vollmundigen Werbebotschaften werden Erwartungen künstlich hochgeschraubt, Enttäuschungen sind vorprogrammiert – und von den Mitarbeitern auszubaden.

Und schlimmer noch: Im Leerraum zwischen Erwartung und erhaltener Leistung werden aus Kunden flüchtende Kunden. Also: lieber weniger versprechen und mehr erfüllen. Vor allem aber muss im Vorfeld einer Kampagne mit den Mitarbeitern gemeinsam erarbeitet werden, wie sie die aufkommenden Kundenerwartungen erfüllen können und wollen. Dann klappt's auch mit der Kundentreue und dem Weiterempfehlen.

Crowdsourcing: Optimieren mithilfe der Kunden

Das größte noch ungenutzte Kreativpotenzial liegt heute im Kreis der Kunden. An Verbesserungsprozessen im Unternehmen kann und sollte der Kunde aktiv mitwirken und so zum Ideengeber und Innovationstreiber werden. Wer seine Kunden aktiv einbindet, erhält automatisch bessere Lösungen. »Mit den Kunden zusammen etwas zu entwickeln bedeutet, das am besten qualifizierte Reservoir an intellektuellem Kapital anzuzapfen, das es jemals gegeben hat, lauter Talente, die mit dem gleichen Eifer und der gleichen Begeisterung ein großartiges Produkt oder eine großartige Dienstleistung herstellen wollen wie Sie«, sagt Don Tapscott in seinem Buch *Wikinomics*.

Unternehmen, denen es nicht gelingt, Kunden in ihre Geschäftsprozesse einzubinden, werden mit drastischen Umsatzeinbußen rechnen müssen. Deshalb spielt das Mitmach-Marketing, in seinen verschiedenen Spielarten auch Crowdsourcing, Co-Creation, Social Collaboration oder Open Innovation genannt, in unserem Kontext eine sehr wichtige Rolle. Wird nämlich kollektive Intelligenz, die »Weisheit der vielen Kunden«, aktiv genutzt, werden Produkte meistens besser. Zudem lieben und loben die Menschen Produkte umso mehr, je intensiver sie beim Entwicklungsprozess mitreden dürfen.

Wenn die Kunden mitmachen, werden die Produkte meistens besser – und mehr geliebt.

Marktforscher kennen diesen Effekt längst: Wenn man Menschen zeigt, dass man sich für ihre Meinung interessiert, verändert sich deren Haltung zum Unternehmen positiv. Sie werden »ihrem« Unternehmen, »ihrem« Ansprechpartner und »ihrer« Marke die Treue halten. Das Interessanteste aber ist dies: Werden Kunden persönlich und individuell involviert, dann werden sie zu Fans, zu Evangelisten, zu Missionaren und Weiterempfehlern. Und das alles kostenlos, aus eigenem Antrieb und gern.

Mitmach-Marketing ist kostenlose Unternehmensberatung

»Crowdsourcing« (Jeff Howe) bezeichnet die Auslagerung von Ideenfindung und Kreativprozessen an die externe Crowd, also eine Menschenmenge außerhalb des Unternehmens. Die Konsumgüterindustrie hat dieses Phänomen schon reichlich genutzt. McDonald's ließ Burger, Joey's Pizza ließ Pizzas, Ritter Sport ließ Schokolade, Mari ließ Senfdips, Haribo eine Goldbären-Fan-Edition, Käfer einen Eierlikör, Manhattan eine Nagellack-Kollektion, Nivea Designerkleider und die Schuhmarke Görtz Sommertücher kreieren. Und dies sind nur einige Beispiele von vielen.

Der Schweizer Handelskonzern Migros hat bereits 2010 die Community »Migipedia« ins Leben gerufen. Rund 50 Produkte wurden aus dem Kreis der mehr als 65 000 Community-Mitglieder heraus bislang entwickelt, darunter Marmeladen, Brotaufstriche, Zahnpasta und Duschgels. Diese Produkte erzielten in den letzten vier Jahren einen Umsatz von mehr als 40 Millionen Schweizer Franken – ein sehr erfreuliches Ergebnis, wenn man weiß, dass die Migros-Manager zunächst nicht sehr begeistert waren von der Idee, Kunden in der Produktentwicklung mitreden zu lassen. Zudem ist aus den mehr als 86 000 Produkttipps und -bewertungen, die die Migipedia-User erstellt haben, ein Onlinenachschlagewerk mit zahlreichen Produktinformationen und -empfehlungen entstanden. Die Mitglieder testen regelmäßig und gratis neue Produkte und nehmen an Events teil, etwa an professionellen Degustationen. So nutzt das Handelsunternehmen die entsprechenden Rückmeldungen, um sein Sortiment kundengerecht zu verbessern.

Grundsätzlich lassen sich Menschen gerne fürs Helfen gewinnen, denn wir wollen uns als wertvolles Mitglied einer Gemeinschaft zeigen. Jeder hungert nach Wirksamkeit, Verbundenheit, Anerkennung und Applaus. Wir sind stolz auf das, was wir leisten können, und wollen dies auch nach außen hin zeigen. Mitentscheiden zu können heißt außerdem, Wahlmöglichkeiten zu haben. Dies gibt uns ein gutes Gefühl. Ohnmächtig anderen ausgeliefert zu sein

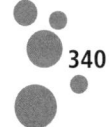

oder sich als Kunde von Anbietern knechten zu lassen, das mögen wir nicht. So gibt es eine »schwarze«, also ausnutzende, und eine »weiße«, also nützliche, Variante des Outsourcings an die Menschen.

Die Automarke Smart will, so das Motto der Daimler-Tochter, das Leben der Städter besser machen. Und der gefährlichste Ort für Fußgänger in einer Stadt? Das sind Ampeln. Um also Ungeduldige bei Rot zurückzuhalten und die gefühlte Wartezeit zu verkürzen, wurden in Lissabon mithilfe von Passanten die tanzenden Ampelmännchen kreiert. Die Bewegungen der Ampelmännchen konnten die Teilnehmer steuern, indem sie in einer mit Kameras ausgestatteten Box tanzten. Computer übertrugen ihre Moves in Echtzeit auf das Verkehrslicht. Und das Ergebnis? 81 Prozent mehr Menschen blieben bei Rot stehen, um sich das Schauspiel komplett anzusehen. Das Video dazu hat derzeit auf YouTube über 11 Millionen Klicks.[56]

Ihren Kunden ist das Involviertwerden zu viel? Okay, manche stecken in den Pantoffeln ihrer Bequemlichkeit. Doch selbst vom Fernsehsessel aus machen sie mit: Bei Formaten wie »Deutschland sucht den Superstar« entscheiden sie fleißig darüber, wer das Rennen machen soll. 87 Prozent der deutschen Konsumenten wünschen sich, dass Marken sie stärker einbinden.

Die auf Verbesserung zielende Kundenintegration ist in zahlreichen Varianten möglich: über Feedbackkarten, die man Lieferungen beilegt, Umfragen und Abstimmungen, Prognosebörsen, Ideencamps und Innovationsworkshops sowie Kundenbeiräte und Fokusgruppen. Auf Meinungsforen im Web lassen sich Befragungen kostengünstig und schnell durchführen. Die eigene Website kann Interessenten und Kunden einladen, ihre Erfahrungen, Wünsche und Ideen einzubringen.

Neben Liveseiten können die Nutzer auch Prototypen testen. Bei solchen Studien führen oft Hunderte von Teilnehmern Aufgaben am eigenen PC durch. »Buchen Sie einen Flug von Berlin nach Paris und spielen Sie die Buchung exemplarisch durch«, heißt es zum Beispiel, um vorgesehene Abläufe auf Ungereimtheiten zu checken. »Wenn 100 Kunden täglich einen Flug im Durchschnittswert von 300 Euro buchen, aber drei Prozent von ihnen wegen eines Usability-Problems aufgeben, verliert der Betreiber der Seite 900 Euro am Tag und 328 500 Euro jährlich«, rechnet die *Lead digital* vor.

So glücken Innovationen aus Kundenhand

Nicht alle intelligenten Leute arbeiten bereits bei Ihnen. Doch die ganze Welt kann heute Ihre Forschungs- und Entwicklungsabteilung sein. Wer Crowdsourcing-Portale wie Brainr, Atizo, Innosabi, Neurovation, Unseraller, Hyve oder Brainfloor nutzt, versorgt sich mit der unerschöpflichen Intelligenz kreativer Querdenker von überall her. Denn die wertvollsten Ideen entstehen niemals im behüteten Drinnen, sondern an den Rändern einer Organisation und im wilden Draußen.

Dazu gleich ein kleines Beispiel: Für die 40 Jahre alten Züge (»Mandarinli«) des schweizerischen Verkehrsunternehmens RBS soll Ersatz beschafft werden. Ab 2018 werden die neuen Züge schrittweise eingeführt. Um sowohl Fahrgäste als auch Anwohner von Beginn an miteinzubeziehen, wählt die Geschäftsleitung einen Crowdsourcing-Ansatz. Damit sollen auf konstruktive Weise Bedürfnisse abgefragt und Ideen eingeholt werden. Zudem soll eine positive Stimmung für das Projekt erzeugt sowie das Image der RBS als dialogbereites Unternehmen gestärkt werden. Auf den frisch gestarteten Social-Media-Kanälen und an ausgewählte Personen der Atizo-Community wird folgende Frage gestellt: »Was würdest du in einer vollen S-Bahn verbessern, damit die Fahrt – vom Ein- bis zum Ausstieg – angenehmer wird?« Auch die lokalen Medien werden miteinbezogen, um das Projekt bekannt zu machen.

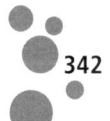

Zu dieser Frage kommen fast 700 Ideen rein, von denen eine sogleich eins zu eins umgesetzt wird, andere werden in den weiteren Prozess einfließen. Die Ideengenerierung hat zudem intern geholfen, das Verständnis für die Kunden zu erhöhen. Darüber hinaus wurde die Aktion sowohl in der Bevölkerung als auch in der Presse positiv wahrgenommen. Mehr noch: Die Branche wurde aufgerüttelt. Journalisten fragten auch bei anderen Transportunternehmen an, wie diese ihre Kunden bei Beschaffungsmaßnahmen miteinbeziehen.

Jedes Unternehmen, egal, ob groß oder klein beziehungsweise B2B oder B2C, kann auf seine Weise Ansatzpunkte finden, um Kunden mitentscheiden zu lassen, wie Produkte und Leistungen kundenspezifisch weiterentwickelt werden können, sollen und müssen. Wie sich das konkret anstellen lässt? Laden Sie zum Beispiel in Ihr virtuelles Ideenlabor ein. So hat es ein Mobilfunkanbieter gemacht: »Wir möchten unsere Gedanken mit dir teilen, denn nur du kannst uns sagen, was dir wichtig ist. Bewerte unsere Ideen und lass uns wissen, welche wir weiterdenken sollen. Welche möglichen Produkte sind aus deiner Sicht für die Zukunft relevant?«

Jedes Unternehmen kann Ansatzpunkte finden, um Kunden mitentscheiden zu lassen.

Und ein Getränkehersteller fragte seine Kunden: »Machst du dir gerne Gedanken zu innovativen Produktideen? Willst du hautnah dabei sein beim Mitgestalten der neuesten Trends? Dann werde jetzt Mitglied in unserer exklusiven Innovation-Community und entwickle gemeinsam mit uns die innovativsten Getränke der Zukunft.« Der Output reduziert nicht nur Flops, er hinterlässt auch Spuren im Web – und macht mit etwas Glück eine Marke zum Kult.

Ein Bäcker hat seine Crowd-Aktivitäten »Kundentreff« genannt. Im Verkaufsraum macht er einen Aushang und lädt je nach geplantem Thema passende Kunden zum Mitmachen ein. So trifft man sich einmal im Monat bei Kaffee und Kuchen zum Austausch. Dabei können neue Produkte verkostet und gleichzeitig neue Ideen eingebracht werden.

Zu der Zeit, als die Mädchen noch bauchfrei gingen und Jungen Baggy-Hosen trugen, wurde in einer Münchner Bank die Kleiderordnung diskutiert. Anstatt von oben herab Regeln zu erlassen, schickte man die Azubis zu einer Kundenbefragung in die Fußgängerzone. Die Kunden gaben ein klares Votum ab, wie sie sich das Äußere junger Bankmitarbeiter vorstellten. So brauchten die Chefs keine Gammel-T-Shirts, Piercings und nackten Bäuchlein mehr zu verbieten, das ergab sich nun ganz wie von selbst.

Wie Crowdsourcing-Projekte gut gelingen

Wer ein Crowdsourcing-Projekt plant, braucht drei Dinge: intelligent gestellte Fragen, engagierte Teilnehmer und Expertise bei der Umsetzung seines Projekts. Zudem sollten Crowdsourcing-Projekte nicht als Marketinggag verstanden werden, sondern auf ein ernsthaftes Involvieren der Kunden zielen. Fachleute weisen immer wieder darauf hin, dass die Ausgangsfrage ein wesentliches Erfolgskriterium ist und deshalb sehr viel Sorgfalt erfordert. Da solche Aktionen ja öffentlich sind, ziehen sie gerne auch Trolle an, also Unruhestifter, die jede gute Idee torpedieren oder mit den irrwitzigsten Vorschlägen kommen. So geschehen in einem viel diskutierten Fall: einer Crowdsourcing-Aktion für das Spülmittel Pril.

Ein neues Flaschendesign sollte her und erfinderische Fans sollen's richten. Insgesamt wurden über 50 000 Vorschläge eingereicht. Doch als es schließlich zur Abstimmung kam, verhielten sich die Fans so gar nicht wie erhofft. Auf Platz eins landete nämlich eine braune Flasche mit der Aufschrift: »Schmeckt lecker nach Hähnchen.« Pril hat diesen Vorschlag nicht akzeptiert und sich so den

Unmut der Community zugezogen. Ein Shitstorm brach los, der Henkel vorwarf, die Wahlergebnisse willkürlich zu manipulieren. Was zusätzlich Öl ins Feuer goss, war das Zensieren einiger Kommentare auf Facebook. Und zum Spaß am Abstrusen kam in den Medien dann auch noch der Spott: »Pril-Wettbewerb endet im PR-Debakel«, schrieb zum Beispiel der *Spiegel*.

Jedes Crowdsourcing-Projekt verfolgt ein eigenes Ziel und muss dementsprechend individuell angegangen werden. Im Wesentlichen sind acht Schritte elementar:

1. Aufgabenstellung definieren: In einem Workshop mit Vertretern des auftraggebenden Unternehmens und dem Crowdsourcing-Partner werden Aufgabenstellung und Aktionsziele definiert. Zudem werden Projektzeitraum, Projektverantwortliche und die Art des Entscheidungsfindungsprozesses bestimmt. Auch rechtliche Aspekte sind zu beachten.

2. Zielgruppe festlegen: Mit den richtigen Teilnehmern steht und fällt der Erfolg eines solchen Projekts. Der Personenkreis, der zwecks Ideengenerierung angesprochen werden soll, muss also sehr sorgfältig bestimmt werden.

3. Kernfrage ausformulieren: Die konkrete Frage, die einen gewünschten Teilnehmerkreis aktiviert *und* geeignet ist, ein Maximum an passenden Ideen zu generieren, wird definiert. Um Fehlentwicklungen auszuschließen, werden die Spielregeln für Einreichungen, Votings und eventuelle Ausschlusskriterien festgelegt.

4. Plattformen disponieren: Die Onlineplattformen, auf denen die Aktion stattfinden soll, werden ausgewählt. Die Aktion wird dementsprechend aufbereitet und eingestellt. Je nach Situation werden die Medien informiert. Die User werden eingeladen, die Aktion in ihren Netzwerken weiterzuverbreiten.

5. Ideen sichten: Die eintreffenden Ideen werden gesichtet und die Diskussionen darüber moderiert. Zwischenergebnisse werden bekannt gegeben. Fortlaufende Wertschätzung ist ebenfalls wichtig, sonst wenden sich enttäuschte Ideenlieferanten schnell wieder ab.

6. Ideen auswählen: Aus den eingestellten Ideen wird eine bestimmte Zahl an Favoriten vorselektiert. Für jede dieser Ideen wird ein Steckbrief samt Visualisierung erstellt. In passenden Fällen sind auch Prototypen denkbar.

7. Ideen bewerten: Die aufbereiteten Ideen werden der Community zur Bereicherung und zur Bewertung vorgestellt. Wichtig ist hier eine rollierende Präsentation, da ansonsten die obersten Ideen öfter angeklickt würden.

8. Siegeridee(n) umsetzen: Die (von der Community gewählte) Siegeridee wird bekannt gegeben und realisiert. Weitere passende Ideen aus dem Ideenpool werden Schritt für Schritt umgesetzt. Die Gewinner werden benachrichtigt und wie angekündigt für ihre Arbeit belohnt.

Crowdsourcing-Projekte können eine hohe Eigendynamik entwickeln. In aller Regel liefern sie auch einen reichen Schatz an Ideen. Doch was ist, wenn die ganze Sache völlig scheitert, weil es zum Beispiel kaum Teilnehmer gibt oder keine profunden Vorschläge generiert worden sind? Für den Fall, dass der erhoffte Erfolg ausbleibt, sollte es einen Notfallplan geben. So können eventuelle negative Entwicklungen zeitnah und einigermaßen elegant abgefangen werden.

Crowdsourcing ist auch im B2B möglich

Berauscht von sich selbst haben Ingenieure ehemals im stillen Kämmerlein gehockt und alles in ein Gerät reingepackt, was die eigene Herrlichkeit unter Beweis stellen konnte. Das meiste davon war für das gemeine Volk allerdings viel zu komplex – und nicht nur verstörend, sondern praktisch auch unbrauchbar. Diese Zeiten sind Gott sei Dank längst vorbei. Und natürlich ist Crowdsourcing sehr gut auch im B2B möglich.

Dabei geht es meist um umfangreichere Projekte und die Aktivierung von externem Expertenwissen. Dieses Vorgehen ist vor allem unter dem Begriff »Open Innovation« (Henry Chesbrough) bekannt. »Open« bedeutet dabei nicht zwangsläufig eine völlige Transparenz und einen kompletten Blick hinter die Kulissen, sondern zunächst einmal eine Öffnung der bis dahin ausschließlich internen Entwicklungsprozesse zwecks Bereicherung und Optimierung. In vier von fünf großen Unternehmen wird bereits über Open Innovation diskutiert. Das ergab eine Studie des Fraunhofer-Instituts für Arbeitswirtschaft und Organisation.[57] So hat die Hamburger Eppendorf AG, ein international aktiver Anbieter von Laborausrüstung, öffentlich dazu aufgerufen, sich an der Entwicklung eines neuen Pipettenständers zu beteiligen.

Die Continental AG hat die Kreativität ihrer Kunden genutzt, um die Handhabung von Land- und Baumaschinen zu verbessern. Es ging um Vorschläge für das Design von Fahrerkabinen und Mensch-Maschine-Schnittstellen. Dazu lud der Zulieferer Landwirte und Bauarbeiter auf einer eigens eingerichteten Open-Innovation-Plattform ein, aus ihrer Praxis abgeleitete Vorschläge zu machen.

Ein besonders beeindruckendes Beispiel stammt von Rob McEwen, einem kanadischen Investor. Seine Geologen waren verzweifelt. Sie konnten in seiner neuen Goldmine kein Gold finden. Also veröffentlichte er alle geologischen Daten im Internet und setzte einen üppigen Finderlohn aus. Hunderte von Menschen aus allen möglichen Berufen und Fachrichtungen machten sich an die Arbeit. Computergrafiker bauten die Mine als dreidimensionales Objekt nach, durch das man virtuell navigieren konnte. In Kombination mit dem Fachwissen der Geologen war es dieses Modell, das schließlich den Durchbruch brachte.

Für derartige Großprojekte gibt es weltweite Innovationsplattformen. Eine davon heißt Innocentive. »Die Innovationsforscher Lars Bo Jeppsen und Karim Kalkhani untersuchten 166 auf Innocentive eingestellte wissenschaftliche Problemstellungen, die im eigenen Haus nicht gelöst werden konnten. Sie stellten fest, dass 49 davon von der Innocentive-Gemeinde bewältigt werden konnten«, schreiben Erik Brynjolfsson und Andrew McAfee in *The Second Machine Age*. Vor allem Fachfremde taten sich dabei hervor. Wenn man aber derartige Open-Innovation-Aktivitäten startet, damit Ideen für neue oder verbesserte Produkte, Geräte und Verfahren eingebracht werden, kommt dann nicht auch jeder Konkurrent an die öffentlichen Vorschläge heran? »Er sieht aber nicht, wie das Unternehmen die Informationen be- und auswertet, welche Auswahlprozesse es entworfen hat, um die Vorschläge zu verarbeiten, und welche Ideen später realisiert werden«, erläutert BWL-Professorin Heike Simmet in einem Interview mit der *Computerwoche*.

Kundenintegration ist besser als Elfenbeinturm

Bei Neueinführungen im Konsumgüterbereich, bei denen Flopraten von 80 Prozent keine Seltenheit sind, kommen inzwischen vermehrt sogenannte Buzz-Agents zum Einsatz. Diese haben die Aufgabe, Produkte in kleinem Umfang zu testen und in ihrem sozialen Umfeld auf ungezwungene Weise ins Gespräch zu bringen. Die durchaus auch kritische Auseinandersetzung mit dem Kampagnengut kann den Anbietern helfen, etwaige Fehler in einem sehr frühen Stadium auszumerzen. Und völlig unbrauchbare Erzeugnisse können aus dem Verkehr gezogen werden, bevor sie größeren Schaden anrichten. Wo geeignete Personen fürs Buzzen

zu finden sind? In themenspezifischen Communitys, über Werbe-agenturen mit Buzz-Expertise, auf entsprechenden Plattformen und auch in eigenen Netzwerken.

So nutzt der Kräuterbonbon-Hersteller Ricola die eigene Facebook-Seite, um Fans als Produkttester zu gewinnen und der Community ein exklusives Erlebnis zu bieten. Zur Lancierung der neuen Rico-la-Sorten Apfelminze und Lakritz konnten sich 7500 Ricola-Fans via Facebook-App an einer Testkampagne beteiligen. Die Ricola-Fans erzeugten bei ihren Freunden über 50 000 Probiererlebnis-se, sprachen mit mehr als 55 000 Personen und sorgten mit ihren Onlineberichten für eine Reichweite von mehr als zwei Millionen Onlinekontakten.

In der Computerindustrie wird inzwischen sehr viel via Crowd-testing optimiert: Dabei untersuchen Anwender Software auf Schwachstellen, bevor sie auf den Markt kommt. Ein zweites Ziel ist die Verbesserung der Benutzerfreundlichkeit. Dies spielt auch bei Onlineshops und Apps eine große Rolle. In zahlreichen Fäl-len beginnt man mit einer Minimumvariante, und jede Weiterent-wicklung basiert auf den Reaktionen des Publikums. »Green Bana-na Policy« nennt man das auch: reift beim Kunden.

Kundenhilfe ist in jeder denkbaren Form möglich. Sie haben Pro-bleme, weil die Menschen Ihre Gebrauchsanweisungen nicht ver-stehen? Dann lassen Sie sie von ambitionierten Kunden schreiben! Sie wollen als Fitnessklub zeigen, was ein diszipliniertes Training an Ihren Geräten bewirkt? Dann bringen Sie nicht Ihre gestählten Trainer ins Spiel, sondern Kunden, die am eigenen Leib demons-trieren, wie sie durch Blut, Schweiß und Tränen durchmarschiert sind, um sich anschließend zehn Jahre jünger zu fühlen. Das wirkt sympathisch, glaubwürdig und echt.

Oder lassen Sie von Kunden Erklärvideos drehen. Kunden gelingt es nämlich viel besser, die Dinge so zu verdeutlichen, dass es andere Kunden verstehen. Was hingegen Ingenieure erklären, verstehen nur Ingenieure. Das Schlimmste dabei ist, dass die Verantwortung für Missverständnisse weggeschoben wird. Nein, schuld ist nicht das Gerät, sondern der idiotische Kunde. Und das sagen wir ihm auch so. Passiert das tatsächlich, dann gesellt sich zum Kundenfrust Wut. Und das ist gar nicht gut.

Die Kundenintegration ist, so Firmengründer und Vorstand Hubertus Bessau, für den Onlineversender mymuesli der Schlüssel für den Riesenerfolg der Marke gewesen. »Über unser Blog haben wir die Kunden in den Entstehungsprozess integriert. Sie haben mit ihren Anregungen und Wünschen unser Start-up mitgestaltet – und nicht nur ihr Müsli. Wir haben zum Beispiel technische Probleme im Blog kommuniziert und binnen einer halben Stunde 27 Lösungsvorschläge erhalten. Nebenbei entstand dadurch eine enge Beziehung zu unseren Kunden«, so Bessau weiter.

Beim Kunden-Involvement darf nicht vergessen werden, die Mitgestalter für ihre Arbeit zu belohnen!

Ein wichtiger Hinweis zum Schluss: Bei allem Kunden-Involvement darf nicht vergessen werden, die Mitgestalter für ihre Arbeit zu belohnen. In US-amerikanischen Geschäften kann man zum Beispiel sogenannte Patzer-Punkte sammeln. Man weist die Betreiber auf Missstände hin und erhält dafür Einkaufsgutscheine. In der IT gibt es kostenfreie Software als Lohn. Im Handel wird man am Verkaufserlös der entwickelten Produkte beteiligt. Auch attraktive Sachpreise sind möglich. Oder man nutzt Gamification-Elemente: Wer bekommt die meisten Punkte oder Badges, wer die besten Bewertungen? Oder man lobt ein Gewinnspiel aus. Auf manchen Plattformen kann man auch richtig gut Geld verdienen. Oder den besten Ideengebern winken – neben Ruhm und Ehre – Auszeichnungen und attraktive Siegerprämien. So halten Unternehmen ihre externen Innovatoren bei Laune – immer auch mit Blick auf das nächste Projekt.

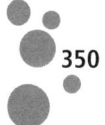

Die Customer Touchpoint Manager kommen

Heute werden Unternehmen vom Markt her nach innen gebaut. Outside-in statt inside-out heißt der Kurs. Die zukunftsentscheidenden Impulse kommen von draußen. Nicht der hypothetische Businessplan, sondern das, was in den »Momenten der Wahrheit« an den Touchpoints zwischen Anbieter und Kunde tatsächlich passiert, entscheidet über Top oder Flop. Deshalb brauchen Unternehmen eine Obsession für Kundenbelange. Und dazu benötigen sie nicht nur ein funktionierendes Touchpoint-Management, sondern auch einen Touchpoint-Manager.

Kernaufgabe des Touchpoint-Managers ist es, an den externen Touchpoints des Unternehmens, also den Berührungspunkten zwischen Produkten, Services, Marken, Mitarbeitern und Kunden, eine hochprozentige Kundenfokussierung zu erreichen. Diese Funktion ist abteilungsübergreifend und hat sowohl strategische als auch operative Komponenten. Dabei kann das Touchpoint-Management zum maßgeblichen Treiber eines unternehmensweiten Kulturwandels werden.

In Summe geht es um eine Transformation des gesamten Unternehmens hin zu einer vernetzten, kundenorientierten Organisation. Hierfür muss der vielfach unkoordinierte kundenbezogene Wildwuchs, der sich in den einzelnen Abteilungen breitgemacht hat, zunächst gesichtet und dann zügig beseitigt werden. Danach geht es um das Entwickeln und Umsetzen synchronisierter, dauerhaft kundenzentrierter, verlässlicher und rentierlicher Wertschöpfungsprozesse.

Ein Touchpoint-Manager soll in Sachen Kunde der erste und oberste Anlaufpunkt sein. Er ist mit den kundenrelevanten Entwicklungen draußen und drinnen im Unternehmen bestens vertraut. Er ist der, der intern als Advokat der Kunden agiert und vehement deren Interessen vertritt. Er nimmt immer deren Perspektive ein, und das wird so akzeptiert, auch wenn es schon mal unbequem ist. Er arbeitet wie ein Orchesterdirigent, dessen Taktstock dem Rhythmus der Kunden folgt.

Geht es um kundenbezogene Entscheidungen, hat er das erste und das letzte Wort. Und er hat ein Vetorecht. Er setzt sich mit Herzblut für die Kundeninteressen ein und koordiniert deren Belange. So stellt er auch sicher, dass das unproduktive, selbstzentrierte Silodenken zwischen den Abteilungen – zumindest was die Kundenperspektive betrifft – endlich ein Ende hat.

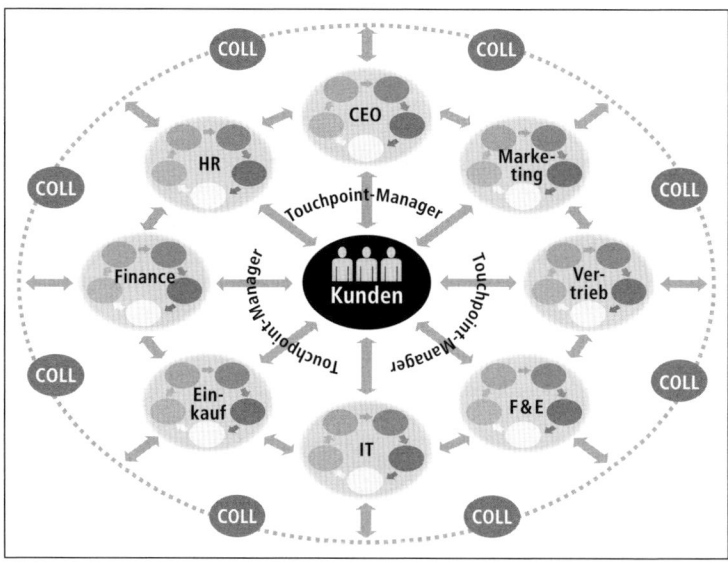

Abb. 27: Beispielbild eines Organigramms, in dem jeder netzwerkartig und offen mit jedem kollaboriert, um den Interessen der Kunden zu dienen – die kleinen Kreise in den großen stehen für die selbstbestimmten Mitarbeiter, die Kreise im Außenrund für mitarbeitende Externe (Collaborators)

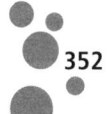

Eine gute organisatorische Einbindung ist elementar

Organisatorisch gesehen ist ein Touchpoint-Manager Knotenpunkt und Drehkreuz für alle Touchpoints, die er vertritt. Er ist also keine Randfigur, sondern steht mitten im Unternehmen. Da jede Abteilung unabhängig von ihrer Kernaufgabe auch in Kundenthemen involviert ist, arbeitet der Touchpoint-Manager crossfunktional mit allen Bereichen eng und gleichberechtigt zusammen.

Er benötigt die absolute Rückendeckung der Geschäftsleitung, da sein Weg holprig ist und er sich nicht immer nur Freunde macht. Denn wer als Interessenvertreter des Kunden agiert, deckt zwangsläufig Missstände auf. Er ist der erste Vertraute der obersten Führungsebene in Kundenbelangen. Gleichzeitig sichert sich diese damit den direkten Zugang zum Markt und den Kunden, den sie in der Regel ja gar nicht mehr hat. Seine internen Botschafter sitzen im mittleren Management. Vor allem diese muss er für das Bewältigen seiner Aufgabe gewinnen. Mit ihrer Hilfe und einem fortwährenden Einbeziehen aller Mitarbeiter kann er sich an das notwendige Neudesign eines zukunftsfähigen Offline-online-Mobile-Touchpoint-Mixes machen.

Als Interessenvertreter des Kunden deckt der Touchpoint-Manager zwangsläufig Missstände auf.

Insofern ist ein Touchpoint-Manager Generalist. Er verbindet eine ausgereifte Persönlichkeit mit hohem Erfahrungswissen. Gleichzeitig ist er verbindlich und empathisch, aber auch analytisch und strukturierend. Schon allein deshalb ist dies keine »Junior«-Stelle. Der Stelleninhaber sollte vielmehr interdisziplinär arbeiten können und sich sowohl im Kundenbeziehungsmanagement als auch in IT-Themen gut auskennen. Keinesfalls darf er ein Machtmensch sein, der seine persönlichen Ansichten unbedingt durchboxen will. Er ist vielmehr Visionär und Stratege für alles, was die Kundenseite betrifft. Nach innen ist er Moderator, Netzwerker, Kommunikator und Diplomat. Und manchmal ist er ein Mediator, der Konflikte entschärft und für alle gangbare Trittsteine legt.

Denn selbst in den digitalsten Unternehmen menschelt es an allen Ecken und Enden. Und manche Organisationen gleichen einem Minenfeld, bei dem jeder Fehltritt tödlich sein kann. Deshalb folgen die dort Beschäftigten lieber den ausgetretenen Pfaden. Ein Touchpoint-Manager hingegen braucht Biss und Mut, um nicht nur neue, sondern auch unbequeme Wege gehen zu können.

Er muss leidenschaftlich vom Nutzen seiner Funktion überzeugt sein, um andere überzeugen zu können. In seiner Querschnittfunktion muss er Mitstreiter gewinnen, deren zuweilen divergierende Vorstellungen und Interessen unter einen Hut zu bringen sind. Aber nicht um den Preis von faulen Kompromissen und butterweichem Konsens, sondern immer im Interesse der Kunden und zu deren Wohl. Dazu gehört Durchsetzungswille, aber eben vor allem auch Diplomatie. Abteilungsleiter sind Souveräne über ihr Territorium. Ein Touchpoint-Manager hingegen arbeitet in den Passagen und Übergängen zwischen Hoheitsgebieten. Zudem weicht er die Grenzen zwischen drinnen und draußen auf und wird zum Boten der Bedürfnisse im Markt.

Die organisatorische Einbindung eines Touchpoint-Managers variiert branchenspezifisch. Sie hat natürlich auch mit der Unternehmensgröße zu tun. In kleineren Betrieben kann eine Teilzeitstelle dafür reichen. In mittelgroßen Betrieben bekleidet der Touchpoint-Manager abteilungsübergreifend eine eigene Funktionsstelle, die zwingend an die Geschäftsleitung angedockt ist. In Großorganisationen ist ein neuer Posten im Boardroom gefordert: der »Chief Touchpoint Officer« (CTO) als rechte Hand des CEO. Denn das Marketing, das in seiner ursprünglichen Funktion für eine auf den Markt ausgerichtete Gesamtstrategie stand, verkommt immer mehr zu einer reinen Werbeschleuder und zum Datenjunkie. So kann der CTO den inzwischen an oberster Stelle oft verwaisten Platz des Vertreters der Kundeninteressen übernehmen. Das be-

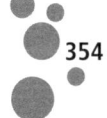

deutet: Touchpoint-Management statt Marketing. Eine kunden-
orientierte Unternehmensführung wäre dann garantiert.

Touchpoint-Manager in der Praxis

Inzwischen gibt es schon eine ganze Reihe von Touchpoint-Mana-
gern, unter anderem bei der Deutschen Telekom, den Basler Versicherungen, der schweizerischen Eisenbahn SBB, bei der Oped,
einem Anbieter für innovative Medizintechnik, sowie bei Double-
slash, einem Software-Anbieter aus Friedrichshafen.

Die größte Herausforderung beim Start ist immer die Frage, wo
man als Touchpoint-Manager mit seiner Arbeit beginnt. Zuallererst muss natürlich Bewusstsein für die Position geschaffen werden. Für den eigentlichen Einstieg ins Thema gibt es grundsätzlich
zwei Ebenen: die strategische und die operative. Ich empfehle, mit
der operativen Ebene zu beginnen. Das bedeutet, dass man sich
zunächst konkret damit befasst, wo die Touchpoints sind, die –
aus Kundensicht betrachtet – so gar nicht funktionieren. Dies hat
meistens mit einer mangelnden Koordinierung zwischen den Abteilungen zu tun. Wenn die Unternehmen solche Schwachstellen
zuallererst optimieren, erlangen sie sehr schnelle Erfolge. Denn neben der steigenden Kundenzufriedenheit und daraus resultieren-
den Umsatzzuwächsen ergeben sich sofort auch Kostenersparnisse,
weil Doppelarbeit, unnötige Prozesse, falsch bespielte Touchpoints
und ein Übermaß an Bürokratie zügig abgestellt werden.

Parallel dazu muss das Touchpoint-Gesamtbild entstehen. Hierzu
verschafft man sich zunächst einen systematischen Überblick über
alle bereits existierenden sowie aus Kundensicht notwendigen
Touchpoints. Danach werden die verschiedenen Customer-Journeys ermittelt. Dabei geht es nicht nur darum, kundentypische Reisen nachzuzeichnen. Entscheidend ist vielmehr, herauszufinden,
wie der Kunde eine jeweilige Interaktion sowohl faktisch, also von
der Performance her, als auch unter emotionalen Gesichtspunkten

beurteilt. Als Nächstes müssen die jeweiligen Solls festgelegt werden. Im dritten Schritt gibt es die Umsetzungspläne und im vierten Schritt das Monitoring. Insofern folgt der Touchpoint-Manager dem weiter vorne bereits eingehend skizzierten Prozess des Customer Touchpoint Managements.

Zu seinen Erfahrungen habe ich David Knuchel von der Codex Information Systems & Consulting AG befragt, der in meinem Touchpoint-Institut eine Ausbildung zum zertifizierten Touchpoint-Manager durchlaufen hat. Hier die Fragen und Antworten:

Was waren die ersten Schritte, um das Touchpoint-Management ins Unternehmen zu bringen?
Als ersten Schritt muss man intern aufzeigen, dass aus Kundensicht unsere Produkte, unsere Leistungen oder unser Umgang mit dem Kunden nicht immer optimal sind. Verbesserungspotenzial gibt es immer, und zuerst muss das Team diesen Standpunkt erkennen und vor allem auch akzeptieren. Man muss die Bereitschaft der Menschen für echte Verbesserungen gewinnen. Erst danach kann man die konkreten Verbesserungsschritte einleiten.

Welche konkreten Erfahrungen wurden dabei gemacht?
Mitarbeiter im Kundenkontakt realisieren manchmal nicht sofort, was sie mit ihren Aktionen oder Aussagen beim Kunden bewirken. Durch zu wenig Know-how, Bequemlichkeit oder manchmal gar aus Enthusiasmus agieren sie in eine Richtung, die nicht immer zu 100 Prozent gut ankommt. Feedbackrunden oder kurze Lessons-learned-Sessions in einer offenen und lösungsorientierten Art unterstützen dabei massiv.

Welche beste einzelne Touchpoint-Aktion wurde in die Tat umgesetzt?
Die Kultur der »Nicht-Arroganz« ist eine unserer besten Touchpoint-Aktionen. Auch wenn der Kunde beispielsweise

etwas nicht sofort versteht (weil man halt der Spezialist ist), soll man niemals Arroganz zeigen oder ausstrahlen. Selbst wenn man schon zwei oder drei Lösungen gesucht und angeboten hat, soll man eventuelle Ungeduld, Gereiztheit und auch sein Ego in die Schublade stecken. Der Kunde muss immer das Gefühl haben, dass man willig ist, ihn zu unterstützen. Dieses Verhalten bringt massiv Ruhe in die Kundenbeziehung und stärkt auch die Kundenbindung.

Schon allein an diesem kurzen Statement ist zu erkennen: Das Einsetzen eines Customer Touchpoint Managers dient nicht nur einer verbesserten Kundenkommunikation, es kann darüber hinaus ein konkreter Startpunkt für den Kulturwandel im Unternehmen sein.

Wie wichtig dieser ist, um im Digitalzeitalter überhaupt bestehen zu können, darum soll es nun noch im Ausblick gehen.

Ausblick: Wie man im Digitalzeitalter überlebt

Digital, kommunikativ, kollaborativ, konnektiv, disruptiv: So lauten die Zauberworte der Zukunft. Doch bevor man sich auf den Weg in die durchdigitalisierte neue Welt machen kann, müssen zunächst die Rahmenbedingungen stimmen. Die Digitalisierung ist ja nicht nur eine technologische Herausforderung. Sie benötigt auch Innovationen in der Art und Weise, wie wir arbeiten, managen und führen. Die Kernfrage dabei ist die: Wie organisieren wir unser Unternehmen im Zeitalter der digitalen Transformation?

Wie organisieren wir unser Unternehmen im Zeitalter der digitalen Transformation?

Dazu ist zunächst eine Transformation in einen agileren Zustand vonnöten. Das bedeutet: Alles, was eine Organisation langsam macht, muss weg. Und alles, was sie schnell macht, muss her. Um das schaffen zu können, muss vehement umgebaut werden. Ein Ende des Managements, wie wir es kennen, steht an. Denn exponentielle Entwicklungen können sich nicht in linearen Organisationsmodellen entfalten. Starre Prozesse sind, wenn fluide Agilität dringend notwendig ist, wenig tauglich. Und zentrale Steuerung funktioniert nicht in komplexen Systemen. Sich selbst organisierende Strukturen sind dazu wesentlich besser geeignet. Beste Beispiele dafür sind die Evolution an sich sowie das Komplexeste, was die Natur je hervorgebracht hat: das menschliche Gehirn. Ein weiteres Beispiel ist das erfolgreichste Businessmodell aller Zeiten, die Mutter der Digitalisierung: das Internet. Das Internet hat keinen Boss.

Online und Offline verschmelzen, Arbeit und Freizeit verschmelzen, Mensch und Maschine verschmelzen, Grenzen zwischen drinnen im Unternehmen und draußen gibt es nicht mehr. Und alles ist mit allem vernetzt. Nur in den Unternehmen, da wird noch immer alphahierarchisch reguliert und regiert. Planwirtschaft, veraltete Managementmoden und ein antiquiertes Führungsverständnis sind die größten Bremsklötze auf dem Weg in eine neue Business- und Arbeitswelt. Klassische Managementstrukturen sind nämlich die meiste Zeit damit beschäftigt, sich selbst zu organisieren, statt sich ums Geschäft und die Kunden zu kümmern. Ihre Prozessbesessenheit, ihr Zielfetischismus, ihre blinde Methodengläubigkeit und ihre verkrampften Regelwerke sind eine riesige Geld-, Zeit- und Motivationsvernichtungsmaschinerie, die sich bald niemand mehr leisten kann.

Herrschende zetteln keine Palastrevolution an

Solange es in den Unternehmen statische Top-down-Organigramme gibt, braucht man sich über Vernetzung gar nicht groß zu unterhalten. Die Aufteilung in Oben und Unten, in ein denkendes Management und eine ausführende Belegschaft, in Command & Control sind Überbleibsel aus vergangenen Tagen. Doch die Zeiten, in denen jeder Handgriff planbar war, sind längst vorbei. Budgetierungsprozesse, bei denen immer im Herbst die halbe Firma in Lähmung verfällt, halten heutzutage bloß unnötig auf. Mühsam erstellte Businesspläne, meist nichts als überdimensionierte Pappkulissen, verlangen zudem eine aufwendige Zielerreichungsbürokratie. Und draußen ziehen währenddessen die Marktchancen an einem vorbei. Wer Punktlandungen auf Ratespiele favorisiert und lieber seinen Modellen statt der Wirklichkeit folgt, für den ist ein Aufbruch ins digitale Möglichkeitsland weder denkbar noch machbar. Zudem legt er, wie wir eingangs schon sahen, die ganze Firma mit Lügenteppichen aus. Und solange die Ziele ausschließlich numerisch sind, steht Menschlichkeit in der Unternehmenskultur auf verlorenem Posten.

Alles schreit nach Veränderung, doch die Beharrungstendenzen in den Führungsetagen sind kolossal. Macht, Status und Kontrolle wieder abzugeben, ist ja auch verdammt schwer. Es kommt einem Identitätsverlust gleich. Besitzstandswahrung ist deshalb ein riesiges Thema. Durch eine aufgeblähte Mess- und Steuerungsbürokratie sorgen viele Manager überhaupt erst für ihre Existenzberechtigung. »Männer wollen Schlachten wiederholen, in denen sie siegreich waren«, warnt zudem die Literaturprofessorin Gertrud Höhler. »Und je länger die Erfolgsgeschichte, desto autistischer wird man«, ergänzt Reinhard K. Sprenger. »Innovation ist die schwerste Entscheidung für einen Vorstandschef, weil sie die Unternehmensabläufe stört«, hat Maurice Lévy, Chef der Publicis-Gruppe, zum Thema gesagt. *Nicht* innovativ zu sein, ist in den meisten Organisationen die bessere Wahl. Doch wer in diesen neuen Zeiten nichts wagt, wird garantiert scheitern. Denn die Spielregeln werden nie mehr die alten sein.

Trittsteine auf dem Weg in die Zukunft

Viele Unternehmen würden die digitale Revolution gern vertagen, weil sie noch nicht bereit dafür sind. Doch den Kunden ist das egal. Ein Grundgesetz des Wandels ist außerdem dieses: Was immer existiert, es wird ersetzt. Das bedeutet auch: Wer mit etwas Neuem anfangen will, muss mit etwas Altem aufhören. Aber sind tradierte Organisationen überhaupt reformierbar? Ein bisschen Schönfärberei reicht jedenfalls nicht. Disruptive Führungsmodelle sind unausbleiblich. Und der Sprung von einer klassischen Pyramidenorganisation zum Netzwerkunternehmen muss im Eiltempo klappen. Noch vor den technologischen Innovationen werden jetzt zuallererst Managementinnovationen gebraucht. Und das muss von ganz oben gewollt sein.

Ich plädiere dabei nicht für Anarchie, sondern für niedrighierarchische Systeme und genügend Struktur, um unerlässliche Qualität sicherzustellen und Irrwege frühzeitig auszuschließen. Zudem

müssen die Mitarbeiter auf allen Ebenen an neue Formen der Führung bedachtsam herangeführt werden. Die maßgeblichen Etappen auf dem Weg dorthin sind diese:

○ *Ändern Sie Ihr Organigramm.* Wer den internen Umbau lostreten will, benötigt ein visuelles Abbild, das zeigt, wie man – weit weg von Top-down-Strukturen – die Organisation in Zukunft aufstellen will. Denn erst wenn die Menschen ein Bild vor Augen haben, können sie sich auch eine Vorstellung machen. Und dann entsprechend agieren. Ersetzen Sie Silostrukturen und die damit verbundenen Befehlsketten durch kollaborative Strukturen. Formieren Sie für Zukunftsprojekte schlagkräftige, agile, sich selbst steuernde Einheiten. Abbildung 27 zeigt ein Beispielorganigramm, in dem jeder netzwerkartig und offen mit jedem zusammenarbeitet, um den Interessen der Kunden zu dienen – und nicht seinem Chef oder den Dashboards. Der Touchpoint-Manager fungiert dabei als crossfunktionaler Bote der Kundenbedürfnisse im eigenen Haus.

○ *Reduzieren Sie Bürokratie.* Streichen Sie klassische Budgetierungsverfahren, Mitarbeiterjahresgespräche und Zielvereinbarungssysteme nach alter Manier. Schnelle Zeiten sind nicht auf ein Jahr im Voraus planbar. Und Quartalsziele züchten nur Kurzfristdenke. Stattdessen sollten Wenn-dann-Szenarien, flexible Ziele und Optionen für verschiedene Zukünfte gemeinsam erarbeitet werden. Führen Sie bei Stellenbesetzungen, Leistungsbeurteilungen und Beförderungen demokratische Entscheidungsprozesse ein. Ersetzen Sie Einzelboni durch Teamboni, unbedingt auch über Abteilungsgrenzen hinweg. Reduzieren Sie das Monitoren und Messen sowie Ihr Formularwesen mithilfe der Mitarbeiter um mindestens (!) 50 Prozent, damit sich alle endlich wieder mit ihrer eigentlichen Arbeit befassen können. Für Reportings zu arbeiten, macht niemandem Spaß.

○ *Justieren Sie Ihre Führungssysteme.* Das anweisungsorientierte Führen und eine damit verbundene Gehorsamskultur sowie fixe Stellenbeschreibungen und vorgezeichnete Karrierewege sind passé. Favorisieren Sie wechselnde Führungsrollen in Form von Prozess- und Projektverantwortlichen sowie Fachkarrieren, die den Führungskarrieren gleichgestellt werden. Effiziente Kommunikationsmechanismen sind bei all dem ein wichtiges Thema. Als Führungskräfte kommen nur noch Menschenexperten infrage. Moderatoren, Möglichmacher und Katalysatoren werden hierzu gebraucht. Vertrauen, Wertschätzung und Fehlerfreundlichkeit sind wichtige Eckpfeiler erfolgreichen Führens. Fördern Sie partizipative Prozesse durch Großgruppenworkshops.

○ *Ermöglichen Sie Kollaboration:* Mobilisieren Sie die Selbststeuerungskräfte empowerter Teams. Aktivieren Sie die »Weisheit der Vielen« und schaffen Sie Spielfelder des Wollens und Dürfens, und zwar über alle Abteilungsgrenzen hinweg. »Leitplanken statt Handschellen« und »Mut zum Versuch« sind die Devisen. »Widersprechen Sie Ihrem Chef« ist ein notwendiges Muss. Fortwährender Lernwille, umfangreiche Freiheitsgrade, kurze Entscheidungswege, umfassende Transparenz, ein Höchstmaß an Flexibilität und die Selbstverantwortung der Mitarbeiter werden dazu gebraucht. Bedenken Sie auch: Kreativität, die Schlüsselressource der Zukunft, kann sich nur in einer »lachenden« Unternehmenskultur, in der sich jeder wohlfühlt, entfalten.

Damit ist das Fundament gelegt, das Ihr Unternehmen zukunftsfit macht. Die Digitalisierung in allen Unternehmensbereichen ist dann der nächste Schritt. Doch am Ende ist nicht Technologiehörigkeit, sondern eine Obsession für die Kunden und ihre Belange das gemeinsame Ziel. Dieses Buch hat Ihnen den Weg dahin gezeigt.

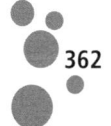

Ich freue mich sehr, dass Sie das Buch bis hierher gelesen haben. Vielen Dank.

Und nun geht es nur noch um eins: nicht warten. Starten.

Ihre Anne M. Schüller

Kurz vor Weihnachten 2015

In eigener Sache

An dieser Stelle möchte ich mich herzlich dafür bedanken, dass Sie dieses Buch gelesen haben. Ich würde mich freuen, wenn es Sie inspiriert hat, das Touchpoint-Management – in welcher Form auch immer – in Ihrem Unternehmen einzuführen.

Wenn Sie nun das Gefühl haben, ich könnte Sie auf diesem Weg ein Stück weit begleiten, dann kommen Sie gern auf mich zu. Ich stehe Ihnen zur Verfügung für:

O Lebendige Impulsvorträge und hochprofessionelle Keynotes zum Thema Touchpoint-Management auf Kongressen, Conventions und Jahrestagungen sowie für Management-Meetings, Vertriebs-Kick-offs, Mitarbeiteranlässe, Dinner-Speeches usw.

O Power-Workshops zur Einführung des internen und externen Touchpoint-Managements im Rahmen von Klein- oder Großgruppen, so wie in diesem Buch beschrieben.

O Impulsvorträge und Seminar-Workshops zu folgenden weiteren Themen: Zukunftstrend Kundenloyalität, das neue Empfehlungsmarketing, Mitarbeiterführung in neuen Businesszeiten, Emotionales Verkaufen

Zu all diesen Themen habe ich eine Reihe von Bestsellern geschrieben und Hörbücher herausgegeben. Stöbern Sie einfach in meinem Onlineshop auf www.anneschueller.de.

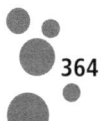

Regelmäßige weitere Informationen erhalten Sie über meinen kostenlosen Newsletter und über meinen Blog. Infos dazu finden Sie ebenfalls auf www.anneschueller.de.

Das Touchpoint-Institut bildet zertifizierte Touchpoint-Manager aus. Informationen und Termine finden Sie auf www.touchpoint-management.de.

Und auf meiner Website zum Buch können Sie sehen, wie sich das Thema weiterentwickelt: www.touchpoint-management.de.

Meine Webseiten
www.anneschueller.de
www.touchpoint-management.de
www.empfehlungsmarketing.cc

Meine Social-Media-Seiten
http://blog.anneschueller.de
https://www.xing.com/profile/AnneM_Schueller
http://facebook.touchpoint-management.de
http://facebook.empfehlungsmarketing.cc
http://twitter.com/anneschueller
http://google.anneschueller.de
http://linkedin.anneschueller.de

Anmerkungen

1 Vgl. https://www.kyto.de/ratgeber/blog/interview-prof-simmet-digitalisierung/.

2 Jánszky, Sven Gábor: Die Zukunft des Verkaufens. Trendstudie des 2b AHEAD ThinkTanks, Leipzig 2013.

3 Vgl. http://contentz.mkt2965.com/lp/10016/399551/Silver-pop%20-%20Marketing-Realitaet%20vs.%20Kundenwunsch. pdf.

4 Vgl. http://www.brandeins.de/archiv/2015/handel/disruption-plattform-netzwerkeffekt-die-drei-zauberworte-neue-wirtschaft/.

5 Vgl. http://www.spiegel.de/netzwelt/netzpolitik/sascha-lobo-sharing-economy-wie-bei-uber-ist-plattform-kapitalismus-a-989584.html.

6 Jánszky, Sven Gábor: Die Neuvermessung der Werte, Berlin / Wien 2014.

7 Scheier, Christian, u. a.: Codes. Die geheime Sprache der Produkte, Freiburg 2012.

8 Wirtschaftswoche, 22.12.2014.

9 Vgl. http://www-03.ibm.com/press/us/en/pressrelease/37235.wss.

10 Vgl. http://www.sueddeutsche.de/digital/internet-denker-doc-searls-im-netz-sind-wir-nackt-und-firmen-nutzen-das-aus-1.2298409.

11 Keese, Christoph: Silicon Valley, München 2013.

12 Vgl. https://www.de.capgemini.com/blog/it-trends-blog/2013/07/wie-it-trends-unternehmen-beeinflussen-interview-mit-trend-forscher-peter-wippermann.

13 Medianet, 14.05.2013.

14 Vgl. https://www.youtube.com/watch?v=lAl28d6tbko.

15 Häusel, Hans-Georg: Kauf mich! Wie wir zum Kaufen verführt werden, Freiburg 2013.

16 Vgl. http://www.presseportal.de/pm/6694/2409243/berliner-forscher-gehirn-reagiert-au-ergew-hnlich-auf-apple-produkte.

17 Vgl. http://timebook.info/upload/MTCH_MH_Mediadaten_verpackt/Links/MH_2014_00_S28_29.pdf.

18 Vgl. http://www.multisense-institut.de/images/downloads/multisense_Whitepaper_07_15.pdf.

19 Vgl. https://www.youtube.com/watch?v=aXV-yaFmQNk.

20 Vgl. http://www.trendsderzukunft.de/vernetzte-stoffe-mit-der-jeans-das-handy-steuern-interaktive-moebel-und-teppiche/2015/06/01/.

21 Vgl. http://www.sueddeutsche.de/panorama/sueffig-und-erotisch-der-sound-des-bieres-1.922955.

22 Vgl. http://detektor.fm/digital/innovation-erstes-foto-soundbuch.

23 Vgl. https://www.youtube.com/watch?v=I9hV-KKTPj4.

24 http://www.multisense-institut.de/praxis/duftmarketing/item/die-nase-hat-eine-direkte-standleitung-zu-emotionen-und-erinnerungen.

25 Vgl. http://www.magicbox.de/Presse/120507_multisense-interview_2.pdf.

26 Vgl. http://www.rheingold-salon.de/grafik/veroeffentlichungen/Kurztexte_2_Schuhe_2015-07.pdf.

27 Vgl. Kast, Bas: Wie der Bauch dem Kopf beim Denken hilft, Frankfurt/M. 2009.

28 Vgl. https://www.youtube.com/watch?v=vJG698U2Mvo.

29 Vgl. https://www.youtube.com/watch?v=QX_oy9614HQ.

30 Vgl. Wirtschaftswoche, 18.12.2015.

31 Allen, James, u. a.: Closing the delivery gap. Vgl. http://www.bain.com/bainweb/pdfs/cms/hottopics/closingdeliverygap.pdf.

32 Vgl. http://www.edelman.de/de/studien/data-privacy-and-security/articles/brandshare.

33 Vgl. http://www.progenium.com/Publikationen/DE/data/upload/publikation/1347891003.pdf.

34 Vgl. http://www.funkschau.de/telekommunikation/artikel/123883/.

35 Vgl. https://netpromoterscore.files.wordpress.com/2012/09/2012-b2c-emea-complimentary-benchmark-charts.pdf.

36 Häusel, Hans-Georg: Brain View, Freiburg, 3. Auflage 2012, S. 255.

37 Vgl. http://www.kreativi-production.de/2015/08/teil-1-auswirkungen-von-neuen-medien-kinder/.

38 Vgl. http://www.zukunftsinstitut.de/artikel/youth-economy/.

39 Bund, Kerstin: Glück schlägt Geld. Generation Y: Was wir wirklich wollen, Hamburg 2014.

40 Riederle, Philipp: Wer wir sind und was wir wollen. Ein Digital Native erklärt seine Generation, München 2013.

41 Gratton, Lynda: Organische Organisation, in: GDI Impuls, Nr. 2, 2012, S. 40 ff.

42 Vgl. http://www.tagesanzeiger.ch/digital/internet/13jaehrig-und-im-Web-zu-Hause/story/22791186.

43 Vgl. http://www.kömedia.ch/fileadmin/images/APP_PDF/JBM_16/1_13_JBM2016_DigitalTransformation_KOCH.pdf.

44 Vgl. http://berufebilder.de/2015/leadership-globalen-unternehmen-tschuess-mitarbeitergespraech/.

45 Vgl. https://www.youtube.com/watch?v=KpGfnvHW0Tg.

46 Vgl. https://www.youtube.com/watch?v=f__n8084YAE.

47 Vgl. https://www.youtube.com/watch?v=1ZuG2meedNs.

48 Vgl. https://www.youtube.com/watch?v=V6-0kYhqoRo.

49 Vgl. Lead digital 8/2015.

50 Vgl. http://www.nielsen.com/de/de/insights/reports/2015/Trust-in-Advertising.html.

51 Vgl. http://www.haufe.de/marketing-vertrieb/online-marketing/empfehlungsmarketing-positive-bewertungen-fuehren-zu-mehr-umsatz_132_268970.html.

52 Vgl. BazaarVoice: Social CRM – Potenziale im E-Commerce, in: Digital Lead 25/2013.

53 Vgl. BazaarVoice: Social CRM – Potenziale im E-Commerce, in: Digital Lead 25/2013.

54 Vgl. https://www.youtube.com/watch?v=CNhYbJbqg-Y.

55 Vgl. https://www.youtube.com/watch?v=O_mZ4uyrDAY.

56 Vgl. https://www.youtube.com/watch?v=SB_0vRnkeOk.

57 Vgl. http://www.innovation.iao.fraunhofer.de/de/publikationen/studienbeschreibungen/openinnovation.html.

Literaturhinweise

Anderson, Chris: Makers – Das Internet der Dinge, Hanser, München 2013

Ariely, Dan: Wer denken will, muss fühlen, Droemer Knaur, München 2012

Ariely, Dan: Denken hilft zwar, nützt aber nichts, Droemer Knaur, München 2008

Bauer, Florian / Koth, Hardy: Der unvernünftige Kunde, Redline, München 2014

Bauer Joachim: Prinzip Menschlichkeit, Hoffmann und Campe, Hamburg 2006

Bauer, Joachim: Warum ich fühle, was du fühlst, Hoffmann und Campe, Hamburg 2005

Beilharz, Felix: Social Media Management, Business Village, Göttingen 2012

Berndt, Jon Christoph / Henkel, Sven: Brand New, Redline, München 2014

Bodell, Lisa: Kill the Company: 12 Killer-Tools für die Wiedergeburt Ihres Unternehmens, Campus, Frankfurt a. M. 2013

Borgmann, Gabriele: Business-Texte, Linde, Wien 2013

Brandl, Peter: Kommunikation, GABAL Verlag, Offenbach 2015

Brizendine, Louann: Das weibliche Gehirn, Goldmann, München 2008

Brizendine, Louann: Das männliche Gehirn, Hoffmann und Campe, Hamburg 2010

Brynjolfsson, Erik / McAfee, Andrew: The Second Machine Age, Plassen, Kulmbach 2014

Buhr, Andreas: Vertrieb geht heute anders, GABAL Verlag, Offenbach 2011

Bund, Kerstin: Glück schlägt Geld. Generation Y: Was wir wirklich wollen, Murmann, Hamburg 2014

Christakis, Nicholas A. / Fowler, James H.: Connected!, Fischer, Frankfurt a. M. 2010

Christensen, Clayton M., u. a.: The Innovator's Dilemma, Vahlen, München 2013

Cialdini, Robert B., u. a.: Yes! Andere überzeugen, Huber, Bern 2009

Cole, Tim: Digitale Transformation, Vahlen, München 2015

Cole, Tim: Unternehmen 2020 – Das Internet war erst der Anfang, Hanser, München 2010

Dooley, Roger: Brainfluence, GABAL Verlag, Offenbach 2013

Dueck, Gunter: Das Neue und seine Feinde, Campus, Frankfurt a. M. 2013

Dueck, Gunter: Schwarmdumm, Campus, Frankfurt a. M. 2015

Dziemba, Oliver / Wenzel, Eike: #wir. Wie die Digitalisierung unseren Alltag verändert, Redline, München 2014

Eagleman, David: Incognito. Das geheime Eigenleben unseres Gehirns. Campus, Frankfurt a. M. 2012

Eck, Klaus / Eichmeier, Doris: Die Content-Revolution in Unternehmen, Haufe-Lexware, Freiburg 2014

Elger, Christian E.: Neuroleadership, Haufe, München 2009

Erbeldinger, Jürgen, Ramge, Thomas: Durch die Decke denken, Redline, München 2015

Fuchs, Werner T.: Warum das Gehirn Geschichten liebt, Haufe, München 2009

Gigerenzer, Gerd: Bauchentscheidungen, Bertelsmann, München 2007

Gladwell, Malcolm: Blink! Die Macht des Moments, Piper, München 2007

Gloger, Axel: Übermorgen, Linde, Wien 2012

Goleman, Daniel: Soziale Intelligenz, Knaur, München 2008

Grabs, Anne / Sudhoff, Jan: Empfehlungsmarketing im Social Web, Galileo Press, Bonn 2014

Hamel, Gary: Das Ende des Managements, Econ, Frankfurt a. M. 2008

Hamel, Gary: Worauf es jetzt ankommt, Wiley, Weinheim 2012

Häusel, Hans-Georg: Kauf mich! Wie wir zum Kaufen verführt werden, Haufe, Planegg 2013

Häusel, Hans-Georg: Emotional Boosting, Haufe, Planegg 2009

Häusel, Hans-Georg: Brain Skript – Warum Kunden kaufen, Haufe, Planegg 2004

Hartmann, Olaf / Haupt, Sebastian: Touch! Der Haptikeffek im multisensorischen Marketing, Haufe, Freiburg 2014

Heinzlmaier, Bernhard / Ikrath, Philipp: Generation Ego, Promedia, Wien 2013

Hoffmann, Kerstin: Web oder stirb! Erfolgreiche Unternehmenskommunikation in Zeiten des digitalen Wandels, Haufe, Freiburg 2015

Hoffmeister, Christian / von Brocke, Yorck: Think new! 22 Erfolgsstrategien im digitalen Business, Hanser, München 2015

Huffington, Arianna: Die Neuerfindung des Erfolgs, Riemann, München 2014

Hüther, Gerald: Männer. Das schwache Geschlecht und sein Gehirn, Vandenhoeck & Ruprecht, Göttingen 2009

Hüther, Gerald: Biologie der Angst, Vandenhoeck & Ruprecht, Göttingen, 8. Auflage 2007

Imdahl, Ines: Werbung auf der Couch, Herder, Freiburg 2015

Isaacson, Walter: Steve Jobs, Simon & Schuster, New York 2011

Jaffé, Diana / Riedel, Saskia: Werbung für Adam und Eva, Wiley, Weinheim 2011

Jäncke, Lutz: Ist das Hirn vernünftig?, Hans Huber Verlag, Bern 2015

Jánkzky, Sven Gábor (Hrsg.): Die Neuvermessung der Werte, Goldegg, Berlin 2014

Kaduk, Stefan, u. a.: Musterbrecher. Die Kunst, das Spiel zu drehen, Murmann, Hamburg 2013

Kahneman, Daniel: Schnelles Denken, langsames Denken, Pantheon, München, 15. Auflage 2015

Kast, Bas: Wie der Bauch dem Kopf beim Denken hilft, Fischer, Frankfurt a. M. 2007

Keese, Christoph: Silicon Valley, Kraus, München, 4. Auflage 2013

Koch, Klaus-Dieter: Was Marken unwiderstehlich macht, Orell Füssli, Zürich 2009

König, Tom: Ich bin ein Kunde, holt mich hier raus, Kiepenheuer & Witsch, Köln 2012

Kornbacher, Martin: Management Reloaded: Plan B, Murmann, Hamburg 2015

Kreutzer, Ralf / Land, Karl-Heinz: Digitaler Darwinismus, Springer-Gabler, Wiesbaden 2013

Kurzweil, Ray: Menschheit 2.0. Die Singularität naht, Lola Books, Berlin 2013

Lanier, Jaron: Wem gehört die Zukunft?, Hoffmann & Campe, Hamburg 2014

Lindstrom, Martin: Brandwashed, Campus, Frankfurt a.M. 2012

Lindstrom, Martin: Brand Sense, Campus, Frankfurt a.M. 2011

Löffler, Miriam: Think Content! Galileo Computing, Bonn 2014

Löhken, Sylvia: Intros und Extros, GABAL Verlag, Offenbach 2014

Löhken, Sylvia: Leise Menschen – starke Wirkung, GABAL Verlag, Offenbach 2012

Micic, Pero: Wie wir uns täglich die Zukunft versauen, Econ, Berlin 2014

Mikunda, Christian: Warum wir uns Gefühle kaufen, Econ, Berlin 2009

Multerer, Dominic: Klartext, GABAL Verlag, Offenbach 2015

Passig, Kathrin / Lobo, Sascha: Internet – Segen oder Fluch, Rowohlt, Berlin 2012

Peters, Tom: The Little Big Things, GABAL Verlag, Offenbach 2011

Pink, Daniel H.: Unsere kreative Zukunft, Riemann, München 2008

Qualman, Erik: Socialnomics. Wie Social Media Wirtschaft und Gesellschaft verändern, Mitp, Heidelberg 2010

Riederle, Philipp: Wer wir sind und was wir wollen: Ein Digital Native erklärt seine Generation, Knaur, München 2013

Roberts, Kevin: Der Lovemarks-Effekt, MI Fachverlag, München 2008

Roth, Gerhard: Persönlichkeit, Entscheidung und Verhalten, Klett-Cotta, Stuttgart 2007

Sammer, Petra: Storytelling. Die Zukunft von PR und Marketing, O'Reilly, Köln 2014

Schaefer, Mark W.: Einfluss, der sich auszahlt, Talpa, Potsdam 2013

Scheier, Christian, u.a.: Codes. Die geheime Sprache der Produkte, Haufe, Freiburg 2010

Scheier, Christian / Held, Dirk: Was Marken erfolgreich macht, Haufe, Freiburg 2007

Scheier, Christian / Held, Dirk: Wie Werbung wirkt, Haufe, Freiburg 2006

Schmid, Virgil, Spielend verkaufen, Redline, München 2013

Schmitz, Karl Werner: Die Strategie der 5 Sinne, Wiley, Weinheim 2015

Scholz, Christian: Generation Z. Wie sie tickt, was sie verändert und warum sie uns alle ansteckt, Wiley, Weinheim 2014

Schüller, Anne M.: Das neue Empfehlungsmarketing, Business Village, Göttingen, 2. Auflage 2015

Schüller, Anne: Das Touchpoint-Unternehmen. Mitarbeiterführung in unserer neuen Business Welt, GABAL Verlag, Offenbach, 2. Auflage 2014

Schüller, Anne: Touchpoints. Auf Tuchfühlung mit den Kunden von heute, GABAL Verlag, Offenbach, 6. Auflage 2015

Schüller, Anne: Total Loyalty Marketing, Gabler, Wiesbaden, 6. Auflage 2013

Schüller, Anne M.: Kunden auf der Flucht? Wie Sie loyale Kunden gewinnen und halten, Orell Füssli, Zürich, 3. Auflage 2011

Schüller, Anne M.: Come back! Wie Sie verlorene Kunden zurückgewinnen, Orell Füssli, Zürich, 3. Auflage 2011

Schüller, Anne M.: Erfolgreich verhandeln – erfolgreich verkaufen. Wie Sie Menschen und Märkte gewinnen, Business Village, Göttingen 2009

Schüller, Anne M. / Schwarz, Torsten (Hrsg.): Leitfaden WOM-Marketing. Die neue Empfehlungsgesellschaft, Marketingbörse, Waghäusel 2010

Schuster, Norbert: Leadmanagement, Marconomy Edition, Würzburg 2015

Sernko, Martin: Verändere die Wirklichkeit, Business Village, Göttingen 2013

Sprenger, Reinhard K.: Das anständige Unternehmen, DVA, München 2015

Stampfl, Nora S.: Die verspielte Gesellschaft, Telepolis, Hannover 2012

Surowiecki, James: Die Weisheit der Vielen, Goldmann, München 2007

Tapscott, Don / Williams, Anthony D.: Wikinomics, Hanser, München 2007

Trefler, Alan: Der Bauplan für den digitalen Wandel, Wiley, Weinheim 2015

Underhill, Paco: Warum kaufen wir?, Campus, Frankfurt a. M. 2012

Wala, Hermann H.: Meine Marke, Redline, München 2011

Ward, Barbara: Fit für Content Marketing, BusinessVillage, Göttingen 2015

Winters, Phil: Customer Strategy, Haufe-Lexware, Freiburg 2014

Stichwortverzeichnis

Mattel 46
McAfee, Andrew 348
McEwen, Rob 347
Meckel, Miriam 40
Menschlichkeit 12
Messbarkeit 59
Metcalfesches Gesetz 32
Meventi 82
Migros 340
Mikunda, Christian 111, 279
Millennials 240–254
Millward Brown 80
Mischel, Walter 140
Mitarbeiter-Involvement 214–216, 218, 320 f.
Mitmach-Marketing 339
Mobile Web 26–28
Momente der Wahrheit 152, 178
Multichannel-Marketing 151
Multisensorik 71–80
Musik 95 f.
Muster 109
Mymuesli 350

Nachfreude 137 f.
Net Promoter® Score (NPS) 209–213
Netzwerke 246 f.
Netzwerkgesellschaft 38
Neukunden 164 f., 182
Neuroplastizität 113
Nielsen, Jakob 289
Nike 299
Nivea 102, 296
Nokia 26

Obi 198
Offlinewelt 50
Ogilvy, David 116
Olfaktorik, *siehe* Geruchssinn
Ollila, Jorma 26
Onlinebefragungen 198

Online-Monitoring, *siehe* Web-Monitoring
Onlineshops 317
oNotes 106
Open Innovation 339, 347 f.
Owned Touchpoints 180
Oxytocin 142 f.

Packaging 130
Paid Touchpoints 180
Panzer, Torsten 291
Pariser, Eli 47
Parker, Robert 106
Paro 86 f.
Passig, Kathrin 48
Patagonia 309, 337
Personas 230–239, 257
  Entwicklung von P. 232
  Steckbrief 231 f.
Pheromone 100 f.
Pixum 234
Plattformen 31–34, 37
Pop-up-Banner 59
Porsche 92, 184, 210
Preis 124, 126–131
  Preisdumping 128
  Preisschmerz 129
Pre-Purchase Touchpoints 179
Pril 344
Priming 131
Process Touchpoints 183
Product-Placement 254
Product Touchpoints 183
Produktbewertungen 311–318
  Gefälschte P. 314–316
  Negative P. 316 f.
  P. initiieren 317
Prognosen 55
Purchase Touchpoints 179
Purplefeather 328

RBS 342

Über die Autorin

Anne M. Schüller ist Diplom-Betriebswirtin, Keynote-Speaker, Businesscoach und mehrfach preisgekrönte Bestsellerautorin. Sie gilt als Europas führende Expertin für Touchpoint-Management, Loyalitäts- und Empfehlungsmarketing und zählt zu den gefragtesten Rednern im deutschsprachigen Raum. Im Jahr 2015 wurde sie in die Hall of Fame der German Speakers Association gewählt. Managementbuch.de zählt sie zu den wichtigen Managementdenkern.

Sie hat zwölf Managementbücher geschrieben, drei Hörbucheditionen veröffentlicht und den *Leitfaden WOM* mitherausgegeben. Ihr Buch *Das Touchpoint-Unternehmen* wurde zum Managementbuch des Jahres 2014 gekürt. Ihr Buch *Touchpoints* wurde Mittelstandsbuch des Jahres 2012 und mit dem Deutschen Trainerbuchpreis ausgezeichnet. Anne M. Schüller schreibt regelmäßig Kolumnen und Fachbeiträge in der Wirtschafts- und Fachpresse. Wenn es um das Thema Kunde geht, zählt sie zu den meistzitierten Experten.

Als Beraterin, Trainerin und Speaker zählt sie die Elite der deutschen, österreichischen und schweizerischen Wirtschaft zu ihrem Kundenkreis. Ihr Touchpoint-Institut bildet zertifizierte Touchpoint-Manager aus und vergibt Lizenzen.